올림포스 고난도

수학 I

교재 내용 문의 교재 및 강의 내용 문의는 EBS*i* 사이트 (www.ebsi.co.kr)의 학습 Q&A 서비스를 이용하시기 바랍니다.

교재 정오표 공지 발행 이후 발견된 정오 사항을 EBS*i* 사이트 정오표 코너에서 알려 드립니다. **교재 ▶ 교재 자료실 ▶ 교재 정오표**

교재 정정 신청 공지된 정오 내용 외에 발견된 정오 사항이 있다면 EBS*i* 사이트를 통해 알려 주세요. **교재 ▶ 교재 정정 신청**

고교 내신 대비 EBS Line Up

고등학교 0학년 필수 교재
고등예비과정

국어, 영어, 수학, 한국사, 사회, 과학 6책

모든 교과서를 한 권으로,
교육과정 필수 내용을 빠르고 쉽게!

국어 · 영어 · 수학 내신 + 수능 기본서
올림포스

국어, 영어, 수학 16책

내신과 수능의 기초를 다지는 기본서
학교 수업과 보충 수업용 선택 No.1

국어 · 영어 · 수학 개념+기출 기본서
올림포스
전국연합학력평가
기출문제집

국어, 영어, 수학 10책

개념과 기출을 동시에 잡는 신개념 기본서
최신 학력평가 기출문제 완벽 분석

한국사 · 사회 · 과학 개념 학습 기본서
개념완성

한국사, 사회, 과학 19책

한 권으로 완성하는 한국사, 탐구영역의 개념
부가 자료와 수행평가 학습자료 제공

수준에 따라 선택하는 영어 특화 기본서
영어 POWER 시리즈

Grammar POWER 3책
Reading POWER 4책
Listening POWER 2책
Voca POWER 2책

원리로 익히는 국어 특화 기본서
국어 독해의 원리

현대시, 현대 소설, 고전 시가, 고전 산문,
독서 5책

국어 문법의 원리

수능 국어 문법, 수능 국어 문법 180제 2책

유형별 문항 연습부터 고난도 문항까지
올림포스 유형편

수학(상), 수학(하), 수학 I, 수학 II,
확률과 통계, 미적분 6책

올림포스 고난도

수학(상), 수학(하), 수학 I, 수학 II,
확률과 통계, 미적분 6책

최다 문항 수록 수학 특화 기본서
수학의 왕도

수학(상), 수학(하), 수학 I, 수학 II,
확률과 통계, 미적분 6책

개념의 시각화 + 세분화된 문항 수록
기초에서 고난도 문항까지 계단식 학습

단기간에 끝내는 내신
단기 특강

국어, 영어, 수학 8책

얇지만 확실하게, 빠르지만 강하게!
내신을 완성시키는 문항 연습

올림포스

진짜 상위권 도약을 위한

고난도

수학 Ⅰ

개념 정리

② 지수함수와 로그함수

 빈틈 개념

■ 지수함수 $y=a^x\,(a>0,\ a\neq1)$
의 최대, 최소
정의역이 $\{x\,|\,a\leq x\leq\beta\}$일 때, 지수함
수 $y=a^x$은
(1) $a>1$이면 $x=a$일 때 최소, $x=\beta$
일 때 최대이다.
(2) $0<a<1$일 때 $x=a$일 때 최대,
$x=\beta$일 때 최소이다.

■ 함수의 그래프의 대칭성
함수 $y=f(x)$의 그래프는
(1) $y=f(-x)$의 그래프와 y축에 대
하여 대칭이다.
(2) $-y=f(x)$의 그래프와 x축에 대
하여 대칭이다.
(3) $-y=f(-x)$의 그래프와 원점에
대하여 대칭이다.
예 $\left(\dfrac{1}{a}\right)^x=a^{-x}$이므로 함수 $y=a^x$의
그래프와 함수 $y=\left(\dfrac{1}{a}\right)^x$의 그래프
는 y축에 대하여 대칭이다.

■ 로그함수 $y=\log_a x$
$(a>0,\ a\neq1)$의 최대, 최소
정의역이 $\{x\,|\,a\leq x\leq\beta\}$일 때 로그함
수 $y=\log_a x$는
(1) $a>1$이면 $x=a$일 때 최소, $x=\beta$
일 때 최대이다.
(2) $0<a<1$이면 $x=a$일 때 최대,
$x=\beta$일 때 최소이다.

■ 두 함수 $y=a^x$, $y=\log_a x$의 관
계
$y=a^x$에서 x와 y를 서로 바꾸면
$x=a^y$이고 로그의 정의에 의하여
$y=\log_a x$이므로 두 함수 $y=a^x$,
$y=\log_a x$는 서로 역함수 관계이다.

---

① 지수함수의 뜻과 성질

(1) 지수함수: $a>0$, $a\neq1$일 때, $y=a^x$을 a를 밑으로 하는 지수
함수라고 한다.
(2) 지수함수 $y=a^x\,(a>0,\ a\neq1)$의 성질
① 정의역은 실수 전체의 집합이고, 치역은 양의 실수 전체
의 집합이다.
② $a>1$일 때, x의 값이 커지면 y의 값도 커진다.
$0<a<1$일 때, x의 값이 커지면 y의 값은 작아진다.
③ 그래프는 점 $(0,\ 1)$을 지나고 x축을 점근선으로 갖는다.

② 지수에 미지수가 있는 방정식과 부등식

(1) $a>0$, $a\neq1$일 때, $a^{f(x)}=a^{g(x)}\Longleftrightarrow f(x)=g(x)$
(2) $a>0$, $a\neq1$일 때,
① $a>1$이면 $a^{f(x)}>a^{g(x)}\Longleftrightarrow f(x)>g(x)$
② $0<a<1$이면 $a^{f(x)}>a^{g(x)}\Longleftrightarrow f(x)<g(x)$

③ 로그함수의 뜻과 성질

(1) 로그함수: $a>0$, $a\neq1$일 때, $y=\log_a x$를 a를 밑으로 하는
로그함수라고 한다.
(2) 로그함수 $y=\log_a x\,(a>0,\ a\neq1)$의 성질
① 정의역은 양의 실수 전체의 집합이고, 치역은 실수 전체
의 집합이다.
② $a>1$일 때, x의 값이 커지면 y의 값도 커진다.
$0<a<1$일 때, x의 값이 커지면 y의 값은 작아진다.
③ 그래프는 점 $(1,\ 0)$을 지나고 y축을 점근선으로 갖는다.
④ $y=\log_a x$의 그래프와 $y=a^x$의 그래프는 직선 $y=x$에
대하여 대칭이다.

④ 로그의 진수에 미지수가 있는 방정식과 부등식

(1) $a>0$, $a\neq1$일 때,
① $\log_a f(x)=b\Longleftrightarrow f(x)=a^b,\ f(x)>0$
② $\log_a f(x)=\log_a g(x)$
$\qquad\Longleftrightarrow f(x)=g(x),\ f(x)>0,\ g(x)>0$
(2) $a>0$, $a\neq1$일 때,
① $a>1$이면 $\log_a f(x)>\log_a g(x)\Longleftrightarrow f(x)>g(x)>0$
② $0<a<1$이면 $\log_a f(x)>\log_a g(x)$
$\qquad\Longleftrightarrow 0<f(x)<g(x)$

---

③ 1등급 note

■ 함수 $y=a^x$의 그래프

$0<a<1$ $\quad$ $a>1$

■ 함수 $y=k\times a^x$의 그래프
$(k>0)$
$k\times a^x=a^{\log_a k}\times a^x=a^{x+\log_a k}$이므
로 함수 $y=k\times a^x$의 그래프는 함
수 $y=a^x$의 그래프를 x축의 방향
으로 $-\log_a k$만큼 평행이동한 것이
다.

■ 함수 $y=\log_a x$의 그래프

$a>1$

$0<a<1$

■ 함수 $y=\log_a kx$의 그래프
$(k>0)$
$\log_a kx=\log_a x+\log_a k$이므로
함수 $y=\log_a kx$의 그래프는 함수
$y=\log_a x$의 그래프를 y축의 방향
으로 $\log_a k$만큼 평행이동한 것이
다.

■ 지수함수와 로그함수의 밑의
크기에 따른 그래프의 모양
(1) $a>1$일 때, a가 커지면
$y=a^x$과 $y=\log_a x$의 그래프
는 x축과 y축에 더 가까워진다.
(2) $0<a<1$일 때, a가 작아지면
$y=a^x$과 $y=\log_a x$의 그래프
는 x축과 y축에 더 가까워진다.

---

① 지수함수의 뜻과 성질
(1) 지수함수: $a>$
함수라고 한다.
(2) 지수함수 $y=$
① 정의역

❶ 핵심 개념: 핵심이 되는 중요 개념을 정리하였고,
꼭 기억해야 할 부분은 중요 표시를 하였다.

빈틈 개념
■ 지수함수 $y=a^x\,(a>0,\ $
의 최대, 최소
정의역이 $\{x\,|\,a\leq x\leq\beta\}$일 때
수 $y=a^x$은

❷ 빈틈 개념: 핵심 개념의 이해를 돕기 위해 필요
한 사전 개념이나 보충 개념을 정리하였다.

1등급 note
■ 함수 $y=a^x$의 그래프

❸ 1등급 note: 실전 문항에 적용되는 비법이나 팁
등을 정리하여 제공하였다.

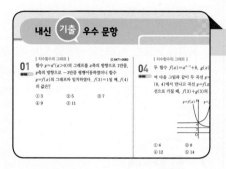

내신 기출 우수 문항

학교 시험에서 출제 가능성이 높은 예상 문항들로 구성하여 실전에 대비할 수 있도록 하였다.

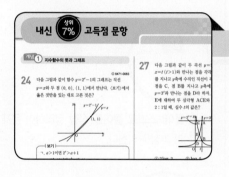

내신 상위 7% 고득점 문항

상위 7% 수준의 문항을 개념별로 수록하여 내신 고득점을 대비할 수 있도록 하였다.

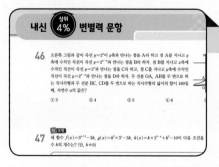

내신 상위 4% 변별력 문항

상위 4% 수준의 문항을 통해 내신 1등급으로 실력을 높일 수 있도록 하였고, 신유형 문항을 수록하였다.

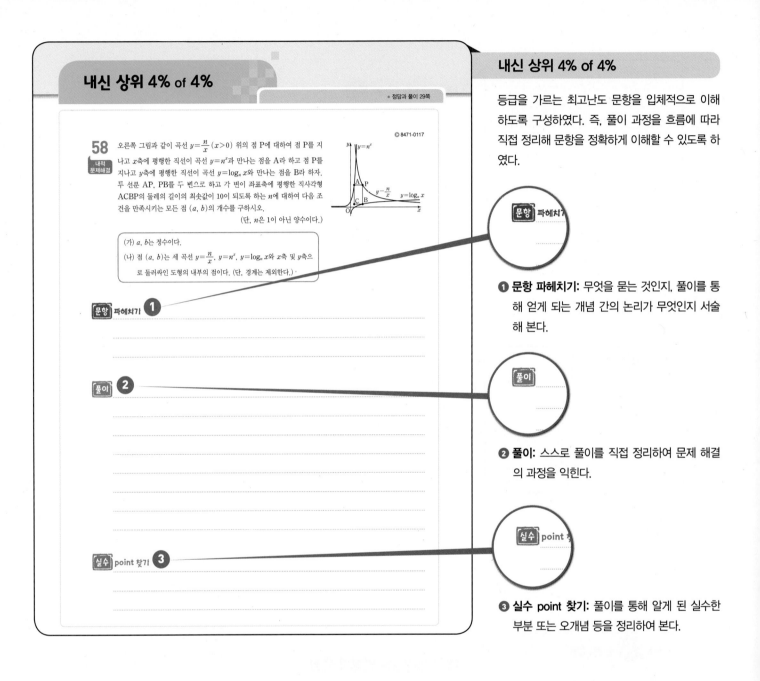

내신 상위 4% of 4%

◎ 정답과 풀이 29쪽

58
내신
문제해결

오른쪽 그림과 같이 곡선 $y=\dfrac{n}{x}\ (x>0)$ 위의 점 P에 대하여 점 P를 지나고 x축에 평행한 직선이 곡선 $y=n^x$과 만나는 점을 A라 하고 점 P를 지나고 y축에 평행한 직선이 곡선 $y=\log_n x$와 만나는 점을 B라 하자. 두 선분 AP, PB를 두 변으로 하고 각 변이 좌표축에 평행한 직사각형 ACBP의 둘레의 길이의 최솟값이 10이 되도록 하는 n에 대하여 다음 조건을 만족시키는 모든 점 (a, b)의 개수를 구하시오.

(단, n은 1이 아닌 양수이다.)

◎ 8471-0117

(가) a, b는 정수이다.

(나) 점 (a, b)는 세 곡선 $y=\dfrac{n}{x}$, $y=n^x$, $y=\log_n x$와 x축 및 y축으로 둘러싸인 도형의 내부의 점이다. (단, 경계는 제외한다.)

문항 파헤치기 ❶

풀이 ❷

실수 point 찾기 ❸

내신 상위 4% of 4%

등급을 가르는 최고난도 문항을 입체적으로 이해하도록 구성하였다. 즉, 풀이 과정을 흐름에 따라 직접 정리해 문항을 정확하게 이해할 수 있도록 하였다.

문항 파헤치기

❶ **문항 파헤치기**: 무엇을 묻는 것인지, 풀이를 통해 얻게 되는 개념 간의 논리가 무엇인지 서술해 본다.

풀이

❷ **풀이**: 스스로 풀이를 직접 정리하여 문제 해결의 과정을 익힌다.

실수 point 찾기

❸ **실수 point 찾기**: 풀이를 통해 알게 된 실수한 부분 또는 오개념 등을 정리하여 본다.

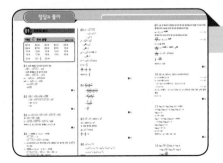

정답과 풀이

모든 문항에 정확한 이해를 돕는 자세한 풀이를 서술하였으며 특히 [내신 상위 4% 변별력 문항]과 [내신 상위 4% of 4%]는 풀이에 문항을 함께 실어 자세하고 친절한 풀이를 제공하였다.

이 책의 차례

올림포스 고난도 **수학 I**

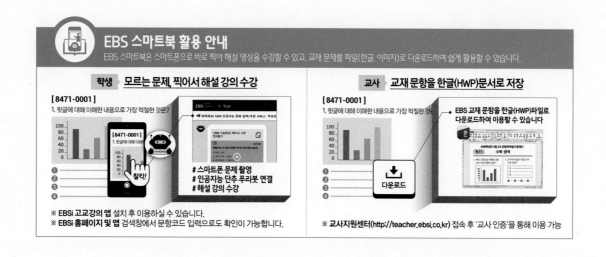

EBS 스마트북 활용 안내

EBS 스마트북은 스마트폰으로 바로 찍어 해설 영상을 수강할 수 있고, 교재 문제를 파일(한글, 이미지)로 다운로드하여 쉽게 활용할 수 있습니다.

학생 <u>모르는 문제, 찍어서 해설 강의 수강</u>

[8471-0001]
1. 윗글에 대해 이해한 내용으로 가장 적절한 것은?

[8471-0001]
1. 윗글에 대해 이해

찰칵!

\# 스마트폰 문제 촬영
\# 인공지능 단추 푸리봇 연결
\# 해설 강의 수강

※ EBSi 고교강의 앱 설치 후 이용하실 수 있습니다.
※ EBSi 홈페이지 및 앱 검색창에서 문항코드 입력으로도 확인이 가능합니다.

교사 <u>교재 문항을 한글(HWP)문서로 저장</u>

[8471-0001]
1. 윗글에 대해 이해한 내용으로 가장 적절한 것은

● EBS 교재 문항을 한글(HWP)파일로 다운로드하여 이용할 수 있습니다

다운로드

※ 교사지원센터(http://teacher.ebsi.co.kr) 접속 후 '교사 인증'을 통해 이용 가능

I

지수함수와 로그함수

1등급 note

■ 거듭제곱

실수 a에 대하여 a^n(n은 자연수)을 a의 거듭제곱이라 하고, a를 거듭제곱의 밑, n을 거듭제곱의 지수라고 한다.

■ 지수법칙

$a \neq 0$이고 m, n이 자연수일 때,

$a^m \times a^n = a^{m+n}$, $(a^m)^n = a^{mn}$

$(ab)^n = a^n b^n$

$\left(\dfrac{a}{b}\right)^n = \dfrac{a^n}{b^n}$ (단, $b \neq 0$)

$a^m \div a^n = \begin{cases} a^{m-n} & (m>n) \\ 1 & (m=n) \\ \dfrac{1}{a^{n-m}} & (m<n) \end{cases}$

(단, $a \neq 0$)

1 거듭제곱근의 뜻과 성질

(1) 실수 a와 2 이상의 정수 n에 대하여 n제곱하여 실수 a가 되는 수, 즉 방정식 $x^n = a$의 복소수 범위에서의 근 x를 a의 n제곱근이라고 한다. a의 n제곱근을 통틀어 a의 거듭제곱근이라고 한다.

(2) **거듭제곱근의 성질**

$a>0$, $b>0$이고 m, n이 2 이상의 정수일 때,

① $(\sqrt[n]{a})^n = a$ ② $\sqrt[n]{a}\sqrt[n]{b} = \sqrt[n]{ab}$

③ $\dfrac{\sqrt[n]{a}}{\sqrt[n]{b}} = \sqrt[n]{\dfrac{a}{b}}$ ④ $(\sqrt[n]{a})^m = \sqrt[n]{a^m}$

2 지수의 확장

(1) **유리수 지수**

① $a \neq 0$이고 n이 양의 정수일 때, $a^0 = 1$, $a^{-n} = \dfrac{1}{a^n}$

② $a>0$이고 m, n($n \geq 2$)이 정수일 때,

$a^{\frac{m}{n}} = \sqrt[n]{a^m}$, $a^{\frac{1}{n}} = \sqrt[n]{a}$

(2) **실수 지수**

$a>0$, $b>0$이고 x, y가 실수일 때,

① $a^x \times a^y = a^{x+y}$ ② $a^x \div a^y = a^{x-y}$

③ $(a^x)^y = a^{xy}$ ④ $(ab)^x = a^x b^x$

3 로그의 뜻과 성질

(1) $a>0$, $a \neq 1$, $b>0$일 때, $a^x = b$를 만족시키는 실수 x를 기호로 $\log_a b$와 같이 나타낸다. 이때 $\log_a b$를 a를 밑으로 하는 b의 로그라 하고 a를 밑, b를 진수라고 한다.

(2) $a>0$, $a \neq 1$이고 $x>0$, $y>0$일 때,

① $\log_a a = 1$, $\log_a 1 = 0$ ② $\log_a xy = \log_a x + \log_a y$

③ $\log_a \dfrac{x}{y} = \log_a x - \log_a y$

④ $\log_a x^n = n \log_a x$ (단, n은 실수)

4 로그의 밑의 변환 공식

$a>0$, $a \neq 1$, $b>0$, $b \neq 1$, $c>0$, $c \neq 1$일 때,

(1) $\log_a b = \dfrac{\log_c b}{\log_c a}$ (2) $\log_a b = \dfrac{1}{\log_b a}$

(3) $\log_{a^m} b^n = \dfrac{n}{m} \log_a b$ (단, m, n은 실수, $m \neq 0$)

(4) $a^{\log_c b} = b^{\log_c a}$, $a^{\log_a b} = b$

5 상용로그

$\log_{10} N$과 같이 10을 밑으로 하는 로그를 상용로그라 하고, 보통 밑 10을 생략하여 $\log N$으로 나타낸다.

■ 실수 a의 n제곱근 중 실수

(1) $a>0$인 경우

n이 홀수이면 $\sqrt[n]{a}$

n이 짝수이면 $\pm\sqrt[n]{a}$

(2) $a<0$인 경우

n이 홀수이면 $\sqrt[n]{a}$

n이 짝수이면 실수인 n제곱근은 존재하지 않는다.

(3) $a=0$이면 0의 n제곱근은 0이다.

■ 지수의 확장

(1) 정수 지수

$a \neq 0$, $b \neq 0$이고 m, n이 정수일 때,

$a^m \times a^n = a^{m+n}$

$a^m \div a^n = a^{m-n}$

$(a^m)^n = a^{mn}$

$(ab)^n = a^n b^n$

(2) 유리수 지수

$a>0$, $b>0$이고 r, s가 유리수일 때,

$a^r \times a^s = a^{r+s}$

$a^r \div a^s = a^{r-s}$

$(a^r)^s = a^{rs}$

$(ab)^r = a^r b^r$

■ 양의 정수 x와 상용로그

$\log x$를 다음과 같이 나타낼 수 있다.

$\log x = n + \alpha$

$= \log 10^n + \log a$

$= \log (a \times 10^n)$

(단, n은 정수, $0 \leq \alpha < 1$

$\log a = \alpha$, $1 \leq a < 10$)

| 거듭제곱근의 뜻과 성질 | ▶ 8471-0001

01 32의 제곱근 중 음의 실수인 것을 a라 하고 -24의 세
제곱근 중 실수인 것을 b라 할 때, ab의 값은?

출제율 94%

① $2\sqrt[6]{12}$　　　② $4\sqrt[6]{4}$　　　③ $6\sqrt[6]{20}$

④ $8\sqrt[6]{72}$　　　⑤ $10\sqrt[6]{28}$

| 거듭제곱근의 뜻과 성질 | ▶ 8471-0002

02 $(\sqrt[3]{6})^6-\sqrt[3]{12}\times\sqrt[3]{18}+\sqrt{\sqrt[3]{64}}$의 값은?

출제율 96%

① 20　　　② 24　　　③ 28

④ 32　　　⑤ 36

| 거듭제곱근의 뜻과 성질 | ▶ 8471-0003

03 $A=\sqrt[4]{2}\times\sqrt[6]{3}$, $B=\sqrt[3]{3}$, $C=\sqrt[3]{2\sqrt[4]{5}}$일 때, A, B, C의
대소 관계로 옳은 것은?

출제율 90%

① $A<B<C$　　　② $A<C<B$

③ $B<A<C$　　　④ $B<C<A$

⑤ $C<A<B$

| 거듭제곱근의 뜻과 성질 | ▶ 8471-0004

04 2 이상의 자연수 n과 두 실수 a, b에 대하여 〈보기〉에
서 옳은 것만을 있는 대로 고른 것은?

출제율 84%

┤ 보기 ├

ㄱ. $\sqrt[n]{a^n}=(\sqrt[n]{|a|})^n$

ㄴ. n이 짝수이면 a^2의 n제곱근 중 실수인 것이
　　$\pm\sqrt[n]{a^2}$이다.

ㄷ. n이 홀수일 때, $\sqrt[n]{a}\times\sqrt[n]{b}=\sqrt[n]{ab}$이면 $a\geq0$, $b\geq0$
　　이다.

① ㄴ　　　② ㄷ　　　③ ㄱ, ㄴ

④ ㄱ, ㄷ　　　⑤ ㄴ, ㄷ

| 지수법칙의 확장 | ▶ 8471-0005

05 $a^p=\sqrt{a^k\times\sqrt[3]{a}}$, $a^q=\sqrt[4]{a^{3k}\times\sqrt[3]{a^4}}$이고 $2^{p+q}=4\sqrt{2}$일 때,
실수 k의 값은? (단, $a>0$, $a\neq1$)

출제율 80%

① $\dfrac{1}{2}$　　　② $\dfrac{3}{5}$　　　③ $\dfrac{7}{10}$

④ $\dfrac{4}{5}$　　　⑤ $\dfrac{9}{10}$

| 지수법칙의 확장 | ▶ 8471-0006

06 $a^{2x}=3$일 때, $\dfrac{a^{3x}-a^{-3x}}{a^x+a^{-x}}$의 값은?

출제율 95%

① $\dfrac{5}{3}$　　　② $\dfrac{11}{6}$　　　③ 2

④ $\dfrac{13}{6}$　　　⑤ $\dfrac{7}{3}$

| 지수법칙의 확장 |　　　　　　　　　　　▶ 8471-0007

07
출제율 95%

$\sqrt{3^x}=12^y=6$인 두 실수 x, y에 대하여 $\dfrac{2}{x}+\dfrac{1}{y}$의 값은?

① 1　　　　② $\dfrac{3}{2}$　　　　③ 2

④ $\dfrac{5}{2}$　　　　⑤ 3

| 지수법칙의 확장 |　　　　　　　　　　　▶ 8471-0008

08
출제율 90%

$x>0$인 실수 x에 대하여 $x^{\frac{1}{3}}+x^{-\frac{1}{3}}=3$일 때, $x+x^{-1}$의 값은?

① 15　　　　② 18　　　　③ 21

④ 24　　　　⑤ 27

| 지수법칙의 활용 |　　　　　　　　　　　▶ 8471-0009

09
출제율 85%

방사성 동위원소의 반감기가 t년이고 화석이 생성될 당시의 방사성 동위원소의 양이 T_0이면 생성된지 n년 후의 방사성 동위원소의 양 T_n은 $T_n=T_0\times 2^{-\frac{n}{t}}$으로 주어진다. x년 전 생성된 것으로 추정되는 화석의 현재로부터 100년 전 방사성 동위원소의 양이 m이었고 현재로부터 20년 후의 방사성 동위원소의 양이 $\dfrac{\sqrt[6]{32}}{2}m$으로 추정될 때, 이 방사성 동위원소의 반감기 t의 값은? (단, $x>100$)

① 720　　　　② 960　　　　③ 1200

④ 1440　　　　⑤ 1680

| 로그의 뜻과 성질 |　　　　　　　　　　　▶ 8471-0010

10
출제율 96%

$\log_{3-x}(-x^2+4x+5)$가 정의되도록 하는 모든 정수 x의 값의 합은?

① -5　　　　② -3　　　　③ -1

④ 1　　　　⑤ 3

| 로그의 뜻과 성질 |　　　　　　　　　　　▶ 8471-0011

11
출제율 88%

두 양수 x, y에 대하여
$$\log_2\{1+\log_3(\log_5 x)\}=1$$
$$\log_5\{-1+\log_2(\log_3 y)\}=0$$
이 성립할 때, $x-y$의 값은?

① 32　　　　② 36　　　　③ 40

④ 44　　　　⑤ 48

| 로그의 뜻과 성질 |　　　　　　　　　　　▶ 8471-0012

12
출제율 95%

$\log_2\sqrt{12}+\dfrac{1}{2}\log_2 3-\log_2 6$의 값은?

① -2　　　　② -1　　　　③ 0

④ 1　　　　⑤ 2

13 출제율 84%

| 로그의 뜻과 성질 |

▶ 8471-0013

두 실수 a, b가
$$\log_2(a-b)-\log_2 a=1$$
$$\log_3(a+5)+\log_3(b+5)=2$$
를 동시에 만족시킬 때, $2a+b$의 값은?

① 2   ② 4   ③ 6

④ 8   ⑤ 10

14 출제율 92%

| 로그의 밑의 변환 공식 |

▶ 8471-0014

1이 아닌 세 양수 a, b, c에 대하여
$\log_c b=\dfrac{1}{4}$, $\log_a b=3$일 때, $\log_b ac$의 값은?

① $\dfrac{13}{3}$ ② 5   ③ $\dfrac{17}{3}$

④ $\dfrac{19}{3}$ ⑤ 7

15 출제율 95%

| 로그의 밑의 변환 공식 |

▶ 8471-0015

$\log_2 3\times\log_5\sqrt[3]{16}\times\log_{\sqrt{3}}25$의 값은?

① $\dfrac{10}{3}$ ② 4   ③ $\dfrac{14}{3}$

④ $\dfrac{16}{3}$ ⑤ 6

16 출제율 90%

| 로그의 밑의 변환 공식 |

▶ 8471-0016

$\dfrac{1}{\log_2 a}+\dfrac{1}{\log_4 a}+\dfrac{1}{\log_8 a}+\dfrac{1}{\log_{16} a}=5$일 때, 양수 a의 값은?

① 2   ② 4   ③ 6

④ 8   ⑤ 10

17 출제율 95%

| 로그의 밑의 변환 공식 |

▶ 8471-0017

$\log_2 3=a$, $\log_3 5=b$일 때, $\log_6\sqrt{20}$을 a, b로 나타낸 것은?

① $\dfrac{ab+1}{a+1}$ ② $\dfrac{ab+1}{a+2}$ ③ $\dfrac{ab+2}{2a+1}$

④ $\dfrac{2ab+1}{2a+1}$ ⑤ $\dfrac{ab+2}{2a+2}$

18 출제율 86%

| 상용로그 |

▶ 8471-0018

$\log 2=0.3010$일 때, $\log\dfrac{\sqrt{20}}{5}$의 값은?

① -0.0595 ② -0.0485 ③ -0.0375

④ -0.0265 ⑤ -0.0155

19 | 상용로그 |

출제율 94%

8471-0019

$\log 2 = a$, $\log 3 = b$일 때, $\log_{15} 60$을 a, b로 나타낸 것은?

① $\dfrac{1+a+b}{1-a+b}$ ② $\dfrac{2+a+b}{1-a+b}$

③ $\dfrac{1+2a+2b}{1-a+b}$ ④ $\dfrac{1+a+b}{1+a-b}$

⑤ $\dfrac{2+a+b}{1+a-b}$

20 | 상용로그 |

출제율 88%

8471-0020

$100 \le A < 1000$인 실수 A에 대하여 $\log A = n + \alpha$(n은 정수, $0 \le \alpha < 1$)이고 x에 대한 이차방정식 $3x^2 - kx + 2 = 0$의 서로 다른 두 실근이 n, α일 때, 상수 k의 값은?

① 5   ② 6   ③ 7

④ 8   ⑤ 9

21 | 상용로그의 활용 |

출제율 80%

8471-0021

주변 공기의 온도를 $T_0\ ^\circ\text{C}$, 어떤 물체의 처음 온도를 $T_1\ ^\circ\text{C}$, t분 후의 이 물체의 온도를 $T\ ^\circ\text{C}$라 할 때,

$$\log(T - T_0) = \log(T_1 - T_0) - 0.02t$$

가 성립한다. 주변 공기의 온도가 24 ℃로 유지되는 실험실에 놓여진 물체의 처음 온도가 120 ℃일 때, 이 물체의 온도가 36 ℃가 되는 것은 몇 분 후인가?

(단, $\log 2 = 0.3$으로 계산한다.)

① 30   ② 35   ③ 40

④ 45   ⑤ 50

서술형 문제

22

출제율 95%

8471-0022

두 실수 x, y에 대하여 $8^x = 9$, $12^y = \dfrac{1}{27}$일 때, $\dfrac{2}{3x} + \dfrac{3}{2y}$의 값을 구하시오.

23

출제율 90%

8471-0023

x에 대한 이차방정식 $x^2 - 6x + 3 = 0$의 두 근이 $\log a$, $\log b$일 때, $\log_a b + \log_b a$의 값을 구하시오.

개념 1 거듭제곱근의 뜻과 성질

24 ▶ 8471-0024

양의 실수 a에 대하여 $f(n, a)=\sqrt[n]{a}$라 할 때, 〈보기〉에서 옳은 것만을 있는 대로 고른 것은?

(단, $a \neq 1$이고, m, n은 2 이상의 정수이다.)

┤ 보기 ├

ㄱ. $f(n, a^2)=f(2n, a^4)$
ㄴ. $f(n, a) \times f(n+1, a)=1$
ㄷ. $m<n$이면 $f(m, a)<f(n, a)$이다.

① ㄱ   ② ㄷ   ③ ㄱ, ㄴ
④ ㄱ, ㄷ   ⑤ ㄴ, ㄷ

25 ▶ 8471-0025

$\left(\sqrt[m]{\sqrt[n]{18\sqrt{2}}}\right)^{24}$이 자연수가 되도록 하는 2 이상의 두 자연수 m, n의 모든 순서쌍 (m, n)의 개수는?

① 5   ② 6   ③ 7
④ 8   ⑤ 9

26 ▶ 8471-0026

두 집합

$$A=\left\{x \mid \frac{6}{x}\text{은 정수, } x\text{는 정수, } |x| \neq 1\right\}$$

$$B=\{|yz| \mid y \in A, z \in A\}$$

에 대하여 $a \in A$, $b \in B$일 때, $\sqrt[b]{a}$가 실수가 되도록 하는 $a+b$의 값의 최댓값을 M, 최솟값을 m이라 하자. $M+m$의 값은?

① 30   ② 35   ③ 40
④ 45   ⑤ 50

개념 2 지수법칙

27 ▶ 8471-0027

세 실수 x, y, z에 대하여 $4^x=6^y=a^z$이고
$\dfrac{1}{x}+\dfrac{2}{y}=\dfrac{4}{z}$일 때, 양수 a의 값은?

① $\sqrt{3}$ ② 2   ③ $\sqrt{6}$
④ 3   ⑤ $2\sqrt{3}$

28 ▶ 8471-0028

양수 a에 대하여 $x=a^{\frac{1}{3}}-a^{-\frac{1}{3}}$가 방정식
$4x^3+12x+15=0$의 실근일 때, $a+a^{-1}$의 값은?

① $\dfrac{7}{2}$ ② $\dfrac{17}{4}$ ③ 5
④ $\dfrac{23}{4}$ ⑤ $\dfrac{13}{2}$

29 ▶ 8471-0029

두 실수 x, y에 대하여 $9^{x+y}=8$, $4^{x-y}=27$일 때, x^2-y^2의 값은?

① $\dfrac{5}{4}$ ② $\dfrac{7}{4}$ ③ $\dfrac{9}{4}$
④ $\dfrac{11}{4}$ ⑤ $\dfrac{13}{4}$

30 ● 8471-0030

두 실수 x, y에 대하여 $2x-y=3$, $4^x+2^y=36$일 때, $16^{\frac{x}{y}}-32^{\frac{y}{x}}$의 값은?

① 8   ② $8\sqrt{2}$ ③ 16

④ $16\sqrt{2}$ ⑤ 32

31 ● 8471-0031

두 실수 a, b에 대하여 $\sqrt{2^a}=3$, $\sqrt[3]{6^b}=2$일 때, 〈보기〉에서 옳은 것만을 있는 대로 고른 것은?

┤ 보기 ├
ㄱ. $6^{ab}=729$
ㄴ. $2^{a-b}<3$
ㄷ. $3<\sqrt[4]{3^{a+b}}<3\sqrt{3}$

① ㄱ   ② ㄴ   ③ ㄱ, ㄷ

④ ㄴ, ㄷ   ⑤ ㄱ, ㄴ, ㄷ

32 ● 8471-0032

두 양의 실수 a, b에 대하여

$$a\otimes b=\begin{cases} \left(\dfrac{a}{b}\right)^6 & (a\geq b) \\ b^{\frac{6}{a}} & (a<b) \end{cases}$$

일 때, $N=(\sqrt[3]{3}\otimes\sqrt{2})\otimes\sqrt[4]{4}$이다. N보다 큰 자연수 중에서 가장 작은 값을 구하시오.

---

33 ● 8471-0033

$\log_{8-a-b}(2a+3b-ab-6)$이 정의되도록 하는 두 자연수 a, b의 모든 순서쌍 (a, b)의 개수는?

① 5   ② 6   ③ 7

④ 8   ⑤ 9

34 ● 8471-0034

1이 아닌 세 양의 실수 a, b, c에 대하여 $a^3=b^5=c^{12}$일 때, $\log_a\sqrt{b}+\log_b c^2$의 값은?

① 1   ② $\dfrac{17}{15}$ ③ $\dfrac{19}{15}$

④ $\dfrac{7}{5}$ ⑤ $\dfrac{23}{15}$

35 ● 8471-0035

$f(x)=\log_a\sqrt{1+\dfrac{2}{2x+1}}$에 대하여

$$f(1)+f(2)+f(3)+\cdots+f(39)=1$$

일 때, 상수 a의 값은?

① $\dfrac{1}{3}$ ② $\dfrac{\sqrt{3}}{3}$ ③ $\sqrt{3}$

④ 3   ⑤ $3\sqrt{3}$

▶ 8471-0036

36 세 실수 x, y, z에 대하여 $\dfrac{3}{x} - \dfrac{1}{y} = \dfrac{2}{z}$이고 $4^x = 8^y = a^z$일 때, 1이 아닌 양의 실수 a의 값은?

① $\dfrac{1}{2}$　　② $\dfrac{\sqrt{2}}{2}$　　③ $\sqrt{2}$

④ 2　　⑤ $2\sqrt{2}$

개념 ④ 로그의 밑의 변환 공식

▶ 8471-0037

37 정수 n에 대하여 $n \leq \log_3 36 < n+1$이고 $x - \log_3 36$이 정수가 되도록 하는 양의 실수 x의 최솟값을 a라 할 때, $4^{\frac{n}{a+1}}$의 값은?

① 18　　② 21　　③ 24

④ 27　　⑤ 30

▶ 8471-0038

38 1보다 작은 두 양의 실수 x, y에 대하여
$$\log_4 x + \log_{\frac{1}{2}} y = 5$$
$$\log_2 x + (\log_4 y)^2 = 7$$
일 때, $\log_8 \dfrac{x^3}{y^2}$의 값은?

① 1　　② $\dfrac{3}{2}$　　③ 2

④ $\dfrac{5}{2}$　　⑤ 3

▶ 8471-0039

39 1이 아닌 두 양의 실수 a, b가 다음 조건을 만족시킬 때, $(\log_a 2)^2 + (\log_b 2)^2$의 값은?

> (가) $\log_2 ab = 4$
> (나) $\log_4 a + \log_b 2 = 2 \log_2 a$

① 21　　② 25　　③ 29

④ 33　　⑤ 37

개념 ⑤ 상용로그

▶ 8471-0040

40 $10 \leq x < 100$인 실수 x에 대하여 $\log x^2$과 $\log \dfrac{1}{x}$의 차가 정수가 되도록 하는 모든 x의 값의 곱은?

① $10^{\frac{8}{3}}$　　② 10^3　　③ $10^{\frac{10}{3}}$

④ $10^{\frac{11}{3}}$　　⑤ 10^4

▶ 8471-0041

41 두 자연수 a, b에 대하여 $a^2 b$는 9자리 자연수이다. a가 n자리의 수이고 $\dfrac{a^2}{b}$의 정수 부분도 n자리의 수일 때, 자연수 n의 값의 합은?

① 7　　② 8　　③ 9

④ 10　　⑤ 11

42 $f(x) = \log x - [\log x]$라 할 때, $f(a) = 3f\left(\dfrac{1}{a}\right)$을 만족시키는 양수 a에 대하여 $f(a) - f(a^2)$의 값은? (단, $[x]$는 x보다 크지 않은 최대의 정수이고, $f(a) \neq 0$)

① $\dfrac{1}{12}$ ② $\dfrac{1}{6}$ ③ $\dfrac{1}{4}$

④ $\dfrac{1}{3}$ ⑤ $\dfrac{5}{12}$

● 8471-0043

개념 ⑥ 상용로그의 활용

43 국가의 인구 연령의 특성을 나타내는 노령화 지수는

$$(\text{노령화 지수}) = \dfrac{(\text{노년층 인구 수})}{(\text{유소년층 인구 수})}$$로 나타낸다. 어느 국가의 유소년층(0~14세)의 인구 수는 매년 1 %씩 감소하고 노년층(65세 이상)의 인구 수는 매년 2 %씩 증가한다고 할 때, 10년 후 이 국가의 노령화 지수는 현재의 $\sqrt{k}$배이다. k의 값은? (단, $\log 1.02 = 0.009$, $\log 1.82 = 0.260$, $\log 9.90 = 0.996$으로 계산한다.)

① 1.64 ② 1.70 ③ 1.76

④ 1.82 ⑤ 1.88

● 8471-0044

44 햇빛에 포함된 자외선을 차단하는 기능을 가진 두 종류의 유리 A, B는 1장을 통과할 때마다 각각 96 %, 90 %의 자외선을 차단한다고 한다. A 유리를 5장 설치했을 때의 자외선 차단율을 p라 할 때, p보다 높은 자외선 차단율을 얻기 위하여 B 유리는 적어도 몇 장을 설치해야 하는지 다음 상용로그표를 이용하여 구하면?

x	0	1	2	3	4
1.0	.0000	.0043	.0086	.0128	.0170
⋮	⋮	⋮	⋮	⋮	⋮
1.4	.1461	.1492	.1523	.1553	.1584
⋮	⋮	⋮	⋮	⋮	⋮
2.0	.3010	.3032	.3054	.3075	.3096

① 6 ② 7 ③ 8

④ 9 ⑤ 10

● 8471-0045

45 $0 < a < 1$인 실수 a에 대하여 $a^{\frac{1}{2}} + a^{-\frac{1}{2}} = \sqrt{6}$일 때, $\dfrac{a^{\frac{3}{2}} - a^{-\frac{3}{2}}}{a + a^{-1}}$의 값을 구하시오.

● 8471-0046

46 모든 실수 x에 대하여 $\log_{a-1}(ax^2 - 2ax + 4)$가 정의되도록 하는 정수 a에 대하여

$$\dfrac{1}{\log_{3a-1}(a+1)} + \log_{2a-2}(2a^2 + 3a + 5)$$의 값을 구하시오.

○ 8471-0047

47 $2 \leq n \leq 100$인 자연수 n에 대하여 $\sqrt[12]{n}$이 어떤 자연수의 n제곱근이 되도록 하는 n의 개수를 구하시오.

○ 8471-0048

48 실수 a와 2 이상의 자연수 n에 대하여 a의 n제곱근 중 실수인 것의 개수를 $f(a, n)$이라 하자.
$f(9, 2)+f(8, 3)+f(7, 4)+\cdots+f(11-k, k)=20$이 되도록 하는 자연수 k의 최솟값은?

① 15   ② 18   ③ 21   ④ 24   ⑤ 27

○ 8471-0049

49 가로의 길이, 세로의 길이가 각각 $\sqrt[3]{4}$, $\sqrt{\sqrt[3]{16}}$이고 높이가 $\sqrt{32}$인 직육면체의 부피를 V라 하고, 이 직육면체의 가로의 길이와 높이를 각각 $\sqrt[3]{4}$씩 늘여서 만든 직육면체의 부피를 V'이라 하자. 두 자연수 a, b에 대하여 $V'=aV+b$일 때, $a+b$의 값은?

① 6   ② 8   ③ 10   ④ 12   ⑤ 14

신 유형

○ 8471-0050

50 오른쪽 그림과 같이 곡선 $y=x^2$ 위의 점 A의 x좌표가 a^t이고 점 A를 지나고 y축에 수직인 직선이 직선 $y=x$와 만나는 점을 B라 하자. 점 B를 지나고 x축에 수직인 직선이 곡선 $y=x^2$과 만나는 점을 C, 점 C를 지나고 y축에 수직인 직선이 직선 $y=x$와 만나는 점을 D라 하자. 두 점 B, D의 x좌표가 각각 b^s, $\left(\dfrac{b}{a}\right)^t$일 때, $t+\dfrac{10}{s}$의 최솟값을 구하시오.

(단, t, s는 양수이고, a, b는 1보다 크다.)

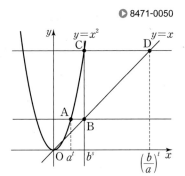

▶ 8471-0051

51 $12^{\frac{m+2}{3}} \times (\sqrt{3})^{\frac{3m-1}{2}}$이 자연수가 되도록 하는 100 이하의 자연수 m의 최댓값은?

① 91   ② 93   ③ 95   ④ 97   ⑤ 99

▶ 8471-0052

52 1보다 큰 자연수 n과 두 실수 a, b에 대하여 $0<a<1<b$, $ab<1$일 때, 세 수 $A=a^{\frac{n+1}{n}} \times b$, $B=a \times b^{\frac{n}{n+1}}$, $C=a^{\frac{n}{n+1}} \times b^{\frac{n+1}{n}}$의 대소 관계로 옳은 것은?

① $A<B<C$ ② $A<C<B$ ③ $B<A<C$
④ $B<C<A$ ⑤ $C<A<B$

▶ 8471-0053

53 세 양의 실수 a, b, c가 다음 조건을 만족시킬 때, $\log_{\frac{1}{2}} a + \log_{\sqrt{2}} b + \log_2 c$의 값을 구하시오.

> (가) $\log_{\frac{1}{2}} a - \log_{\frac{1}{4}} b - \log_{\frac{1}{16}} c = 1$
>
> (나) $\log_{\sqrt{2}} ab + \log_2 bc + \log_4 ac = 6$

▶ 8471-0054

 유형

54 오른쪽 그림과 같이 두 변 AB, CD가 서로 평행한 사다리꼴 ABCD에서 $\overline{AB}=6$, $\overline{CD}=4$이다. 사다리꼴 ABCD의 두 대각선이 만나는 점을 점 P라 할 때, $\overline{AP}=\log_a b$, $\overline{BP}=\log_c b$이고 $\overline{BP}:\overline{CP}=2:1$이다. $k \log_a c + \log_c a > 6$이 되도록 하는 정수 k의 최솟값은? (단, a, c는 1이 아닌 양수이다.)

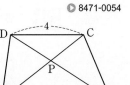

① 5   ② 6   ③ 7
④ 8   ⑤ 9

8471-0055

55 다음 조건을 만족시키는 100보다 작은 자연수 n의 개수는? (단, $[x]$는 x보다 크지 않은 최대의 정수이다.)

> (가) $[\log 3n]=[\log n]+1$
>
> (나) $\log n-[\log n]<\log 5$

① 11   ② 14   ③ 17   ④ 20   ⑤ 23

8471-0056

56 $a>b$인 두 자연수 a, b에 대하여 $A=\log_8 a-[\log_8 a]$, $B=\log_8 b-[\log_8 b]$라 하자. $100<ab<1000$, $A+B=1$일 때, $a-b$의 최댓값을 구하시오. (단, $[x]$는 x보다 크지 않은 최대의 정수이다.)

8471-0057

57 어느 밀폐된 실험실에서 물이 증발하기 시작하여 처음 양의 r %가 증발하는 데 t시간이 소요된다고 하면 다음과 같은 관계식이 성립한다고 한다.

$$\log r=\log(1-k^t)+2 \text{ (단, } k\text{는 양의 상수이다.)}$$

물이 증발하기 시작하여 처음 양의 96 %가 증발하는 데 걸리는 시간은 처음 양의 80 %가 증발하는 데 걸리는 시간의 몇 배인가?

① $\dfrac{3}{2}$ ② 2   ③ $\dfrac{5}{2}$ ④ 3   ⑤ $\dfrac{7}{2}$

8471-0058

58 밤하늘에 육안으로 보이는 천체의 밝기를 나타낸 것을 겉보기 등급이라 하며, 이 천체를 10 pc의 거리에 두었을 때의 밝기를 나타낸 것을 절대등급이라고 한다. 지구에서 천체까지의 거리를 r(pc)이라 하면 겉보기 등급 m과 절대등급 M 사이에는 다음과 같은 식이 성립한다.

$$M=m+5-5\log r$$

시리우스와 북극성의 겉보기 등급은 각각 -1.5등급, 2등급이고 절대등급은 각각 1.4등급, -3.6등급일 때, 지구에서 북극성까지의 거리는 지구에서 시리우스까지의 거리의 k배이다. $10k$의 값을 오른쪽 상용로그표를 이용하여 구하시오. (단, pc(파섹)은 거리의 단위이다.)

x	$\log x$
3.16	0.5
3.98	0.6
5.01	0.7
6.31	0.8

59
이해

● 8471-0059

$10 < x < 1000$인 실수 x에 대하여 두 함수 $f(x)$, $g(x)$를
$$f(x) = \log_5 x - [\log_5 x], \quad g(x) = \log x - [\log x]$$
라 하자. $f(x) = g(x)$를 만족시키는 실수 x의 값의 범위를 아래의 상용로그표를 이용하여 구한 것은?

(단, $[x]$는 x보다 크지 않은 최대의 정수이다.)

수	0	1	2	…	7	8	9
2.0	.301	.303	.305	…	.316	.318	.320
2.1	.322	.324	.326	…	.337	.339	.340
2.2	.342	.344	.346	…	.356	.358	.360
2.3	.362	.364	.366	…	.375	.377	.378

① $20.9 < x < 21.9$ 　　② $21.9 < x < 22.9$ 　　③ $209 < x < 219$
④ $219 < x < 229$ 　　⑤ $229 < x < 239$

문항 파헤치기

풀이

실수 point 찾기

I

지수함수와 로그함수

02 지수함수와 로그함수

빈틈 개념

■ 지수함수 $y=a^x$ $(a>0, a\neq1)$의 최대, 최소

정의역이 $\{x|\alpha\leq x\leq\beta\}$일 때, 지수함수 $y=a^x$은

(1) $a>1$이면 $x=\alpha$일 때 최소, $x=\beta$일 때 최대이다.

(2) $0<a<1$이면 $x=\alpha$일 때 최대, $x=\beta$일 때 최소이다.

■ 함수의 그래프의 대칭성

함수 $y=f(x)$의 그래프는

(1) $y=f(-x)$의 그래프와 y축에 대하여 대칭이다.

(2) $-y=f(x)$의 그래프와 x축에 대하여 대칭이다.

(3) $-y=f(-x)$의 그래프와 원점에 대하여 대칭이다.

(예) $\left(\dfrac{1}{a}\right)^x=a^{-x}$이므로 함수 $y=a^x$의 그래프와 함수 $y=\left(\dfrac{1}{a}\right)^x$의 그래프는 y축에 대하여 대칭이다.

■ 로그함수 $y=\log_a x$ $(a>0, a\neq1)$의 최대, 최소

정의역이 $\{x|\alpha\leq x\leq\beta\}$일 때 로그함수 $y=\log_a x$는

(1) $a>1$이면 $x=\alpha$일 때 최소, $x=\beta$일 때 최대이다.

(2) $0<a<1$이면 $x=\alpha$일 때 최대, $x=\beta$일 때 최소이다.

■ 두 함수 $y=a^x$, $y=\log_a x$의 관계

$y=a^x$에서 x와 y를 서로 바꾸면 $x=a^y$이고 로그의 정의에 의하여 $y=\log_a x$이므로 두 함수 $y=a^x$, $y=\log_a x$는 서로 역함수 관계이다.

---

❶ 지수함수의 뜻과 성질

(1) **지수함수**: $a>0$, $a\neq1$일 때, $y=a^x$을 a를 밑으로 하는 지수함수라고 한다.

(2) **지수함수 $y=a^x$ $(a>0, a\neq1)$의 성질**

① 정의역은 실수 전체의 집합이고, 치역은 양의 실수 전체의 집합이다.

② $a>1$일 때, x의 값이 커지면 y의 값도 커진다.
  $0<a<1$일 때, x의 값이 커지면 y의 값은 작아진다.

③ 그래프는 점 $(0, 1)$을 지나고 x축을 점근선으로 갖는다.

❷ 지수에 미지수가 있는 방정식과 부등식

(1) $a>0$, $a\neq1$일 때, $a^{f(x)}=a^{g(x)} \iff f(x)=g(x)$

(2) $a>0$, $a\neq1$일 때,

① $a>1$이면 $a^{f(x)}>a^{g(x)} \iff f(x)>g(x)$

② $0<a<1$이면 $a^{f(x)}>a^{g(x)} \iff f(x)<g(x)$

❸ 로그함수의 뜻과 성질

(1) **로그함수**: $a>0$, $a\neq1$일 때, $y=\log_a x$를 a를 밑으로 하는 로그함수라고 한다.

(2) **로그함수 $y=\log_a x$ $(a>0, a\neq1)$의 성질**

① 정의역은 양의 실수 전체의 집합이고, 치역은 실수 전체의 집합이다.

② $a>1$일 때, x의 값이 커지면 y의 값도 커진다.
  $0<a<1$일 때, x의 값이 커지면 y의 값은 작아진다.

③ 그래프는 점 $(1, 0)$을 지나고 y축을 점근선으로 갖는다.

④ $y=\log_a x$의 그래프와 $y=a^x$의 그래프는 직선 $y=x$에 대하여 대칭이다.

❹ 로그의 진수에 미지수가 있는 방정식과 부등식

(1) $a>0$, $a\neq1$일 때,

① $\log_a f(x)=b \iff f(x)=a^b$, $f(x)>0$

② $\log_a f(x)=\log_a g(x)$
  $\iff f(x)=g(x)$, $f(x)>0$, $g(x)>0$

(2) $a>0$, $a\neq1$일 때,

① $a>1$이면 $\log_a f(x)>\log_a g(x) \iff f(x)>g(x)>0$

② $0<a<1$이면 $\log_a f(x)>\log_a g(x)$
  $\iff 0<f(x)<g(x)$

1등급 note

■ 함수 $y=a^x$의 그래프

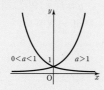

■ 함수 $y=k\times a^x$의 그래프 $(k>0)$

$k\times a^x=a^{\log_a k}\times a^x=a^{x+\log_a k}$이므로 함수 $y=k\times a^x$의 그래프는 함수 $y=a^x$의 그래프를 x축의 방향으로 $-\log_a k$만큼 평행이동한 것이다.

■ 함수 $y=\log_a x$의 그래프

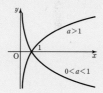

■ 함수 $y=\log_a kx$의 그래프 $(k>0)$

$\log_a kx=\log_a x+\log_a k$이므로 함수 $y=\log_a kx$의 그래프는 함수 $y=\log_a x$의 그래프를 y축의 방향으로 $\log_a k$만큼 평행이동한 것이다.

■ 지수함수와 로그함수의 밑의 크기에 따른 그래프의 모양

(1) $a>1$일 때, a가 커지면 $y=a^x$과 $y=\log_a x$의 그래프는 x축과 y축에 더 가까워진다.

(2) $0<a<1$일 때, a가 작아지면 $y=a^x$과 $y=\log_a x$의 그래프는 x축과 y축에 더 가까워진다.

01 | 지수함수의 그래프 | ● 8471-0060

출제율 95%

함수 $y=a^x(a>0)$의 그래프를 x축의 방향으로 1만큼, y축의 방향으로 -3만큼 평행이동하였더니 함수 $y=f(x)$의 그래프와 일치하였다. $f(3)=1$일 때, $f(4)$의 값은?

① 3   ② 5   ③ 7
④ 9   ⑤ 11

02 | 지수함수의 그래프 | ● 8471-0061

출제율 92%

두 함수 $y=8\cdot2^{2x-1}$, $y=a^{x-b}$의 그래프가 y축에 대하여 서로 대칭일 때, $a+b$의 값은?

① $\dfrac{1}{4}$ ② $\dfrac{3}{4}$ ③ $\dfrac{5}{4}$
④ $\dfrac{7}{4}$ ⑤ $\dfrac{9}{4}$

03 | 지수함수의 그래프 | ● 8471-0062

출제율 86%

두 함수 $y=2^{1-x}+n$, $y=\left(\dfrac{1}{4}\right)^{x-2}-4$의 그래프가 제1사분면에서 만나도록 하는 모든 정수 n의 개수는?

① 6   ② 8   ③ 10
④ 12   ⑤ 14

04 | 지수함수의 그래프 | ● 8471-0063

출제율 85%

두 함수 $f(x)=a^{x-1}+b$, $g(x)=\left(\dfrac{1}{a}\right)^{x-b}+c$에 대하여 다음 그림과 같이 두 곡선 $y=f(x)$, $y=g(x)$가 점 $(0, 4)$에서 만나고 곡선 $y=f(x)$는 직선 $y=2$를 점근선으로 가질 때, $f(3)+g(3)$의 값은?

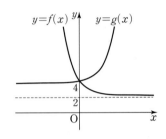

① 6   ② 8   ③ 10
④ 12   ⑤ 14

05 | 지수함수의 최대와 최소 | ● 8471-0064

출제율 98%

$-1\leq x\leq2$에서 두 함수 $f(x)=2^{\frac{x}{2}}$, $g(x)=\left(\dfrac{1}{3}\right)^{x-1}$의 최댓값을 각각 m_1, m_2라 할 때, m_1+m_2의 값은?

① 5   ② 7   ③ 9
④ 11   ⑤ 13

06 | 지수함수의 최대와 최소 | ● 8471-0065

출제율 90%

$0\leq x\leq3$에서 함수 $f(x)=4^x-2^{x+2}+6$의 최댓값과 최솟값을 각각 M, m이라 할 때, $M-m$의 값을 구하시오.

• 정답과 풀이 15쪽

07 | 지수함수의 최대와 최소 | ▶ 8471-0066
출제율 90%

$1 \le x \le 4$에서의 함수 $f(x) = a^{x^2 - 4x + 3}$의 최댓값이 2일 때, 이 함수의 최솟값은? (단, $a \ne 1$인 유리수이다.)

① $\dfrac{1}{64}$ ② $\dfrac{1}{32}$ ③ $\dfrac{1}{16}$

④ $\dfrac{1}{8}$ ⑤ $\dfrac{1}{4}$

08 | 지수에 미지수가 있는 방정식 | ▶ 8471-0067
출제율 95%

방정식 $4^{x^2 - 3x} = \left(\dfrac{1}{2}\right)^{6 - 2x}$을 만족시키는 모든 실수 x의 값의 합은?

① -4 ② -2 ③ 0

④ 2 ⑤ 4

09 | 지수에 미지수가 있는 방정식 | ▶ 8471-0068
출제율 92%

방정식 $\left(\dfrac{1}{9}\right)^{x-1} - 3^{3-x} = 3^{-x} - 3$의 두 근을 α, β라 할 때, $\alpha^2 + \beta^2$의 값은?

① 2 ② 5 ③ 8

④ 11 ⑤ 14

10 | 지수에 미지수가 있는 부등식 | ▶ 8471-0069
출제율 84%

$9 \times 2^{2x} > 64 \times 3^{x-1}$을 만족시키는 자연수 x의 최솟값은?

① 4 ② 5 ③ 6

④ 7 ⑤ 8

11 | 지수에 미지수가 있는 부등식 | ▶ 8471-0070
출제율 93%

부등식 $\left(\dfrac{1}{4}\right)^x - 5 \times 2^{1-x} + 16 > 0$의 해가 $x < \alpha$ 또는 $x > \beta$일 때, $\beta - \alpha$의 값은?

① 1 ② $\dfrac{3}{2}$ ③ 2

④ $\dfrac{5}{2}$ ⑤ 3

12 | 로그함수의 그래프 | ▶ 8471-0071
출제율 95%

다음 그림과 같이 함수 $y = \log_2 (ax + b)$의 그래프가 원점을 지나고 점근선이 직선 $x = -3$일 때, ab의 값은? (단, a, b는 상수이다.)

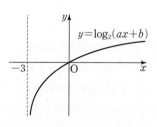

① $\dfrac{1}{3}$ ② $\dfrac{1}{2}$ ③ 1

④ 2 ⑤ 3

13
출제율 90%

| 로그함수의 그래프 | ▶ 8471-0072

다음 함수의 그래프 중 제3사분면을 지나는 것만을 〈보기〉에서 있는 대로 고른 것은?

┌─ 보기 ├─
ㄱ. $y=\log_{\frac{1}{3}}(x+1)$

ㄴ. $y=\log_4\dfrac{2}{x+1}$

ㄷ. $y=\log_2\left(\dfrac{x}{2}+2\right)$

① ㄱ   ② ㄷ   ③ ㄱ, ㄴ

④ ㄴ, ㄷ   ⑤ ㄱ, ㄴ, ㄷ

14
출제율 85%

| 로그함수의 그래프 | ▶ 8471-0073

함수 $y=\log_3 x$의 그래프를 y축의 방향으로 -2만큼 평행이동한 후 x축에 대하여 대칭이동한 그래프가 함수 $y=\log_a bx$의 그래프와 일치할 때, $a+3b$의 값은?

(단, $a\neq1$, $a>0$, $b>0$이고, a, b는 상수이다.)

① $\dfrac{2}{3}$ ② $\dfrac{4}{3}$ ③ 2

④ $\dfrac{8}{3}$ ⑤ $\dfrac{10}{3}$

15
출제율 80%

| 지수함수와 로그함수의 관계 | ▶ 8471-0074

함수 $y=\log_2(2x+p)+p$의 그래프를 직선 $y=x$에 대하여 대칭이동한 그래프의 식이 $y=q\times2^x+2$일 때, 함수 $y=\log_2(2x+p)+p$의 그래프는 x축과 점 $(r,0)$에서 만난다. $p+q+r$의 값은?

(단, p, q는 상수이다.)

① 10   ② 12   ③ 14

④ 16   ⑤ 18

16
출제율 96%

| 로그함수의 최대와 최소 | ▶ 8471-0075

$1\leq x\leq4$에서 함수 $f(x)=\log_{\frac{1}{2}}(x^2-6x+13)$의 최댓값을 M, 최솟값을 m이라 할 때, $M-2m$의 값은?

① 0   ② 2   ③ 4

④ 6   ⑤ 8

17
출제율 90%

| 로그함수의 최대와 최소 | ▶ 8471-0076

$\dfrac{1}{2}\leq x\leq4$에서 $(\log_2 x)^2-\log_{\frac{1}{4}}8x^2$의 최댓값을 M, 최솟값을 m이라 할 때, $\dfrac{M}{m}$의 값은?

① 4   ② 5   ③ 6

④ 7   ⑤ 8

18
출제율 95%

| 로그의 진수에 미지수가 있는 방정식 | ▶ 8471-0077

방정식 $\log_2(2x+1)+\log_2(x-1)=1$의 해는?

① $\dfrac{3}{2}$ ② 2   ③ $\dfrac{5}{2}$

④ 3   ⑤ $\dfrac{7}{2}$

● 8471-0078

19
출제율 90%

| 로그의 진수에 미지수가 있는 방정식 |

방정식 $(\log_2 x - 2)\log_2 x = 3$의 서로 다른 두 실근을 α, β라 할 때, $\alpha\beta$의 값은?

① 2 　　　　② $\dfrac{5}{2}$ 　　　　③ 3

④ $\dfrac{7}{2}$ 　　　　⑤ 4

● 8471-0079

20
출제율 85%

| 로그의 진수에 미지수가 있는 부등식 |

$0 < a < 1$일 때, $2\log_a (x+2) > \log_a (2x+12)$를 만족시키는 모든 정수 x의 값의 합은?

① -4 　　　　② -2 　　　　③ 0

④ 2 　　　　⑤ 4

● 8471-0080

21
출제율 98%

| 로그의 진수에 미지수가 있는 부등식 |

$(\log_4 x)^2 - 3\log_2 x + 8 < 0$의 해가 $\alpha < x < \beta$일 때, $\dfrac{\beta}{\alpha}$의 값은?

① 4 　　　　② 8 　　　　③ 16

④ 32 　　　　⑤ 64

서술형 문제

● 8471-0081

22
출제율 85%

방정식 $9^x + 9^{-x} = 3^{1+x} + 3^{1-x} + 2$의 두 근을 α, β라 할 때, $9^\alpha + 9^\beta$의 값을 구하시오.

● 8471-0082

23
출제율 90%

로그함수 $y = \log_a x + b$의 그래프와 그 역함수의 그래프가 서로 다른 두 점에서 만난다. 두 교점의 x좌표가 $\dfrac{1}{2}$, 2일 때, $a^3 + 8b$의 값을 구하시오.

(단, $a > 1$이고, a, b는 상수이다.)

개념 ① 지수함수의 뜻과 그래프

24 ▶ 8471-0083

다음 그림과 같이 함수 $y=2^x-1$의 그래프는 직선 $y=x$와 두 점 $(0, 0)$, $(1, 1)$에서 만난다. 〈보기〉에서 옳은 것만을 있는 대로 고른 것은?

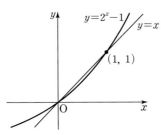

┤ 보기 ├
ㄱ. $a>1$이면 $2^a>a+1$
ㄴ. $a<b<0$이면 $2^b-2^a<1$
ㄷ. $0<a<b$이면 $b(2^a-1)<a(2^b-1)$

① ㄱ   ② ㄷ   ③ ㄱ, ㄴ
④ ㄴ, ㄷ   ⑤ ㄱ, ㄴ, ㄷ

25 ▶ 8471-0084

함수 $y=f(x)$의 그래프는 곡선 $y=a^x$을 x축의 방향으로 b만큼 평행이동한 것과 같고, $x\geq 2$일 때 $f(x)$의 최솟값은 8이다. 임의의 두 실수 α, β에 대하여 $f(\alpha)f(\beta)=4f(\alpha+\beta)$일 때, a^2+b^2의 값은? (단, $a>0$, $a\neq 1$)

① 10   ② 12   ③ 14
④ 16   ⑤ 18

26 ▶ 8471-0085

곡선 $y=2-2^{x-1}$의 점근선이 y축과 만나는 점을 A라 하고, x축에 수직인 직선 $x=t$가 두 곡선 $y=2-2^{x-1}$, $y=2^x$과 만나는 점을 각각 B, C라 하자. $\overline{AB}=\overline{AC}$일 때, 삼각형 ABC의 넓이는?

$\left(\text{단, } t>\log_2 \dfrac{4}{3}\text{인 상수이다.}\right)$

① $\sqrt{2}$ ② 2   ③ $2\sqrt{2}$
④ 4   ⑤ $4\sqrt{2}$

27 ▶ 8471-0086

다음 그림과 같이 두 곡선 $y=3^x$과 $y=3^{2-x}$이 직선 $x=t$ $(t>1)$와 만나는 점을 각각 A, B라 하고, 점 A를 지나고 y축에 수직인 직선이 곡선 $y=3^{2-x}$과 만나는 점을 C, 점 B를 지나고 y축에 수직인 직선이 곡선 $y=3^x$과 만나는 점을 D라 하자. 두 곡선이 만나는 점 E에 대하여 두 삼각형 ACE와 BED의 넓이의 비가 $2:1$일 때, 실수 t의 값은?

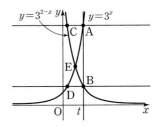

① $2\log_3 2$ ② $\log_3 5$ ③ $\log_3 6$
④ $\log_3 7$ ⑤ $3\log_3 2$

28 ▶ 8471-0087

다음 그림과 같이 세 곡선 $y=a^{-x}$, $y=a^x$, $y=a^{x-6}$이 직선 $y=k$와 만나는 점을 각각 A, B, C라 할 때, $\overline{AB}=\overline{BC}$이다. 두 곡선 $y=a^{-x}$와 $y=a^{x-6}$이 만나는 점 D에 대하여 삼각형 ACD의 넓이가 16일 때, 양수 a의 값은?

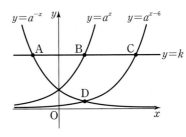

① $\sqrt{2}$ ② $\sqrt[3]{3}$ ③ $\sqrt{3}$
④ 2   ⑤ 3

개념 **2** **지수함수의 최대와 최소**

▶ 8471-0088

29 함수 $f(x)=2^x(2^x+16)+2^{-x}(2^{-x}+16)$의 최솟값은?

① 22   ② 26   ③ 30
④ 34   ⑤ 38

▶ 8471-0089

30 두 함수 $f(x)=a^x\,(a>0,\ a\neq1)$, $g(x)=x^2-2x$에 대하여 $-2\leq x\leq2$에서의 함수 $(f\circ g)(x)$의 최솟값이 $\dfrac{1}{16}$이고 최댓값이 $\sqrt{2}$일 때, $-2\leq x\leq2$에서의 함수 $(g\circ f)(x)$의 최댓값은?

① 0   ② $\sqrt{2}$ ③ 2
④ $2\sqrt{2}$ ⑤ 4

개념 **3** **지수에 미지수가 있는 방정식과 부등식**

▶ 8471-0090

31 방정식 $3^x+2a(3^{-x}+1)=8$이 서로 다른 두 실근을 갖도록 하는 정수 a의 개수는?

① 1   ② 3   ③ 5
④ 7   ⑤ 9

▶ 8471-0091

32 모든 실수 x에 대하여 $4^x+2^{x+1}-4+a>0$이 성립하도록 하는 정수 a의 최솟값은?

① -4 ② -2 ③ 0
④ 2   ⑤ 4

▶ 8471-0092

33 부등식 $9^x-(a+1)3^x+a<0$을 만족시키는 정수 x의 개수가 1이 되도록 하는 정수 a의 개수는?

① 2   ② 4   ③ 6
④ 8   ⑤ 10

개념 **4** **로그함수의 뜻과 그래프**

▶ 8471-0093

34 다음 함수의 그래프 중 함수 $y=\log_2 x$의 그래프를 좌표축에 대하여 대칭이동하거나 평행이동하여 일치시킬 수 <u>없는</u> 것은?

① $y=\log_2 4x$ ② $y=\dfrac{1}{2}\log_2 x^2$

③ $y=\log_2(2-x)$ ④ $y=\log_2\dfrac{1}{x-2}$

⑤ $y=2\log_2\sqrt{x-1}$

35 ▶ 8471-0094

다음 그림은 두 함수 $y=\log_2 x$, $y=\log_3 x$의 그래프 위의 점 중 x좌표가 각각 a_1, a_2, a_3인 서로 다른 세 점들의 y좌표를 b_1, b_2, b_3으로 나타낸 것이다. 세 자연수 p, q, r에 대하여 $12^{b_2+b_3}=a_1{}^p a_2{}^q a_3{}^r$일 때, $p+2q+3r$의 값을 구하시오. (단, 점선은 좌표축에 평행하다.)

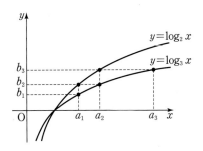

36 ▶ 8471-0095

곡선 $y=\log_2\left(\dfrac{x}{4}+a\right)$의 점근선을 $x=-k$라 할 때, x축 위의 점 $\mathrm{A}(k, 0)$을 지나고 x축에 수직인 직선이 두 곡선 $y=\log_2 x$, $y=\log_2\left(\dfrac{x}{4}+a\right)$와 만나는 점을 각각 B, C라 하자. $\overline{\mathrm{AC}}=\overline{\mathrm{BC}}$일 때, $a+k$의 값은? (단, $a>0$)

① -3 ② -1 ③ 1
④ 3 ⑤ 5

37 ▶ 8471-0096

다음 그림은 직선 $y=x$와 함수 $y=\log_2 x$의 그래프이다. 두 점 $\mathrm{A}(a, \log_2 a)$, $\mathrm{B}(b, \log_2 b)$에 대하여 〈보기〉에서 옳은 것만을 있는 대로 고른 것은? (단, $a<b$)

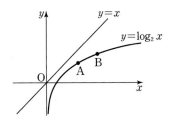

| 보기 |

ㄱ. $a+b>\log_2 ab$
ㄴ. $b\log_2 a<a\log_2 b$
ㄷ. $b-a>\log_2 b-\log_2 a$

① ㄱ ② ㄴ ③ ㄱ, ㄷ
④ ㄴ, ㄷ ⑤ ㄱ, ㄴ, ㄷ

38 ▶ 8471-0097

다음 그림과 같이 점 $\mathrm{A}(4, 0)$을 지나는 직선 $y=-x+4$가 두 곡선 $y=a^x$, $y=\log_a x$와 만나는 점을 각각 B, C라 하고, 점 B를 지나고 y축에 수직인 직선이 곡선 $y=\log_a x$와 만나는 점을 D라 하자. $\overline{\mathrm{BC}}:\overline{\mathrm{CA}}=2:1$일 때, 삼각형 BCD의 넓이는? (단, $a>1$)

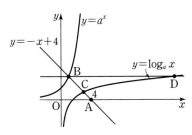

① 20 ② 22 ③ 24
④ 26 ⑤ 28

개념 5 로그함수의 최대와 최소

39 ▶ 8471-0098

$f(x)=\log_{\frac{1}{3}}(2^x+1)-\log_3(2^{-x}+4)$는 $x=a$에서 최댓값 M을 가질 때, $a+M$의 값은?

① -3 ② -1 ③ 1
④ 3 ⑤ 5

40 ▶ 8471-0099

두 양의 실수 x, y에 대하여 $x\geq2$, $y\geq4$, $xy=64$이다. $\log_2 x \times \log_4 y$의 최댓값을 M, 최솟값을 m이라 할 때, $M-m$의 값은?

① $\dfrac{1}{2}$ ② 1 ③ $\dfrac{3}{2}$
④ 2 ⑤ $\dfrac{5}{2}$

41 8471-0100

방정식 $(\log_3 x)^2 - 5\log_3 x - a = 0$의 두 실근이 α, β이고 방정식 $(\log_3 x)^2 + b\log_3 x - 8 = 0$의 두 실근이 $\dfrac{9}{\alpha}$, $\dfrac{9}{\beta}$일 때, $a+b$의 값은?

① 1 　　② 2 　　③ 3

④ 4 　　⑤ 5

42 8471-0101

방정식 $2 - |1 - \log_2 x| = \log_2 |x-2|$의 실근의 합은?

① $\dfrac{8}{3}$ 　　② $\dfrac{10}{3}$ 　　③ 4

④ $\dfrac{14}{3}$ 　　⑤ $\dfrac{16}{3}$

43 8471-0102

두 집합
$$A = \{x \mid \log_2 |x-a| < 1\}$$
$$B = \{x \mid \log_{\frac{4}{a}} (6x+24) < \log_{\frac{4}{a}} (x^2+8)\}$$
에 대하여 $A \subset B$가 되도록 하는 모든 자연수 a의 값의 합은? (단, $a \neq 4$)

① 7 　　② 9 　　③ 11

④ 13 　　⑤ 15

44 8471-0103

방정식 $a^{2x} - 3a^{x+1} + a^2 + 2 = 0$의 두 실근이 α, β이고 $\alpha + \beta = 4$일 때, 양수 a의 값을 구하시오.

45 8471-0104

$\dfrac{1}{16} \leq x \leq 4$에서 함수 $f(x) = 2x^{2+\log_4 x}$의 최댓값을 M, 최솟값을 m이라 할 때, Mm의 값을 구하시오.

46 오른쪽 그림과 같이 곡선 $y=2^x$이 y축과 만나는 점을 A라 하고 점 A를 지나고 y축에 수직인 직선이 곡선 $y=2^{x-a}$과 만나는 점을 B라 하자. 점 B를 지나고 x축에 수직인 직선이 곡선 $y=2^x$과 만나는 점을 C라 하고, 점 C를 지나고 y축에 수직인 직선이 곡선 $y=2^{x-a}$과 만나는 점을 D라 하자. 두 선분 OA, AB를 두 변으로 하는 직사각형과 두 선분 BC, CD를 두 변으로 하는 직사각형의 넓이의 합이 160일 때, 자연수 a의 값은?

● 8471-0105

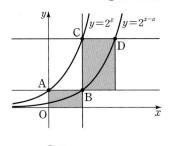

① 3 　　　② 4 　　　③ 5 　　　④ 6 　　　⑤ 7

신 유형

47 세 함수 $f(x)=3^{x+2}-3k$, $g(x)=k^2\times3^x-3k$, $h(x)=k\times2^{2-x}+k^2-10$이 다음 조건을 만족시키도록 하는 정수 k의 개수는? (단, $k\neq0$)

● 8471-0106

> (가) 임의의 실수 x에 대하여 $f(x)\geq g(x)$이다.
> (나) 임의의 두 실수 x_1, x_2에 대하여 $f(x_1)>h(x_2)$이다.

① 1 　　　② 3 　　　③ 5 　　　④ 7 　　　⑤ 9

---

48 두 함수 $f(x)=1-\left(\dfrac{a}{2}\right)^x$, $g(x)=\left(\dfrac{a}{2}\right)^{1-x}+b$에 대하여 두 곡선 $y=f(x)$, $y=g(x)$가 제3사분면에서 만나고, $1\leq x\leq3$에서 함수 $g(x)$의 최솟값이 -8 이상이 되도록 하는 두 정수 a, b의 모든 순서쌍 (a,b)의 개수는?

● 8471-0107

(단, $a>0$, $a\neq2$)

① 6 　　　② 9 　　　③ 12 　　　④ 15 　　　⑤ 18

---

49 이차항의 계수가 1인 이차함수 $y=f(x)$와 일차함수 $y=g(x)$의 그래프가 오른쪽 그림과 같고 $2^{f(x)}>\left(\dfrac{1}{4}\right)^{g(x)}$를 만족시키는 10보다 작은 자연수 x의 개수가 5일 때, $g(-2)$의 최솟값을 구하시오. (단, $f(2)=g(2)=0$, $f(0)=0$이고 $g(0)>0$이다.)

● 8471-0108

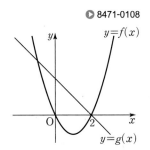

50 오른쪽 그림과 같이 기울기가 −1이고 y절편이 양수인 직선 l이 x축, y축과 만나는 점을 각각 A, B라 하고, 직선 l이 두 곡선 $y=2^x$, $y=2^{x-2}-2$와 만나는 점을 각각 P, Q라 할 때, 두 점 P, Q는 선분 AB를 삼등분하는 점이다. 점 R(0, 1)을 지나고 직선 l과 평행한 직선 l'이 곡선 $y=2^{x-2}-2$와 만나는 점을 S라 할 때, 두 직선 l, l'과 두 곡선 $y=2^x$, $y=2^{x-2}-2$로 둘러싸인 도형의 넓이를 구하시오.

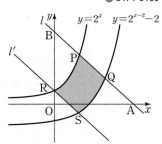

▶ 8471-0109

▶ 8471-0110

51 두 곡선 $y=a \times 2^x$, $y=b-\left(\dfrac{1}{2}\right)^{x-2}$이 만나는 서로 다른 두 점 A, B에 대하여 선분 AB의 중점의 좌표가 $(0, 8)$일 때, $a+b$의 값을 구하시오. (단, $a \neq 0$이고 a, b는 상수이다.)

▶ 8471-0111

52 정의역이 $X=\left\{x \,\middle|\, |x| \leq a, x \neq \dfrac{3}{8}\right\}$인 함수 $y=\log_a \left|\dfrac{8}{3}x-1\right|+1$의 치역이 $Y=\{y \,|\, b \leq y \leq 3\}$일 때, a^b의 값은? (단, $a>0$, $a \neq 1$)

① $\dfrac{11}{27}$ ② $\dfrac{13}{27}$ ③ $\dfrac{5}{9}$ ④ $\dfrac{17}{27}$ ⑤ $\dfrac{19}{27}$

▶ 8471-0112

53 좌표평면 위의 점 (n, n)을 대각선의 교점으로 하는 한 변의 길이가 2인 정사각형과 곡선 $y=\log_2(ax+8)$이 만나도록 하는 상수 a의 최댓값을 $f(n)$이라 하고 최솟값을 $g(n)$이라 할 때, $f(6)+g(3)$의 값은?
(단, 정사각형의 각 변은 x축 또는 y축과 평행하다.)

① 20 ② 22 ③ 24 ④ 26 ⑤ 28

○ 8471-0113

54 오른쪽 그림과 같이 두 곡선 $y=\log_2 x$, $y=3^x$이 직선 $y=-x+2$와 만나는 점을 각각 $A(x_1, y_1)$, $B(x_2, y_2)$라 할 때, 〈보기〉에서 옳은 것만을 있는 대로 고른 것은?

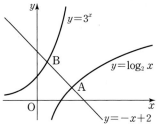

| 보기 |
ㄱ. $x_1 < y_2$
ㄴ. $x_2(x_1-1) < y_1(y_2-1)$
ㄷ. $(x_2+y_1)+(2^{y_1}+2^{x_2}) < 4$

① ㄱ ② ㄷ ③ ㄱ, ㄴ ④ ㄴ, ㄷ ⑤ ㄱ, ㄴ, ㄷ

신유형

○ 8471-0114

55 함수 $f(x)=\log_2(x+k)$와 그 역함수 $f^{-1}(x)$에 대하여 두 곡선 $y=f(x)$, $y=f^{-1}(x)$가 서로 다른 두 점 A, B에서 만나고 $\overline{AB}=n\sqrt{2}$일 때, 점 A의 x좌표를 $g(n)$이라 하자. $g(n)-g(2n)>8$을 만족시키는 자연수 n의 최솟값을 구하시오. (단, k는 상수이고, 점 A의 x좌표는 점 B의 x좌표보다 작다.)

○ 8471-0115

56 함수 $f(x)=\dfrac{\log_2 x+1}{\log_4 x-1}$에 대하여 부등식 $f\left(\dfrac{a}{2}\right) \leq f\left(\dfrac{2}{a}\right)$를 만족시키는 모든 정수 a의 값의 합을 구하시오.

(단, $a>0$)

○ 8471-0116

57 두 함수 $f(x)=\log_2 \dfrac{x}{4}$, $g(x)=x^2-x$에 대하여 연립부등식 $\begin{cases} g(f(x))<0 \\ f(g(x)+c)<3 \end{cases}$ 의 정수인 해의 개수가 1이 되도록 하는 양의 정수 c의 개수는?

① 6 ② 8 ③ 10 ④ 12 ⑤ 14

▶ 8471-0117

58

내적 문제해결

오른쪽 그림과 같이 곡선 $y=\dfrac{n}{x}$ $(x>0)$ 위의 점 P에 대하여 점 P를 지나고 x축에 평행한 직선이 곡선 $y=n^x$과 만나는 점을 A라 하고 점 P를 지나고 y축에 평행한 직선이 곡선 $y=\log_n x$와 만나는 점을 B라 하자. 두 선분 AP, PB를 두 변으로 하고 각 변이 좌표축에 평행한 직사각형 ACBP의 둘레의 길이의 최솟값이 10이 되도록 하는 n에 대하여 다음 조건을 만족시키는 모든 점 $(a,\ b)$의 개수를 구하시오.

(단, n은 1이 아닌 양수이다.)

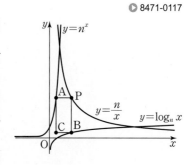

(가) $a,\ b$는 정수이다.

(나) 점 $(a,\ b)$는 세 곡선 $y=\dfrac{n}{x}$, $y=n^x$, $y=\log_n x$와 x축 및 y축으로 둘러싸인 도형의 내부의 점이다. (단, 경계는 제외한다.)

문항 파헤치기

풀이

실수 point 찾기

Ⅱ 삼각함수

03. 삼각함수의 뜻과 그래프

04. 삼각함수의 활용

03 삼각함수의 뜻과 그래프

빈틈 개념

■ 특수각의 삼각비의 값

θ	$30°$	$45°$	$60°$
$\sin\theta$	$\dfrac{1}{2}$	$\dfrac{\sqrt{2}}{2}$	$\dfrac{\sqrt{3}}{2}$
$\cos\theta$	$\dfrac{\sqrt{3}}{2}$	$\dfrac{\sqrt{2}}{2}$	$\dfrac{1}{2}$
$\tan\theta$	$\dfrac{\sqrt{3}}{3}$	1	$\sqrt{3}$

■ 함수의 대칭성
y축 대칭: $f(x)=f(-x)$
원점 대칭: $f(x)=-f(-x)$

■ 주기함수
함수 $f(x)$가 상수함수가 아닐 때, 함수 $f(x)$의 정의역에 속하는 임의의 실수 x에 대하여 $f(x)=f(x+p)$를 만족시키는 0이 아닌 상수 p가 존재하는 함수 $f(x)$를 주기함수라 하고, 상수 p 중 최소인 양수를 함수 $f(x)$의 주기라고 한다.

1 일반각과 호도법

(1) 호도법과 육십분법

$$1\text{라디안}=\frac{180°}{\pi}, \ 1°=\frac{\pi}{180}(\text{라디안})$$

(2) 부채꼴의 호의 길이와 넓이

반지름의 길이가 r, 중심각의 크기가 θ(라디안)인 부채꼴에서 호의 길이를 l, 넓이를 S라고 하면

$$l=r\theta, \ S=\frac{1}{2}r^2\theta=\frac{1}{2}rl$$

2 삼각함수의 뜻

(1) $\overline{\text{OP}}=r$인 점 $\mathrm{P}(x,\ y)$에 대하여 동경 OP가 x축의 양의 방향과 이루는 각의 크기를 θ(라디안)이라 할 때,

$$\sin\theta=\frac{y}{r}, \ \cos\theta=\frac{x}{r},$$

$$\tan\theta=\frac{y}{x} \ (\text{단, } x\neq0)$$

(2) 삼각함수 사이의 관계

$$\tan\theta=\frac{\sin\theta}{\cos\theta}, \ \sin^2\theta+\cos^2\theta=1$$

3 삼각함수의 그래프

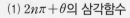

	$y=\sin x$	$y=\cos x$	$y=\tan x$
정의역	실수 전체의 집합	실수 전체의 집합	$x=n\pi+\dfrac{\pi}{2}(n\text{은 정수})$를 제외한 실수 전체의 집합
치역	$\{y\|-1\leq y\leq1\}$	$\{y\|-1\leq y\leq1\}$	실수 전체의 집합
주기	2π	2π	π
대칭성	원점 대칭	y축 대칭	원점 대칭

4 삼각함수의 성질 (단, n은 정수이고, 복부호 동순이다.)

(1) $2n\pi+\theta$의 삼각함수
$$\sin(2n\pi+\theta)=\sin\theta$$
$$\cos(2n\pi+\theta)=\cos\theta$$
$$\tan(2n\pi+\theta)=\tan\theta$$

(2) $\pi\pm\theta$의 삼각함수
$$\sin(\pi\pm\theta)=\mp\sin\theta$$
$$\cos(\pi\pm\theta)=-\cos\theta$$
$$\tan(\pi\pm\theta)=\pm\tan\theta$$

(3) $-\theta$의 삼각함수
$$\sin(-\theta)=-\sin\theta$$
$$\cos(-\theta)=\cos\theta$$
$$\tan(-\theta)=-\tan\theta$$

(4) $\dfrac{\pi}{2}\pm\theta$의 삼각함수
$$\sin\left(\frac{\pi}{2}\pm\theta\right)=\cos\theta$$
$$\cos\left(\frac{\pi}{2}\pm\theta\right)=\mp\sin\theta$$
$$\tan\left(\frac{\pi}{2}\pm\theta\right)=\mp\frac{1}{\tan\theta}$$

■ 두 동경이 나타내는 각의 크기가 각각 α, β일 때
(1) 두 동경이 일치한다.
$\Longleftrightarrow \alpha-\beta=2n\pi$ (단, n은 정수)
(2) 두 동경이 원점 대칭이다.
$\Longleftrightarrow \alpha-\beta=2n\pi+\pi$
(단, n은 정수)

■ 삼각함수의 부호
각 사분면에서 양수인 값을 갖는 삼각함수는 다음 그림과 같다.

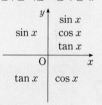

■ 함수 $y=a\sin bx+c$
$\qquad\quad y=a\cos bx+c$
최댓값: $|a|+c$,
최솟값: $-|a|+c$
주기: $\dfrac{2\pi}{|b|}(b\neq0)$

■ 함수 $y=a\tan bx+c$
최댓값, 최솟값: 없음
주기: $\dfrac{\pi}{|b|}(b\neq0)$

■ 삼각함수의 각의 변환
$\dfrac{n}{2}\pi+\theta$의 삼각함수에서 θ를 예각으로 간주한 후
(1) n이 홀수이면
$\sin \longrightarrow \cos, \cos \longrightarrow \sin$
n이 짝수이면
$\sin \longrightarrow \sin, \cos \longrightarrow \cos$
(2) 동경이 $\dfrac{n}{2}\pi+\theta$일 때의 부호는 처음에 주어진 삼각함수의 부호를 따른다.

01 출제율 90% | 일반각과 호도법 | ▶ 8471-0118

다음 〈보기〉에서 옳은 것만을 있는 대로 고른 것은?

┤ 보기 ├

ㄱ. $1° = \dfrac{\pi}{180}$ 라디안

ㄴ. $\dfrac{25}{7}\pi$는 제3사분면의 각이다.

ㄷ. 부채꼴의 둘레의 길이가 호의 길이의 2배이면 부채꼴의 중심각의 크기는 2라디안이다.

① ㄱ   ② ㄷ   ③ ㄱ, ㄴ

④ ㄱ, ㄷ   ⑤ ㄴ, ㄷ

02 출제율 93% | 일반각과 호도법 | ▶ 8471-0119

θ를 나타내는 동경과 4θ를 나타내는 동경이 서로 일치할 때, θ의 값은? (단, $0 < \theta < \pi$)

① $\dfrac{\pi}{2}$ ② $\dfrac{7}{12}\pi$ ③ $\dfrac{2}{3}\pi$

④ $\dfrac{3}{4}\pi$ ⑤ $\dfrac{5}{6}\pi$

03 출제율 85% | 일반각과 호도법 | ▶ 8471-0120

좌표평면 위의 점 $P(a, 1)$에 대하여 반직선 OP가 나타내는 동경의 각의 크기를 θ라 하자. 5θ가 나타내는 동경이 θ를 나타내는 동경과 원점에 대하여 대칭일 때, 양수 a의 값은? (단, O는 원점이다.)

① $\dfrac{\sqrt{3}}{3}$ ② $\dfrac{\sqrt{2}}{2}$ ③ 1

④ $\sqrt{2}$ ⑤ $\sqrt{3}$

04 출제율 86% | 부채꼴의 호의 길이와 넓이 | ▶ 8471-0121

둘레의 길이가 12이고 넓이가 4인 서로 다른 부채꼴의 반지름의 길이의 합은?

① 4   ② 5   ③ 6

④ 7   ⑤ 8

05 출제율 90% | 부채꼴의 호의 길이와 넓이 | ▶ 8471-0122

중심각의 크기가 각각 θ_1, θ_2인 두 부채꼴의 반지름의 길이의 비는 $2 : 3$이고 넓이의 비는 $5 : 6$일 때, $\dfrac{\theta_2}{\theta_1}$의 값은?

① $\dfrac{4}{15}$ ② $\dfrac{2}{5}$ ③ $\dfrac{8}{15}$

④ $\dfrac{2}{3}$ ⑤ $\dfrac{4}{5}$

06 출제율 90% | 부채꼴의 호의 길이와 넓이 | ▶ 8471-0123

다음 그림과 같이 모선의 길이가 6인 원뿔의 전개도의 넓이가 16π일 때, 원뿔의 밑면의 반지름의 길이는?

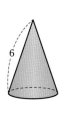
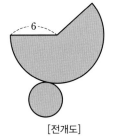

[원뿔]   [전개도]

① 1   ② $\sqrt{2}$ ③ 2

④ $2\sqrt{2}$ ⑤ 4

07 | 삼각함수의 정의 | ▶ 8471-0124
출제율 82%

원점 O와 점 $P(-2, 1)$에 대하여 동경 OP가 x축의 양의 방향과 이루는 각의 크기를 θ라 할 때,

$\dfrac{\tan \theta}{\sin \theta - \cos \theta}$의 값은?

① $-\dfrac{\sqrt{5}}{6}$ 　　② $-\dfrac{\sqrt{3}}{6}$ 　　③ $-\dfrac{1}{6}$

④ $\dfrac{1}{6}$ 　　⑤ $\dfrac{\sqrt{3}}{6}$

08 | 삼각함수의 정의 | ▶ 8471-0125
출제율 85%

$\dfrac{\pi}{2} < \theta < \pi$이고 $\sin \theta = \dfrac{5}{13}$일 때, $\tan \theta - \dfrac{5}{\cos \theta}$의 값은?

① 1 　　② 2 　　③ 3

④ 4 　　⑤ 5

09 | 삼각함수의 부호 | ▶ 8471-0126
출제율 90%

제k사분면의 각 θ에 대하여

$\dfrac{\sqrt{\cos \theta}}{\sqrt{\sin \theta}} = -\sqrt{\dfrac{\cos \theta}{\sin \theta}}$

일 때, $\sqrt{(\tan \theta - k \cos \theta)^2} - |k \tan \theta|$와 항상 같은 것은? $\left(\text{단, 정수 } n\text{에 대하여 } \theta \neq \dfrac{n}{2}\pi \text{이다.}\right)$

① $3 \cos \theta - 5 \tan \theta$ 　　② $3 \cos \theta + 5 \tan \theta$

③ $4 \cos \theta - 5 \tan \theta$ 　　④ $4 \cos \theta - 3 \tan \theta$

⑤ $4 \cos \theta + 3 \tan \theta$

10 | 삼각함수의 부호 | ▶ 8471-0127
출제율 90%

$\sin \theta \cos \theta > 0$, $\dfrac{\cos \theta}{\tan \theta} < 0$일 때, 〈보기〉에서 옳은 것만을 있는 대로 고른 것은?

┤ 보기 ├

ㄱ. $\cos \theta > 0$ 　ㄴ. $\tan \dfrac{\theta}{2} < 0$ 　ㄷ. $\sin 2\theta > 0$

① ㄴ 　　② ㄷ 　　③ ㄱ, ㄴ

④ ㄱ, ㄷ 　　⑤ ㄴ, ㄷ

11 | 삼각함수 사이의 관계 | ▶ 8471-0128
출제율 85%

두 자연수 a, b에 대하여

$\dfrac{1 + 3 \sin \theta}{1 + \sin \theta} - \dfrac{2}{1 - \sin \theta} = a - \dfrac{b}{\cos^2 \theta}$

일 때, $a + b$의 값은? $\left(\text{단, } \theta \neq \dfrac{n\pi}{2}, n\text{은 정수이다.}\right)$

① 5 　　② 7 　　③ 9

④ 11 　　⑤ 13

12 | 삼각함수 사이의 관계 | ▶ 8471-0129
출제율 85%

x에 대한 이차방정식 $x^2 + ax - 4a^2 = 0$의 서로 다른 두 실근이 $\sin \theta$, $\cos \theta$일 때, 양수 a의 값은?

① $\dfrac{1}{2}$ 　　② $\dfrac{1}{3}$ 　　③ $\dfrac{1}{4}$

④ $\dfrac{1}{5}$ 　　⑤ $\dfrac{1}{6}$

| 삼각함수 사이의 관계 | ▶ 8471-0130

13 출제율 90% $\sin\theta\cos\theta=\dfrac{1}{4}$일 때,
$(1+\sin\theta)(1-\sin\theta)(1-\tan^2\theta)$의 값은?

$$\left(단,\ 0<\theta<\dfrac{\pi}{4}\right)$$

① $\dfrac{\sqrt{2}}{2}$ ② $\dfrac{\sqrt{3}}{2}$ ③ 1

④ $\sqrt{2}$ ⑤ $\sqrt{3}$

| 삼각함수의 그래프 | ▶ 8471-0131

14 출제율 96% 함수 $y=a\sin bx+c$의 그래프가 다음 그림과 같을 때, abc의 값은?

(단, $a>0$, $b>0$이고, a, b, c는 상수이다.)

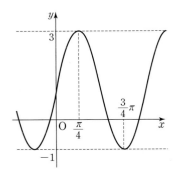

① 3   ② $\dfrac{7}{2}$ ③ 4

④ $\dfrac{9}{2}$ ⑤ 5

| 삼각함수의 그래프 | ▶ 8471-0132

15 출제율 95% 함수 $y=4\cos(2x+\pi)+3$의 최댓값이 M, 최솟값이 m이고 주기가 p일 때, $p(M+m)$의 값은?

① 4π ② $\dfrac{9}{2}\pi$ ③ 5π

④ $\dfrac{11}{2}\pi$ ⑤ 6π

| 삼각함수의 그래프 | ▶ 8471-0133

16 출제율 92% 함수 $f(x)=\sin\left(\dfrac{x}{2}+\pi\right)$에 대하여 〈보기〉에서 옳은 것만을 있는 대로 고른 것은?

┤ 보기 ├

ㄱ. 모든 실수 x에 대하여 $f(x)+f(-x)=0$이다.

ㄴ. 모든 실수 x에 대하여 $f(x)=f(x+4\pi)$이다.

ㄷ. 곡선 $y=f(x)$를 x축의 방향으로 π만큼 평행이동 하면 곡선 $y=\cos\dfrac{x}{2}$와 겹쳐진다.

① ㄱ   ② ㄷ   ③ ㄱ, ㄴ

④ ㄴ, ㄷ   ⑤ ㄱ, ㄴ, ㄷ

| 삼각함수의 그래프 | ▶ 8471-0134

17 출제율 90% 함수 $f(x)=a\tan(bx-c)$가 다음 조건을 만족시킬 때, abc의 최솟값은? (단, $a>0$, $b>0$, $c>0$)

(가) 주기가 2π이다.

(나) $f(\pi)=0$

(다) $\dfrac{\pi}{2}\le x\le\dfrac{3}{2}\pi$에서 최댓값이 6이다.

① π ② $\dfrac{7}{6}\pi$ ③ $\dfrac{4}{3}\pi$

④ $\dfrac{3}{2}\pi$ ⑤ $\dfrac{5}{3}\pi$

| 삼각함수의 그래프 | ▶ 8471-0135

18 출제율 85% $0<k<1$인 실수 k에 대하여 함수 $y=2\cos\left(2x-\dfrac{\pi}{3}\right)$의 그래프와 직선 $y=k$가 $0<x<\pi$에서 만나는 점의 x좌표의 합은?

① $\dfrac{2}{3}\pi$ ② π ③ $\dfrac{4}{3}\pi$

④ $\dfrac{5}{3}\pi$ ⑤ 2π

19
출제율 88%

$$\dfrac{\sin(\pi-\theta)}{1+\sin\left(\dfrac{\pi}{2}+\theta\right)}+\dfrac{\cos\left(\dfrac{\pi}{2}-\theta\right)}{1+\cos(\pi+\theta)}$$ 와 항상 같은 것

은? (단, $\theta\neq n\pi$, n은 정수)

① $\dfrac{1}{\sin\theta}$　　② $\dfrac{2}{\sin\theta}$　　③ $\dfrac{\sin\theta}{1+\cos\theta}$

④ $\dfrac{2\sin\theta}{1+\cos\theta}$　　⑤ $\dfrac{2\cos\theta}{1+\cos\theta}$

20
출제율 90%

함수 $f(x)=2\sin(-x)-\cos\left(x-\dfrac{\pi}{2}\right)+1$의 최댓값

을 M, 최솟값을 m이라 할 때, $2M-m$의 값은?

① 6　　　　② 8　　　　③ 10

④ 12　　　⑤ 14

21
출제율 90%

$\tan 1°\times\tan 2°\times\tan 3°\times\cdots\times\tan 89°$의 값은?

① -16　　② -1　　③ 1

④ 16　　　⑤ 32

서술형 문제

22
출제율 85%

$\dfrac{1}{\tan\theta}+\tan\theta=4$일 때, $\dfrac{1}{\sin\theta}+\dfrac{1}{\cos\theta}$의 값을

구하시오. $\left(\text{단, } 0<\theta<\dfrac{\pi}{2}\right)$

23
출제율 85%

함수 $f(x)=4-3\cos^2\left(\dfrac{\pi}{2}+x\right)-2\cos(2\pi-x)$

의 최댓값을 M, 최솟값을 m이라 할 때, Mm의 값

을 구하시오.

개념 ① 호도법과 일반각

24 ▶ 8471-0141

각 2θ를 나타내는 동경과 각 9θ를 나타내는 동경이 이루는 예각의 크기가 $\frac{\pi}{3}$가 되도록 하는 θ의 개수는?

(단, $0 \le \theta \le 2\pi$)

① 6   ② 8   ③ 10
④ 12   ⑤ 14

25 ▶ 8471-0142

좌표평면 위의 두 점 P, Q는 y축에 대하여 서로 대칭이고, 동경 OP가 나타내는 각의 크기는 θ이다. 동경 OQ가 나타내는 각의 크기가 5θ일 때, θ의 최댓값은?

(단, $0 < \theta < 2\pi$, 점 O는 원점이다.)

① $\frac{5}{3}\pi$ ② $\frac{7}{4}\pi$ ③ $\frac{11}{6}\pi$
④ $\frac{15}{8}\pi$ ⑤ $\frac{17}{9}\pi$

26 ▶ 8471-0143

제 k사분면의 각 θ에 대하여 3θ가 제1사분면의 각이고 4θ는 제3사분면의 각이 되도록 하는 모든 k의 값의 합은?

① 3   ② 4   ③ 5
④ 6   ⑤ 7

개념 ② 부채꼴의 호의 길이와 넓이

27 ▶ 8471-0144

오른쪽 그림과 같이 반지름의 길이가 6이고 중심각의 크기가 $\frac{\pi}{3}$인 부채꼴 AOB의 호 AB의 길이를 l이라 하자. 둘레의 길이가 l인 원이 두 선분 OA, OB와 각각 두 점 P, Q에서 접할 때, 두 선분 AP, BQ와 두 호 AB, PQ로 둘러싸인 어두운 부분의 넓이는? (단, 어두운 부분은 원의 바깥쪽이다.)

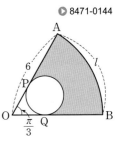

① $\frac{14}{3}\pi - 2\sqrt{3}$ ② $\frac{16}{3}\pi - 2\sqrt{3}$ ③ $\frac{14}{3}\pi - \sqrt{3}$
④ $\frac{16}{3}\pi - \sqrt{3}$ ⑤ $\frac{14}{3}\pi - \frac{\sqrt{3}}{2}$

28 ▶ 8471-0145

오른쪽 그림과 같이 부채꼴 AOB의 변 OA를 지름으로 하는 반원과 변 OB를 지름으로 하는 반원이 있다. 세 호 OA, AB, OB로 둘러싸인 도형의 둘레의 길이가 12π이고 넓이가 35π일 때, 부채꼴 AOB의 중심각 θ의 크기는?

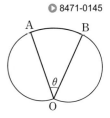

① $\frac{3}{20}\pi$ ② $\frac{\pi}{5}$ ③ $\frac{\pi}{4}$
④ $\frac{3}{10}\pi$ ⑤ $\frac{7}{20}\pi$

29 ▶ 8471-0146

오른쪽 그림과 같이 부채꼴 AOB에서 두 선분 OA, OB의 중점을 각각 M, N이라 하고, 부채꼴 AOB에서 부채꼴 MON을 제외한 도형을 S라 하자. 도형 S의 둘레의 길이가 6일 때, 도형 S의 넓이의 최댓값은?

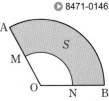

① 2   ② $\frac{9}{4}$ ③ $\frac{5}{2}$
④ $\frac{11}{4}$ ⑤ 3

30 〇 8471-0147

원점 O와 점 $(2, a)$를 지나는 직선 l이 x축의 양의 방향과 이루는 각의 크기를 α라 하고, 직선 l과 수직인 직선이 x축의 양의 방향과 이루는 각의 크기를 β라 하자. $\sin \alpha \cos \beta = -\dfrac{9}{10}$일 때, 양수 a의 값은?

① $2\sqrt{6}$ ② $2\sqrt{7}$ ③ $4\sqrt{2}$

④ 6 ⑤ $2\sqrt{10}$

31 〇 8471-0148

오른쪽 그림과 같이 중심이 원점 O이고 반지름의 길이가 1인 원과 직선 $y = mx \, (m > 0)$가 만나는 점 P_1의 좌표가 (a, b)이다. 점 P_1에서 x축에 내린 수선의 발 H에 대하여 점 O를 중심으로 하고 점 H를 지나는 원이 직선 $y = -\dfrac{x}{m}$와 제2사분면에서 만나는 점을 P_2라 하자. 점 P_2의 좌표가 (x, y)일 때, $x + y$와 항상 같은 것은?

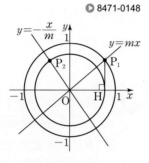

① $a(a-b)$ ② $a(a+b)$ ③ $b(a-b)$

④ $b(a+b)$ ⑤ $ab(a-b)$

32 〇 8471-0149

오른쪽 그림과 같이 원 $x^2 + y^2 = 5$에 내접하는 직사각형 ABCD에 대하여 $\overline{AB} : \overline{BC} = 1 : 2$이고 직사각형 EFGH의 두 점 F, G는 선분 AD 위에 있다. 두 점 E, H는 원 $x^2 + y^2 = 5$ 위에 있고, $\overline{EF} : \overline{FG} = 1 : 2$일 때, x축의 양의 방향과 두 직선 OA, OE가 이루는 각의 크기를 각각 α, β라 하자. $\dfrac{\sin \beta}{\cos \alpha} + \dfrac{\tan \beta}{\tan \alpha}$의 값을 구하시오.

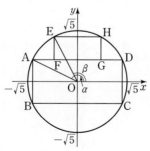

33 〇 8471-0150

함수 $f(x) = \left| 2 \tan \dfrac{x}{2} + 2 \right|$에 대하여 〈보기〉에서 옳은 것만을 있는 대로 고른 것은?

┤ 보기 ├

ㄱ. 정의역은 $\{x \mid x \neq n\pi,\ n$은 정수$\}$이다.

ㄴ. 모든 실수 x에 대하여 $f(x + 2\pi) = f(x)$이다.

ㄷ. $-2\pi \le x \le 2\pi$에서 $y = f(x)$의 그래프와 x축의 교점의 x좌표의 합은 π이다.

① ㄱ   ② ㄴ   ③ ㄱ, ㄷ

④ ㄴ, ㄷ   ⑤ ㄱ, ㄴ, ㄷ

34 〇 8471-0151

함수 $y = 2 \sin \pi x$의 그래프가 직선 $y = \dfrac{x}{n}$와 만나는 점의 개수를 $f(n)$이라 할 때, $f(1) + f(2) + f(3)$의 값은?

① 19 ② 21 ③ 23

④ 25 ⑤ 27

35 〇 8471-0152

$0 \le \alpha < \beta \le 2\pi$인 두 실수 α, β에 대하여 〈보기〉에서 옳은 것만을 있는 대로 고른 것은?

┤ 보기 ├

ㄱ. $\alpha < x < \beta$에서 $\sin x > \cos x$이면 $\beta - \alpha \le \pi$이다.

ㄴ. $\alpha < x < \beta$에서 $|\sin x| > \cos x$이면 $\beta - \alpha \le \dfrac{3}{2}\pi$이다.

ㄷ. $|\sin \alpha| - |\cos \alpha| = \dfrac{1}{2}$인 α의 개수는 4이다.

① ㄱ   ② ㄷ   ③ ㄱ, ㄴ

④ ㄴ, ㄷ   ⑤ ㄱ, ㄴ, ㄷ

36 ▶ 8471-0153

함수 $y=\cos x$의 그래프와 직선 $y=\dfrac{x}{2}$가 만나는 점의

x좌표를 $a\,(0<a<\pi)$라 할 때, 함수 $f(x)$를

$f(x)=\cos\left(a+\dfrac{\pi}{a}x\right)+a$라 하자.

$f(a)+f(2a)+f(3a)+\cdots+f(19a)=\dfrac{q}{p}a$일 때,

$p+q$의 값을 구하시오.

(단, p, q는 서로소인 자연수이다.)

개념 **5** 삼각함수의 각의 변환

37 ▶ 8471-0154

삼각형 ABC의 세 내각 A, B, C에 대하여 〈보기〉에서 옳은 것만을 있는 대로 고른 것은?

┤ 보기 ├

ㄱ. $\tan A=\tan(B+C)$ $\left(\text{단, } A\neq\dfrac{\pi}{2}\right)$

ㄴ. $\cos\dfrac{A+B}{2}=\sin\dfrac{C}{2}$

ㄷ. $B=\dfrac{\pi}{2}$이면 $\sin A=\cos B+\cos C$이다.

① ㄴ   ② ㄷ   ③ ㄱ, ㄴ

④ ㄱ, ㄷ   ⑤ ㄴ, ㄷ

---

38 ▶ 8471-0155

오른쪽 그림과 같이 중심이 원점 O인 원이 직선 $y=\dfrac{2}{3}x$와 만나는 두 점을 A, B라 하고, 원이 y축과 만나는 두 점을 C, D라 하자.

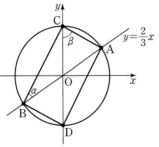

$\angle ABC=\alpha$, $\angle ACD=\beta$라 할 때, $\sin 2\alpha+\sin 2\beta$의 값은?

① $\dfrac{2\sqrt{13}}{13}$ ② $\dfrac{3\sqrt{13}}{13}$ ③ $\dfrac{4\sqrt{13}}{13}$

④ $\dfrac{5\sqrt{13}}{13}$ ⑤ $\dfrac{6\sqrt{13}}{13}$

개념 **6** 삼각함수 사이의 관계

39 ▶ 8471-0156

$\dfrac{\pi}{2}<\theta<\pi$인 θ에 대하여 $\dfrac{2}{\cos^2\theta}+\tan^2\theta=8$일 때,

$\dfrac{\tan\theta}{\sin\theta+\cos\theta}$의 값은?

① $-2\sqrt{3}-3\sqrt{2}$ ② $-2\sqrt{3}-\sqrt{6}$

③ $\sqrt{6}-2\sqrt{3}$ ④ $2\sqrt{3}-3\sqrt{2}$

⑤ $2\sqrt{3}-\sqrt{6}$

---

40 ▶ 8471-0157

$0<\theta<2\pi$인 θ에 대하여

$\sqrt{1-2\sin\theta\cos\theta}-\sqrt{1-\sin^2\theta}=\sin\theta$를 만족시키는 모든 θ의 값의 범위가 $a\pi\leq\theta\leq b\pi$일 때, $12(a+b)$의 값을 구하시오. (단, a, b는 상수이다.)

개념 **7** 삼각함수를 포함한 식의 최대와 최소

41 ▶ 8471-0158

x에 대한 이차방정식 $x^2-2x\sin\theta+\cos\theta-2=0$의 서로 다른 두 실근을 α, β라 할 때, $\alpha-\beta$의 최댓값은?

(단, $\alpha>\beta$)

① $2\sqrt{2}$ ② $\sqrt{13}$ ③ $3\sqrt{2}$

④ $\sqrt{23}$ ⑤ $2\sqrt{7}$

42 ▶ 8471-0159

$0<x<\dfrac{\pi}{2}$인 x에 대하여 함수

$f(x)=\dfrac{1}{\cos^2 x}+\dfrac{4}{\sin^2 x}$의 최솟값은?

① 8   ② 9   ③ 10

④ 11   ⑤ 12

43 ▶ 8471-0160

$(\cos^2 \theta+\sin \theta)^2+(\sin^2 \theta-\sin \theta)$의 최댓값을 M, 최솟값을 m이라 할 때, $M+m$의 값은?

① $\dfrac{11}{4}$ ② $\dfrac{13}{4}$ ③ $\dfrac{15}{4}$

④ $\dfrac{17}{4}$ ⑤ $\dfrac{19}{4}$

44 ▶ 8471-0161

$f(x)=\dfrac{1+a \sin x}{2-\sin x}$의 최솟값이 -1보다 크도록 하는 모든 a의 값의 범위가 $\alpha<a<\beta$일 때, $\beta-\alpha$의 값은?

① 2   ② 4   ③ 6

④ 8   ⑤ 10

서술형 문제

45 ▶ 8471-0162

$\sin \theta+\cos \theta=\dfrac{1}{3}$일 때, $\sqrt{\tan^2 \theta+\dfrac{1}{\tan^2 \theta}}$의 값을 구하시오.

46 ▶ 8471-0163

두 함수 $f(x)=x^2+x+a$, $g(x)=b \cos x$에 대하여 $(f \circ g)(x)$의 최댓값과 $(g \circ f)(x)$의 최솟값의 합이 0일 때, $\tan (a+b)\pi$의 최댓값을 구하시오.

(단, $0\le b\le 1$이고, a, b는 상수이다.)

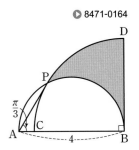

47 오른쪽 그림과 같이 길이가 4인 선분 AB를 지름으로 하는 반원의 호 AB 위의 점 P에 대하여 $\angle \text{PAB}=\dfrac{\pi}{3}$이다. 점 B를 중심으로 하고 선분 PB를 반지름으로 하는 원이 선분 AB와 만나는 점을 C라 할 때, 부채꼴 CBD의 중심각의 크기는 $\dfrac{\pi}{2}$이다. 두 호 PB, PD와 선분 BD로 둘러싸인 부분의 넓이는?

① $\dfrac{2}{3}\pi+\sqrt{3}$ 　　② $\dfrac{2}{3}\pi+2\sqrt{3}$ 　　③ $\dfrac{5}{3}\pi+\sqrt{3}$

④ $\dfrac{5}{3}\pi+2\sqrt{3}$ 　　⑤ $\dfrac{8}{3}\pi+\sqrt{3}$

48 오른쪽 그림과 같이 중심이 원점 O인 원이 x축과 만나는 점을 A라 하자. 원 위의 두 점 P, Q에 대하여 점 A를 지나고 x축에 수직인 직선이 직선 OP와 만나는 점을 R라 하고, 점 Q에서 x축에 내린 수선의 발을 H라 하자.

$\angle\text{POQ}=\dfrac{\pi}{2}$이고 $\overline{\text{AR}}=3\overline{\text{QH}}$일 때, $\cos{(\angle\text{AOQ})}$의 값은?

(단, 점 P는 제1사분면 위의 점이다.)

① $\dfrac{1-\sqrt{37}}{6}$ 　　② $\dfrac{2-\sqrt{37}}{6}$ 　　③ $\dfrac{3-\sqrt{37}}{6}$

④ $\dfrac{4-\sqrt{37}}{6}$ 　　⑤ $\dfrac{5-\sqrt{37}}{6}$

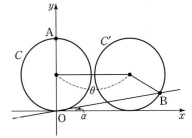

49 오른쪽 그림과 같이 원 $C : x^2+(y-1)^2=1$을 x축 위에서 오른쪽으로 굴려 θ만큼 이동시킨 후의 원을 C'이라 하자. 원 C 위의 점 A(0, 2)가 원 C' 위의 점 B로 이동하였을 때, 직선 OB가 x축의 양의 방향과 이루는 각의 크기 α에 대하여 $\tan\alpha$의 값은?

① $\dfrac{1+\cos\theta}{\theta+\sin\theta}$ 　　② $\dfrac{2+\cos\theta}{\theta+\sin\theta}$ 　　③ $\dfrac{1+\sin\theta}{\theta+\cos\theta}$

④ $\dfrac{2+\sin\theta}{\theta+\cos\theta}$ 　　⑤ $\dfrac{\theta+\sin\theta}{2+\cos\theta}$

50 ● 8471-0167

오른쪽 그림과 같이 원 $x^2+y^2=1$ 위의 점 P와 A$(0, 1)$을 지나는 직선이 x축과 이루는 예각의 크기를 α라 하자. 점 P를 원점 O에 대하여 대칭이동시킨 점을 Q라 할 때, 동경 OQ가 나타내는 각을 θ라 하자. $\tan\alpha=\dfrac{2}{3}$일 때, $\tan\theta+\dfrac{1}{\cos\theta}$의 값은? (단, 점 P는 제1사분면 위의 점이다.)

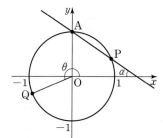

① $-\dfrac{5}{6}$ ② $-\dfrac{3}{4}$ ③ $-\dfrac{2}{3}$

④ $-\dfrac{7}{12}$ ⑤ $-\dfrac{1}{2}$

51 ● 8471-0168

오른쪽 그림과 같이 직각삼각형 ABC의 변 AC 위의 점 D에 대하여 $\overline{AD}=\overline{BC}$이고 선분 AB를 $5:2$로 내분하는 점을 E라 할 때, $\overline{DE}=\overline{CE}$이다. $\angle ABC=\theta$라 할 때, $\tan\theta$의 값을 구하시오.

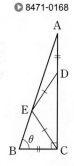

신 유형

52 ● 8471-0169

두 함수 $f(x)=a\cos bx+c$와 $g(x)=\sin x$가 다음 조건을 만족시킬 때, $36(a^2+b^2+c^2)$의 값을 구하시오. (단, $a>0$, $b>0$이고, a, b, c는 상수이다.)

> (가) $0\le x\le 3\pi$에서 $f(x)\le g(x)$이다.
> (나) $f(0)=g(0)$, $f\left(\dfrac{3}{2}\pi\right)=g\left(\dfrac{3}{2}\pi\right)$

53 ● 8471-0170

두 함수 $f(x)=\dfrac{2\sin x-\cos x}{2\tan x-1}$, $g(x)=\sqrt{1-\sin^2 x}$가 $f(x+m)=f(x)$, $g(x)=g(n-x)$를 만족시킬 때, $m+n$의 최솟값은? (단, $m>0$, $n>0$)

① 2π ② $\dfrac{5}{2}\pi$ ③ 3π ④ $\dfrac{7}{2}\pi$ ⑤ 4π

◉ 8471-0171

54 신유형

두 함수 $y=\sin x$, $y=\cos x$의 그래프가 $0<x<t$에서 직선 $y=k\left(\dfrac{\sqrt{2}}{2}<k<1\right)$와 만나는 점의 개수를 각각

$f(t)$, $g(t)$라 하자. $f(t)>g(t)$를 만족시키는 모든 t의 값의 범위가 $a<t\le b$일 때, $a+b$의 값은?

(단, $0<t<2\pi$)

① 2π ② $\dfrac{5}{2}\pi$ ③ 3π

④ $\dfrac{7}{2}\pi$ ⑤ 4π

◉ 8471-0172

55 자연수 n에 대하여 두 함수 $f(n)$, $g(n)$을 $f(n)=2\sin\left\{n\pi+(-1)^n\dfrac{\pi}{6}\right\}$, $g(n)=2\tan\left(\dfrac{n}{2}\pi+\dfrac{\pi}{4}\right)-1$이라

하자. $h(n)=f(n)-g(n+1)$일 때, $h(1)+h(2)+h(3)+\cdots+h(15)$의 값은?

① 20   ② 24   ③ 28   ④ 32   ⑤ 36

◉ 8471-0173

56 오른쪽 그림과 같이 길이가 2인 선분 AB를 지름으로 하는 반원 AB의 호를 $2n$등분한
점을 각각 P_1, P_2, P_3, $\cdots$, P_{2n-1}할 때, $\overline{BP_1}^2+\overline{BP_2}^2+\overline{BP_3}^2+\cdots+\overline{BP_{2n-1}}^2\ge100$을
만족시키는 자연수 n의 최솟값을 구하시오.

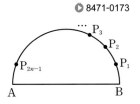

◉ 8471-0174

57 $0<x<\dfrac{\pi}{2}$, $0<y<\dfrac{\pi}{2}$에서 $\cos x+3\sin x=3$일 때, $\sin x\cos y+\sin y\cos x$의 최댓값은?

① 1   ② $\dfrac{2}{3}$ ③ $\dfrac{\sqrt{3}}{3}$ ④ $\dfrac{\sqrt{2}}{3}$ ⑤ $\dfrac{1}{3}$

▶ 8471-0175

58

내적
문제해결

오른쪽 그림과 같이 중심이 원점 O이고 반지름의 길이가 각각 1, r인 두 원 C_1, C_2가 있다. 두 점 P, Q는 각각 $(1, 0)$, $(r, 0)$에서 출발하여 같은 속력으로 각각 원 C_1과 원 C_2의 둘레를 따라 시계 반대 방향으로 이동한다. 점 Q가 원 C_2의 둘레를 2바퀴 도는 동안 두 점 P, Q 사이의 거리가 최소가 되는 횟수가 4가 되도록 하는 모든 r의 값의 범위는 $a \le r < b$이다. $10ab$의 값을 구하시오.

(단, $r > 1$이고 출발하는 순간은 횟수에서 제외한다.)

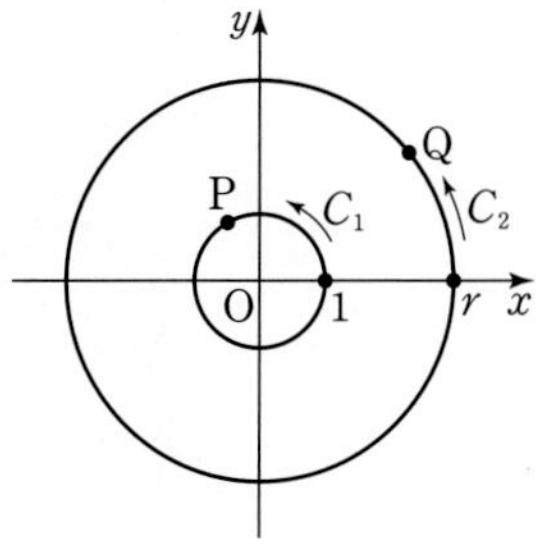

문항 파헤치기
_____

풀이
_____

실수 point 찾기
_____

II

삼각함수

🔎 빈틈 개념

■ 방정식 $f(x)=g(x)$의 실근은 함수 $y=f(x)$의 그래프와 함수 $y=g(x)$의 그래프가 만나는 점의 x 좌표이다.

■ 삼각형 ABC에서 ∠A, ∠B, ∠C의 크기를 각각 A, B, C로 나타내고, 그 대변의 길이를 각각 소문자 a, b, c로 나타낸다.

---

1 삼각함수가 포함된 방정식과 부등식

삼각함수의 각의 크기를 미지수로 하는 방정식과 부등식으로 삼각함수의 그래프를 해석하여 문제를 해결한다.

2 사인법칙

삼각형 ABC의 외접원의 반지름의 길이를 R라고 하면

$$\frac{a}{\sin A}=\frac{b}{\sin B}=\frac{c}{\sin C}=2R$$

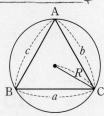

오른쪽 그림과 같이 ∠A<90°일 때,
∠A=∠A′, ∠A′CB=90°이므로

$$\sin A=\sin A'=\frac{\overline{\text{BC}}}{\overline{\text{A'B}}}=\frac{a}{2R}$$

따라서 $\dfrac{a}{\sin A}=2R$

(단, 점 O는 삼각형 ABC의 외접원의 중심이다.)

> ■ 사인법칙을 이용하면
> $\sin A=\dfrac{a}{2R}$, $\sin B=\dfrac{b}{2R}$,
> $\sin C=\dfrac{c}{2R}$ 와 같이 삼각함수를 길이를 이용하여 표현할 수 있다.

3 코사인법칙

삼각형 ABC에서

$$a^2=b^2+c^2-2bc\cos A$$
$$b^2=c^2+a^2-2ca\cos B$$
$$c^2=a^2+b^2-2ab\cos C$$

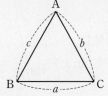

> ■ 삼각형 ABC에서 세 변의 길이 a, b, c를 알 때, 코사인법칙을 이용하면
> $\cos A=\dfrac{b^2+c^2-a^2}{2bc}$,
> $\cos B=\dfrac{c^2+a^2-b^2}{2ca}$,
> $\cos C=\dfrac{a^2+b^2-c^2}{2ab}$
> 이므로 ∠A, ∠B, ∠C의 크기를 알 수 있다.

4 삼각형의 넓이

삼각형 ABC의 넓이를 S라고 하면

$$S=\frac{1}{2}ab\sin C=\frac{1}{2}bc\sin A=\frac{1}{2}ca\sin B$$

삼각형 ABC의 외접원의 반지름의 길이를 R라고 하면

사인법칙에서 $\sin C=\dfrac{c}{2R}$이므로

$$S=\frac{abc}{4R}$$

$a=2R\sin A$, $b=2R\sin B$, $c=2R\sin C$이므로

$$S=2R^2\sin A\sin B\sin C$$

■ 밑변의 길이가 a이고 높이가 h인 삼각형의 넓이 S는
$$S=\frac{1}{2}ah$$

> ■ 사각형의 넓이
> (1) 이웃하는 두 변의 길이가 각각 a, b이고, 그 끼인각의 크기가 θ인 평행사변형의 넓이 S는
> $$S=ab\sin\theta$$
> (2) 두 대각선의 길이가 각각 a, b이고, 두 대각선이 이루는 각의 크기가 θ인 사각형의 넓이 S는
> $$S=\frac{1}{2}ab\sin\theta$$

내신 기출 우수 문항

01 출제율 100%

| 삼각함수가 포함된 방정식 | ▶ 8471-0176

$0 \le x < 2\pi$일 때, 방정식 $2\cos\left(x+\dfrac{\pi}{2}\right)=-\sqrt{3}$의 모든 실근의 곱은?

① $\dfrac{5}{36}\pi^2$ ② $\dfrac{1}{6}\pi^2$ ③ $\dfrac{7}{36}\pi^2$

④ $\dfrac{2}{9}\pi^2$ ⑤ $\dfrac{1}{4}\pi^2$

02 출제율 100%

| 삼각함수가 포함된 방정식 | ▶ 8471-0177

$0 \le x < 2\pi$일 때, 방정식 $2\cos^2 x - \sin x - 1 = 0$의 모든 실근의 합은?

① π ② $\dfrac{3}{2}\pi$ ③ 2π

④ $\dfrac{5}{2}\pi$ ⑤ 3π

03 출제율 95%

| 삼각함수가 포함된 방정식 | ▶ 8471-0178

$0 < x < \dfrac{\pi}{2}$일 때, 방정식 $\tan x + \dfrac{1}{\tan x} = \dfrac{4\sqrt{3}}{3}$의 모든 실근의 합은?

① $\dfrac{\pi}{6}$ ② $\dfrac{\pi}{3}$ ③ $\dfrac{\pi}{2}$

④ $\dfrac{2}{3}\pi$ ⑤ $\dfrac{5}{6}\pi$

04 출제율 100%

| 삼각함수가 포함된 부등식 | ▶ 8471-0179

$0 \le x < 2\pi$일 때, 부등식 $\sin x - \cos x \ge 0$의 해가 $\alpha \le x \le \beta$이다. $\beta - \alpha$의 값은?

① $\dfrac{\pi}{4}$ ② $\dfrac{\pi}{2}$ ③ $\dfrac{3}{4}\pi$

④ π ⑤ $\dfrac{5}{4}\pi$

05 출제율 95%

| 삼각함수가 포함된 부등식 | ▶ 8471-0180

$0 \le x < 2\pi$일 때, 부등식 $2\cos^2 x - \cos x - 1 \ge 0$을 만족시키는 x의 값으로 적당하지 **않은** 것은?

① 0 ② $\dfrac{\pi}{3}$ ③ $\dfrac{2}{3}\pi$

④ π ⑤ $\dfrac{4}{3}\pi$

06 출제율 90%

| 삼각함수가 포함된 부등식 | ▶ 8471-0181

$-\dfrac{\pi}{2} < x < \dfrac{\pi}{2}$일 때, 부등식 $\tan\left(\dfrac{1}{2}x+\dfrac{\pi}{6}\right) \ge \sqrt{3}$의 해가 $\alpha \le x < \beta$이다. $\alpha + \beta$의 값은?

① $\dfrac{2}{3}\pi$ ② $\dfrac{3}{4}\pi$ ③ $\dfrac{5}{6}\pi$

④ $\dfrac{11}{12}\pi$ ⑤ π

| 사인법칙 | ▶ 8471-0182

07
출제율 100%
삼각형 ABC에서 ∠BAC=75°, ∠ACB=45°,
$\overline{AC}=3$일 때, 이 삼각형의 외접원의 반지름의 길이는?

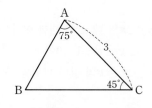

① 1   ② $\sqrt{3}$ ③ 2

④ 3   ⑤ $2\sqrt{3}$

| 사인법칙 | ▶ 8471-0183

08
출제율 95%
삼각형 ABC에서 $\angle BAC=\dfrac{2}{3}\pi$, $\overline{AC}=\sqrt{2}$, $\overline{BC}=\sqrt{3}$
일 때, ∠ACB의 값은?

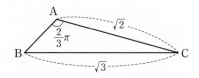

① $\dfrac{\pi}{24}$ ② $\dfrac{\pi}{12}$ ③ $\dfrac{\pi}{8}$

④ $\dfrac{\pi}{6}$ ⑤ $\dfrac{\pi}{4}$

| 사인법칙 | ▶ 8471-0184

09
출제율 90%
삼각형 ABC에서 ∠A, ∠B, ∠C의 크기를 각각
A, B, C, 그 대변의 길이를 각각 a, b, c라 하자.
〈보기〉에서 $a=b$인 이등변삼각형만을 있는 대로 고른
것은?

┤ 보기 ├
ㄱ. $\sin A=\sin B$인 삼각형 ABC
ㄴ. $a\sin A=b\sin B$인 삼각형 ABC
ㄷ. $a\sin A=b\sin B+c\sin C$인 삼각형 ABC

① ㄱ   ② ㄷ   ③ ㄱ, ㄴ

④ ㄴ, ㄷ   ⑤ ㄱ, ㄴ, ㄷ

| 코사인법칙 | ▶ 8471-0185

10
출제율 100%
삼각형 ABC에서 $\angle BAC=\dfrac{2}{3}\pi$, $\overline{AB}=3$, $\overline{AC}=5$일
때, $\overline{BC}$의 값은?

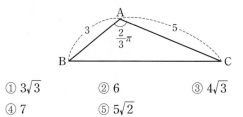

① $3\sqrt{3}$ ② 6   ③ $4\sqrt{3}$

④ 7   ⑤ $5\sqrt{2}$

| 코사인법칙 | ▶ 8471-0186

11
출제율 95%
삼각형 ABC에서 $\angle ACB=\dfrac{\pi}{4}$, $\overline{BC}=4$, $\overline{AC}=\sqrt{2}$일
때, $\cos^2(\angle ABC)$의 값은?

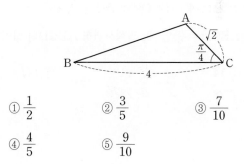

① $\dfrac{1}{2}$ ② $\dfrac{3}{5}$ ③ $\dfrac{7}{10}$

④ $\dfrac{4}{5}$ ⑤ $\dfrac{9}{10}$

| 코사인법칙 | ▶ 8471-0187

12
출제율 90%
삼각형 ABC에서 ∠A, ∠B, ∠C의 크기를 각각
A, B, C, 그 대변의 길이를 각각 a, b, c라 하자.
〈보기〉에서 $\angle C=\dfrac{\pi}{2}$인 직각삼각형만을 있는 대로 고
른 것은?

┤ 보기 ├
ㄱ. $\dfrac{\sin A}{\sin B}=2\cos C$인 삼각형 ABC
ㄴ. $a\cos A=b\cos B$인 삼각형 ABC (단, $a\neq b$)
ㄷ. $a\cos A=b\cos B+c\cos C$인 삼각형 ABC
                                                    (단, $b<c$)

① ㄴ   ② ㄷ   ③ ㄱ, ㄴ

④ ㄴ, ㄷ   ⑤ ㄱ, ㄴ, ㄷ

| 삼각형과 사각형의 넓이 |

▶ 8471-0188

13
출제율 100%

삼각형 ABC에서 $\overline{AB}=\sqrt{7}$, $\overline{BC}=2$, $\overline{CA}=3$일 때, 삼각형 ABC의 넓이는?

① $\dfrac{3}{2}$ ② $\dfrac{3\sqrt{3}}{2}$ ③ 3

④ $\dfrac{9}{2}$ ⑤ $3\sqrt{3}$

| 삼각형과 사각형의 넓이 |

▶ 8471-0189

14
출제율 95%

평행사변형 ABCD에서 $\overline{AC}=13$, $\overline{BC}=8$, $\angle BCD=\dfrac{\pi}{3}$일 때, 평행사변형 ABCD의 넓이는?

① 14 ② 21 ③ $14\sqrt{3}$

④ 28 ⑤ $28\sqrt{3}$

| 삼각형과 사각형의 넓이 |

▶ 8471-0190

15
출제율 85%

삼각형 ABC에서 $\overline{AB}=4$, $\overline{AC}=3$이고 넓이가 $3\sqrt{3}$일 때, $\sin(\angle ABC)=\dfrac{q\sqrt{39}}{p}$이다. $p+q$의 값은?

(단, $\angle BAC$는 예각이고 p, q는 서로소인 자연수이다.)

① 21 ② 23 ③ 25

④ 27 ⑤ 29

서술형 문제

▶ 8471-0191

16
출제율 95%

$0\le\theta<2\pi$일 때, x에 대한 이차방정식 $2x^2+4x\cos\theta+1=0$이 서로 다른 두 실근을 갖도록 하는 모든 θ의 값의 범위를 구하시오.

▶ 8471-0192

17
출제율 85%

사각형 ABCD에서 $\angle ADC=\angle BAC=\dfrac{2}{3}\pi$, $\overline{AB}=6$, $\overline{AD}=7$, $\overline{CD}=8$일 때, 사각형 ABCD의 넓이를 구하시오.

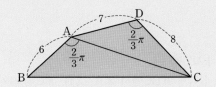

● 정답과 풀이 48쪽

개념 ① 삼각함수가 포함된 방정식

● 8471-0193

18 $0 \leq x < 4$일 때, 방정식 $\cos \dfrac{\pi}{2}x = \dfrac{1}{2}$의 모든 실근의 합은?

① 1　　　　② 2　　　　③ π

④ 4　　　　⑤ 2π

● 8471-0194

19 $0 \leq x < 2\pi$일 때, 방정식 $\tan x = 3 \sin x$의 모든 실근의 합은?

① π　　　　② $\dfrac{3}{2}\pi$　　　　③ 2π

④ $\dfrac{5}{2}\pi$　　　　⑤ 3π

● 8471-0195

20 직선 $y = x$가 곡선 $y = x^2 - 6x \sin \theta + 9 - 7 \cos^2 \theta$의 꼭짓점을 지날 때, 양수 θ의 최솟값은?

① $\dfrac{\pi}{6}$　　　　② $\dfrac{\pi}{4}$　　　　③ $\dfrac{\pi}{3}$

④ $\dfrac{\pi}{2}$　　　　⑤ π

개념 ② 삼각함수가 포함된 부등식

● 8471-0196

21 $-\dfrac{\pi}{2} < \theta < \dfrac{\pi}{2}$일 때, x에 대한 이차방정식 $x^2 + x \sin \theta + \tan^2 \theta - 3 = 0$이 양의 실근과 음의 실근을 모두 갖도록 하는 모든 θ의 값의 범위는 $\alpha < \theta < \beta$이다. $\beta - \alpha$의 값은?

① $\dfrac{\pi}{6}$　　　　② $\dfrac{\pi}{4}$　　　　③ $\dfrac{\pi}{3}$

④ $\dfrac{\pi}{2}$　　　　⑤ $\dfrac{2}{3}\pi$

● 8471-0197

22 $0 \leq \theta < 2\pi$일 때, 임의의 실수 x에 대하여 부등식 $x^2 + 2\sqrt{3}x \cos \theta + 1 + 5 \sin \theta > 0$이 항상 성립하도록 하는 모든 θ의 값의 범위는 $\alpha < \theta < \beta$이다. $\alpha + \beta$의 값은?

① $\dfrac{\pi}{2}$　　　　② π　　　　③ $\dfrac{3}{2}\pi$

④ 2π　　　　⑤ $\dfrac{5}{2}\pi$

● 8471-0198

23 부등식 $\sin^2 x + 4 \cos x - 6 \leq a$가 $0 \leq x < 2\pi$인 임의의 실수 x에 대하여 성립한다고 할 때, 실수 a의 최솟값은?

① -2　　　　② -1　　　　③ 0

④ 1　　　　⑤ 2

개념 3 사인법칙과 코사인법칙

24 8471-0199

삼각형 ABC에서 $6\sin A = 10\sin B = 5\sqrt{3}\sin C$가 성립할 때, $\cos A$의 값은?

① $-\dfrac{\sqrt{3}}{9}$ ② $-\dfrac{\sqrt{3}}{6}$ ③ $-\dfrac{\sqrt{3}}{3}$

④ $\dfrac{\sqrt{3}}{3}$ ⑤ $\dfrac{\sqrt{3}}{6}$

25 8471-0200

반지름의 길이가 2인 원에 내접하는 삼각형 ABC에 대하여 $\cos^2 A + \cos^2 B + \cos^2 C = 1$이 성립한다고 할 때, $\overline{AB}^2 + \overline{BC}^2 + \overline{CA}^2$의 값은?

① 8 ② 16 ③ 24

④ 32 ⑤ 40

26 8471-0201

다음 그림과 같이 중심이 각각 O_1, O_2인 두 원 C_1, C_2가 있다. 두 원 C_1, C_2의 두 교점을 A, B라 하고, C_1, C_2의 넓이를 각각 S_1, S_2라 하자. 원 C_1 위의 한 점 C에 대하여 $\angle ACB = \angle AO_2B = \dfrac{\pi}{3}$일 때, $\dfrac{S_2}{S_1}$의 값은?

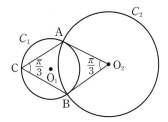

① $\sqrt{3}$ ② 2 ③ 3

④ $2\sqrt{3}$ ⑤ 4

27 8471-0202

다음 그림과 같이 삼각형 ABC에서 $\overline{AB}=2$, $\overline{BC}=3$, $\overline{AC}=4$이고 점 D가 선분 BC를 $1:2$로 내분한다고 할 때, $\overline{AD}$의 값은?

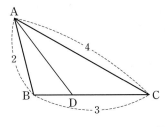

① $\sqrt{6}$ ② $\sqrt{7}$ ③ $2\sqrt{2}$

④ 3 ⑤ $\sqrt{10}$

28 8471-0203

삼각형 ABC에서 $\overline{AB}=x$, $\overline{BC}=y$, $\overline{AC}=z$라 하면 $(y-x):(y-z):(x-z)=1:3:2$이고 $\cos(\angle BAC) = -\dfrac{5}{16}$이다. $\dfrac{x^3+y^3+z^3}{xyz}$의 값은?

① $\dfrac{191}{40}$ ② $\dfrac{193}{40}$ ③ $\dfrac{39}{8}$

④ $\dfrac{197}{40}$ ⑤ $\dfrac{199}{40}$

29 8471-0204

다음 그림과 같이 $\overline{AD}\,/\!/\,\overline{BC}$이고 $\overline{AD}=5$, $\overline{AB}=2$, $\angle BAD = \dfrac{2}{3}\pi$인 등변사다리꼴 ABCD가 있다. 점 C에서 $\overline{BD}$의 연장선에 내린 수선의 발을 H라 할 때, $\overline{CH}$의 값은?

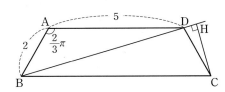

① $\dfrac{6\sqrt{13}}{13}$ ② $\dfrac{7\sqrt{13}}{13}$ ③ $\dfrac{8\sqrt{13}}{13}$

④ $\dfrac{9\sqrt{13}}{13}$ ⑤ $\dfrac{10\sqrt{13}}{13}$

30 ○ 8471-0205

사각형 ABCD에서 두 대각선 AC, BD의 길이가 각각 4, 2이고 두 대각선이 이루는 각의 크기 중 예각의 크기가 30°라고 할 때, 사각형 ABCD의 넓이는?

① 1　　　　② 2　　　　③ 3

④ 4　　　　⑤ 5

31 ○ 8471-0206

오른쪽 그림과 같이 원에 내접하는 사각형 ABCD의 한 대각선 BD가 원의 중심 O를 지난다. $\overline{CD}=3$, $\angle ABD=\dfrac{\pi}{8}$, $\angle CBD=\dfrac{\pi}{6}$ 일 때, 사각형 AOCD의 넓이는?

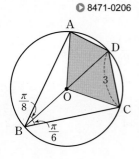

① $\dfrac{9}{4}(\sqrt{2}+1)$　　② $\dfrac{9}{4}(\sqrt{3}+1)$　　③ $\dfrac{9}{4}(\sqrt{3}+\sqrt{2})$

④ $\dfrac{5}{2}(\sqrt{3}+1)$　　⑤ $\dfrac{5}{2}(\sqrt{3}+\sqrt{2})$

32 ○ 8471-0207

오른쪽 그림과 같이 원에 내접하는 사각형 ABCD에 대하여 $\overline{AB}=6$, $\overline{BC}=1$, $\overline{AD}=5$, $\angle DAB=\dfrac{\pi}{3}$일 때, 사각형 ABCD의 넓이는?

① $\dfrac{31\sqrt{3}}{4}$　　② $8\sqrt{3}$　　③ $\dfrac{33\sqrt{3}}{4}$

④ $\dfrac{17\sqrt{3}}{2}$　　⑤ $\dfrac{35\sqrt{3}}{4}$

33 ○ 8471-0208

$0\leq x<\dfrac{\pi}{2}$에서 방정식 $2\cos x-\sin x=1$을 만족시키는 x의 값을 α라 할 때, $\tan\alpha$의 값을 구하시오.

34 ○ 8471-0209

오른쪽 그림과 같이 원 위의 세 점 A, B, C에 대하여 $\overline{AB}=5$, $\overline{BC}=8$, $\angle ABC=\dfrac{\pi}{3}$일 때, 원의 넓이를 구하시오.

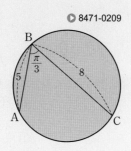

● 8471-0210

35 x에 대한 이차방정식 $3x^2+\sqrt{3}x\cos\theta-3\sin^2\theta=0$의 두 근의 차가 $\dfrac{5}{3}$일 때, 이를 만족시키는 θ의 값을 작은 것부터 차례대로 a, b, c, d라 하자. $\sin\left(a+\dfrac{b-2c+d}{4}\right)$의 값은? (단, $0\le\theta<2\pi$)

① $-\dfrac{\sqrt{2}}{2}$　　　② $-\dfrac{1}{2}$　　　③ 0　　　④ $\dfrac{1}{2}$　　　⑤ $\dfrac{\sqrt{2}}{2}$

● 8471-0211

36 $0\le x\le\theta$에서 방정식 $\sin x=\cos x$를 만족시키는 서로 다른 x의 값이 4개 존재한다. $f(\theta)=\sin\theta+\cos\theta$, $g(\theta)=\sin\theta-\cos\theta$라 할 때,

$$\left|\frac{g(\theta)+1}{f(\theta)-1}+\frac{f(\theta)-1}{g(\theta)+1}-\frac{g(\theta)-1}{f(\theta)+1}-\frac{f(\theta)+1}{g(\theta)-1}\right|=4\sqrt{2}$$

를 만족시키는 모든 θ의 값의 합은?

① $\dfrac{25}{4}\pi$　　　② 7π　　　③ $\dfrac{31}{4}\pi$　　　④ $\dfrac{17}{2}\pi$　　　⑤ $\dfrac{37}{4}\pi$

● 8471-0212

37 함수 $f(x)=(2\sin\theta-1)x^2+2(\cos\theta-\sin\theta)x-\cos\theta$의 그래프가 x축과 오직 한 점에서만 만날 때, θ의 최댓값을 M, 최솟값을 m이라 하자. $\theta=M$일 때의 $y=f(x)$의 그래프와 x축과의 교점의 x좌표를 α, $\theta=m$일 때의 $y=f(x)$의 그래프와 x축과의 교점의 x좌표를 β라 할 때, $\alpha+\beta$의 값은? (단, $0\le\theta<2\pi$)

① $\dfrac{3-\sqrt{3}}{4}$　　　② $\dfrac{3+\sqrt{3}}{4}$　　　③ $\dfrac{7-\sqrt{3}}{4}$　　　④ $\dfrac{3}{2}$　　　⑤ $\dfrac{7+\sqrt{3}}{4}$

● 8471-0213

신유형

38 a, b는 정수이고 $0\le a\le 12$, $0\le b\le 12$일 때, 부등식 $\sin\dfrac{a}{6}\pi<\cos\dfrac{b}{6}\pi$를 만족시키는 모든 순서쌍 (a,b)의 개수는?

① 72　　　② 75　　　③ 78　　　④ 81　　　⑤ 84

● 정답과 풀이 51쪽

● 8471-0214

39 다음은 $\sin^2 \dfrac{\pi}{12}$의 값을 구하는 과정이다.

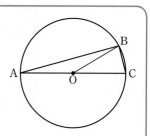

오른쪽 그림과 같이 중심이 O인 원에 내접하는 삼각형 ACB가 있다. 선분 AC는 원의 지름이고 $\angle BAC = \dfrac{\pi}{12}$이다.

원의 반지름의 길이를 r, $\overline{BC}=x$라 하자.

$\angle BOC = \boxed{\ \text{(가)}\ }$

코사인법칙에 의하여 $x^2 = r^2 + r^2 - 2r^2 \cos \left(\boxed{\ \text{(가)}\ } \right)$

$x^2 = r^2 \times \left(\boxed{\ \text{(나)}\ } \right)$

$\angle ABC = \boxed{\ \text{(다)}\ }$이므로

$\sin^2 \dfrac{\pi}{12} = \left(\dfrac{x}{2r} \right)^2 = \boxed{\ \text{(라)}\ }$

위의 (가), (나), (다), (라)에 알맞은 수를 각각 a, b, c, d라 할 때, $\dfrac{4}{\pi}(c-a)(b-d)$의 값은?

① $2-\sqrt{3}$　　　② $2-\sqrt{2}$　　　③ $2(2-\sqrt{3})$　　　④ $2(2-\sqrt{2})$　　　⑤ 2

● 8471-0215

40 오른쪽 그림과 같이 밑면의 반지름의 길이가 4, 모선의 길이가 12인 원뿔에 대하여 모선 AB를 $m:n$으로 내분하는 점을 C라 하자. 점 B에서 출발하여 원뿔의 표면을 따라 한 바퀴를 돈 후 점 C까지 가는 최단거리가 $3\sqrt{37}$일 때, $m+n$의 값은? (단, m, n은 서로소인 자연수이다.)

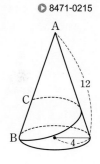

① 2　　　　　　② 3　　　　　　③ 4
④ 6　　　　　　⑤ 12

● 8471-0216

41 오른쪽 그림과 같이 한 변의 길이가 2인 정팔각형 ABCDEFGH에 대하여 대각선의 교점을 O라 하자. 삼각형 OAD의 넓이는?

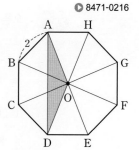

① $\sqrt{2}-1$　　　　　② $\sqrt{3}-1$　　　　　③ 2
④ $\sqrt{2}+1$　　　　　⑤ $\sqrt{3}+1$

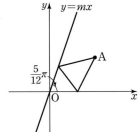
42 오른쪽 그림과 같이 x축의 양의 방향과 직선 $y=mx\,(m>0)$가 이루는 각의 크기가 $\dfrac{5}{12}\pi$이다. 제1사분면 위의 점 A와 원점 사이의 거리가 2일 때, 점 A와 x축 위의 한 점, 직선 $y=mx$ 위의 한 점을 꼭짓점으로 하는 삼각형의 둘레의 길이의 최솟값을 k라 하자. k^2의 값은?

① $4(2-\sqrt{3})$　　　② $4(3-\sqrt{3})$　　　③ $4(4-\sqrt{3})$

④ $4(2+\sqrt{3})$　　　⑤ $4(3+\sqrt{3})$

8471-0217

43 [신 유형]
오른쪽 그림과 같이 $\angle\mathrm{B}=90°$인 직각삼각형 ABC를 꼭짓점 A와 변 BC의 중점 F가 겹치도록 접는다. $\angle\mathrm{A}=30°$, $\overline{\mathrm{AB}}=4\sqrt{3}$, $\overline{\mathrm{BC}}=4$라 할 때, 삼각형 DFE의 넓이는?

① $\dfrac{121\sqrt{3}}{84}$　　　② $\dfrac{12\sqrt{3}}{7}$　　　③ $\dfrac{169\sqrt{3}}{84}$

④ $\dfrac{7\sqrt{3}}{3}$　　　⑤ $\dfrac{225\sqrt{3}}{84}$

8471-0218

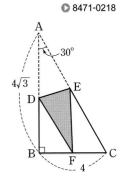

44 삼각형 ABC의 세 변의 길이 a, b, c에 대하여 $(a-c)a(a+c)+(b-c)b(b+c)=0$이 성립할 때, 삼각형 ABC의 넓이와 항상 같은 것은?

① $\dfrac{ab}{4}$　　　② $\dfrac{\sqrt{3}}{4}ab$　　　③ $\dfrac{ab}{2}$　　　④ $\dfrac{\sqrt{3}}{2}ab$　　　⑤ ab

8471-0219

45 오른쪽 그림과 같이 사면체 ABCD에 대하여

$$\overline{\mathrm{BC}}=3\sqrt{3},\ \angle\mathrm{ABD}=\frac{\pi}{4},\ \angle\mathrm{ACD}=\frac{\pi}{3},\ \angle\mathrm{BCD}=\frac{2}{3}\pi,\ \angle\mathrm{ADB}=\angle\mathrm{ADC}=\frac{\pi}{2}$$

일 때, 사면체 ABCD의 부피는? (단, 선분 AD는 삼각형 BCD와 수직이다.)

① $20\sqrt{3}$　　　② $\dfrac{81\sqrt{3}}{4}$　　　③ $\dfrac{41\sqrt{3}}{2}$

④ $\dfrac{83\sqrt{3}}{4}$　　　⑤ $21\sqrt{3}$

8471-0220

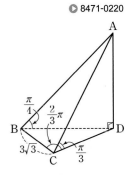

46
이해

● 8471-0221

오른쪽 그림과 같이 삼각기둥 ABC−DEF에 대하여 $\overline{AB}=4\sqrt{3}$, $\angle AFD=\dfrac{\pi}{4}$이다. 모서리 BE 위의 한 점 G가 $\overline{FG}=12$, $\angle AGB=\dfrac{\pi}{3}$, $\angle GFE=\dfrac{\pi}{6}$를 만족시킬 때, 삼각형 AGF의 넓이를 구하시오.

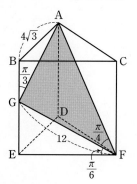

문항 파헤치기

풀이

실수 point 찾기

Ⅲ 수열

등차수열과 등비수열

1 수열

(1) **수열**: 정의역이 자연수 전체의 집합 N, 공역이 실수 전체의 집합 R인 함수 $f:N \longrightarrow R$를 수열이라고 한다.

(2) **항**: 정의역 N의 원소 1, 2, 3, …에 대한 함숫값 $f(1)$, $f(2)$, $f(3)$, …을 수열의 항이라고 한다.

(3) **일반항**: 수열의 항을 a_1, a_2, a_3, …과 같이 나타낼 때, 제n항 a_n을 수열의 일반항이라고 한다.

2 등차수열

(1) **등차수열**: 첫째항부터 차례대로 일정한 수를 더하여 만든 수열을 등차수열이라 하고, 그 일정한 수를 공차라고 한다.

(2) **등차수열의 일반항**: 첫째항이 a, 공차가 d인 등차수열의 일반항 a_n은 $a_n=a+(n-1)d$ (단, $n=1, 2, 3, \cdots$)

(3) **등차중항**: 세 수 a, b, c가 이 순서대로 등차수열을 이룰 때, b를 a와 c의 등차중항이라고 한다. 이때 $b=\dfrac{a+c}{2}$이다.

(4) **등차수열의 합**: 등차수열의 첫째항부터 제n항까지의 합 S_n은

① 첫째항이 a, 제n항이 l일 때, $S_n=\dfrac{n(a+l)}{2}$

② 첫째항이 a, 공차가 d일 때, $S_n=\dfrac{n\{2a+(n-1)d\}}{2}$

(5) **수열의 합 S_n과 일반항 a_n 사이의 관계**
수열 $\{a_n\}$에서 첫째항부터 제n항까지의 합을 S_n이라 하면
$$\begin{cases} a_1=S_1 \\ a_n=S_n-S_{n-1} \ (n\geq 2) \end{cases}$$

3 등비수열

(1) **등비수열**: 첫째항부터 차례대로 일정한 수를 곱하여 만든 수열을 등비수열이라 하고, 그 일정한 수를 공비라고 한다.

(2) **등비수열의 일반항**: 첫째항이 a, 공비가 r인 등비수열의 일반항 a_n은 $a_n=ar^{n-1}$ (단, $n=1, 2, 3, \cdots$)

(3) **등비중항**: 세 수 a, b, c가 이 순서대로 등비수열을 이룰 때, b를 a와 c의 등비중항이라고 한다. 이때 $b^2=ac$이다.

(4) **등비수열의 합**: 첫째항이 a, 공비가 r인 등비수열의 첫째항부터 제n항까지의 합 S_n은

① $r\neq 1$일 때, $S_n=\dfrac{a(1-r^n)}{1-r}=\dfrac{a(r^n-1)}{r-1}$

② $r=1$일 때, $S_n=na$

01 | 등차수열의 일반항 | ▶ 8471-0222
출제율 95%

등차수열 $\{a_n\}$에 대하여
$$2a_4 + a_8 = 0, \ a_5 + a_7 = -4$$
일 때, a_{12}의 값은?

① -12 ② -16 ③ -20
④ -24 ⑤ -28

02 | 등차수열의 일반항 | ▶ 8471-0223
출제율 95%

첫째항이 -60인 등차수열 $\{a_n\}$에 대하여
$$a_n \leq 0 \ (n = 1, \ 2, \ 3, \ \cdots, \ 21)$$
을 만족시키는 공차 d의 최댓값은?

① $\dfrac{61}{21}$ ② $\dfrac{62}{21}$ ③ 3
④ $\dfrac{64}{21}$ ⑤ $\dfrac{65}{21}$

03 | 등차수열의 일반항 | ▶ 8471-0224
출제율 90%

2가 a와 b의 등차중항이고, 20이 a^2과 b^2의 등차중항일 때, ab의 값은?

① -12 ② -4 ③ 4
④ 12 ⑤ 20

04 | 등차수열의 합 | ▶ 8471-0225
출제율 95%

공차가 3인 등차수열 $\{a_n\}$의 첫째항 a부터 제n항까지의 합을 S_n이라 할 때, $S_6 = a_8 + a_{10}$이 성립한다. a의 값은?

① $\dfrac{1}{4}$ ② $\dfrac{1}{2}$ ③ $\dfrac{3}{4}$
④ 1 ⑤ $\dfrac{5}{4}$

05 | 등차수열의 합 | ▶ 8471-0226
출제율 90%

등차수열 $\{a_n\}$의 첫째항부터 제n항까지의 합을 S_n이라 하자. $a_3 + a_4 = 18$, $S_4 = 20$일 때, S_{10}의 값은?

① 160 ② 170 ③ 180
④ 190 ⑤ 200

06 | 등차수열의 합 | ▶ 8471-0227
출제율 85%

두 등차수열 $\{a_n\}$, $\{b_n\}$에 대하여 수열 $\{a_n\}$의 첫째항부터 제n항까지의 합을 S_n, 수열 $\{b_n\}$의 첫째항부터 제n항까지의 합을 T_n이라 하자. 두 등차수열 $\{a_n\}$, $\{b_n\}$의 첫째항의 합이 1이고 공차의 합이 2일 때, $S_{10} + T_{10}$의 값은?

① 20 ② 40 ③ 60
④ 80 ⑤ 100

07 | 등비수열의 일반항 | ▶ 8471-0228
출제율 100%

등비수열 $\{a_n\}$에 대하여

$$a_2=72,\ a_4=8$$

일 때, a_1a_7의 값은?

① 56   ② 60   ③ 64

④ 68   ⑤ 72

08 | 등비수열의 일반항 | ▶ 8471-0229
출제율 95%

세 수 1, x, y가 이 순서대로 등비수열을 이루고 세 수 x, 3, y가 이 순서대로 등차수열을 이루도록 하는 두 양수 x, y에 대하여 x^2+y^2의 값은?

① 18   ② 20   ③ 22

④ 24   ⑤ 26

09 | 등비수열의 일반항 | ▶ 8471-0230
출제율 95%

모든 항이 양수인 등비수열 $\{a_n\}$에 대하여

$$a_8-a_5=28,\ a_4a_6=16$$

일 때, a_{10}의 값은?

① 32   ② 64   ③ 128

④ 256   ⑤ 512

10 | 등비수열의 합 | ▶ 8471-0231
출제율 100%

첫째항이 3인 등비수열 $\{a_n\}$에 대하여 $a_6=96$일 때, 수열 $\{a_n\}$의 첫째항부터 제10항까지의 합은?

① 3061   ② 3063   ③ 3065

④ 3067   ⑤ 3069

11 | 등비수열의 합 | ▶ 8471-0232
출제율 95%

첫째항이 0이 아닌 등비수열 $\{a_n\}$의 첫째항부터 제n항까지의 합을 S_n이라 하자. $S_{10}=5S_5$일 때, $S_{15}=kS_5$이다. 상수 k의 값은?

① 12   ② 15   ③ 18

④ 21   ⑤ 24

12 | 등비수열의 합 | ▶ 8471-0233
출제율 95%

첫째항이 1이고 공비가 -3인 등비수열 $\{a_n\}$의 첫째항부터 제n항까지의 합을 S_n이라 할 때, $S_n>100$을 만족시키는 자연수 n의 최솟값은?

① 6   ② 7   ③ 8

④ 9   ⑤ 10

| 수열의 합과 일반항 사이의 관계 |　　　　　　　● 8471-0234

13 수열 $\{a_n\}$의 첫째항부터 제n항까지의 합 S_n이
출제율 90%　$S_n=\dfrac{2\times 3^n}{n^2+2}$일 때, a_1+a_5의 값은?

① 11　　　　② 12　　　　③ 13

④ 14　　　　⑤ 15

| 수열의 합과 일반항 사이의 관계 |　　　　　　　● 8471-0235

14 두 수열 $\{a_n\}$, $\{b_n\}$에 대하여 수열 $\{a_n\}$의 첫째항부터
출제율 85%　제n항까지의 합을 S_n, 수열 $\{b_n\}$의 첫째항부터 제n항
까지의 합을 T_n이라 하자.

$$S_n=2^n+kn,\ T_n=n^3-2kn,\ a_5=b_5$$

일 때, 상수 k의 값은?

① 5　　　　② 10　　　　③ 15

④ 20　　　　⑤ 25

| 수열의 합과 일반항 사이의 관계 |　　　　　　　● 8471-0236

15 수열 $\{a_n\}$의 첫째항부터 제n항까지의 합 S_n이
출제율 80%　$S_n=n^2+kn+k$이다. $a_5=12$일 때, $k+a_1$의 값은?

（단, k는 상수이다.）

① 10　　　　② 12　　　　③ 14

④ 16　　　　⑤ 18

서술형 문제

● 8471-0237

16 모든 항이 양수인 등차수열 $\{a_n\}$에 대하여
출제율 95%

$$a_1+a_3+a_5+a_7=48,\ a_4+a_6=30$$

일 때, $a_n>1000$을 만족시키는 자연수 n의 최솟값
을 구하시오.

● 8471-0238

17 등비수열 $\{a_n\}$에 대하여 수열 $\{2a_n-a_{n+1}\}$은 첫째
출제율 80%　항이 1이고 공비가 3인 등비수열일 때, a_5의 값을 구
하시오.

개념 ① 등차수열의 일반항

● 8471-0239

18 $\angle ABC = 120°$이고 넓이가 $15\sqrt{3}$인 삼각형 ABC의 세 변의 길이를 크기순으로 나열하면 등차수열을 이룬다. $\overline{AC}$의 값은?

① 8   ② 10   ③ 12

④ 14   ⑤ 16

● 8471-0240

19 모든 항이 서로 다른 자연수인 등차수열 $\{a_n\}$의 첫째항을 a, 공차를 d라 하자. $a^2 - d^2 = a_2$, $a^2 = a_6$일 때, a_{10}의 값은?

① 41   ② 43   ③ 45

④ 47   ⑤ 49

● 8471-0241

20 두 수 1과 100 사이에 n개의 수를 넣어 만든 수열
$$1, a_1, a_2, a_3, \cdots, a_n, 100$$
이 등차수열을 이루고 $a_1, a_2, a_3, \cdots, a_n$은 모두 자연수가 되도록 하는 모든 자연수 n의 값의 합은?

① 100   ② 150   ③ 200

④ 250   ⑤ 300

개념 ② 등차수열의 합

● 8471-0242

21 모든 항이 정수인 등차수열 $\{a_n\}$의 첫째항부터 제n항까지의 합을 S_n이라 하자.
$$a_4 a_{24} = (a_8)^2, \ S_{10} = 85$$
일 때, a_{12}의 값은?

① 24   ② 28   ③ 32

④ 36   ⑤ 40

● 8471-0243

22 두 등차수열 $\{a_n\}$, $\{b_n\}$에 대하여 수열 $\{a_n\}$의 첫째항부터 제n항까지의 합을 S_n, 수열 $\{b_n\}$의 첫째항부터 제n항까지의 합을 T_n이라 하자.
$$a_{11} - a_5 = 18, \ b_{11} - b_8 = -6, \ S_{11} = T_{11}$$
일 때, $b_8 - a_5$의 값은?

① -2 ② -1 ③ 0

④ 1   ⑤ 2

● 8471-0244

23 모든 항이 정수인 등차수열 $\{a_n\}$의 첫째항 a부터 제n항까지의 합을 S_n이라 하자. $n = 20$일 때만 S_n이 최댓값을 갖도록 하는 a의 값이 4개 존재한다고 할 때, 공차 d의 값은?

① -5 ② -4 ③ -3

④ -2 ⑤ -1

개념 ③ 등비수열의 일반항

24 ▶ 8471-0245

각 항이 서로 다른 등비수열 $\{a_n\}$에 대하여
$$a_1 a_{10} = a_p a_q$$
를 만족시키는 자연수 p, q의 모든 순서쌍 (p, q)의 개수는?

① 2   ② 4   ③ 6
④ 8   ⑤ 10

25 ▶ 8471-0246

다항식 $x^2 + ax - (2a+1)$을 $x-3$, $x+2$, $x-8$로 나눈 나머지를 각각 p, q, r라 하자. 세 수 p, q, r가 이 순서대로 등비수열을 이룰 때, 정수 a의 값은?

① -6 ② -3 ③ 0
④ 3   ⑤ 6

26 ▶ 8471-0247

등비수열 $\{a_n\}$에 대하여
$$a_1 + a_3 = 240, \quad a_1 + a_3 + a_5 + a_7 = 255$$
일 때, $\dfrac{a_3}{a_7}$의 값은?

① $\dfrac{1}{16}$ ② $\dfrac{1}{4}$ ③ 4
④ 16   ⑤ 64

개념 ④ 등비수열의 합

27 ▶ 8471-0248

공비가 r인 등비수열 $\{a_n\}$의 첫째항부터 제n항까지의 합을 S_n이라 하자.
$$a_2 = \frac{2}{3}, \quad S_4 = 5$$
를 만족시키는 모든 r의 값의 합은?

① -2 ② -1 ③ 0
④ 1   ⑤ 2

28 ▶ 8471-0249

등비수열 $\{a_n\}$의 첫째항부터 제n항까지의 합 S_n에 대하여 $S_8 = 17 S_4 = 255$를 만족시키는 a_8의 최댓값은?

① 128   ② 256   ③ 384
④ 512   ⑤ 768

29 ▶ 8471-0250

첫째항이 0이 아니고 공비가 r인 등비수열 $\{a_n\}$의 첫째항부터 제n항까지의 합을 S_n이라 하자.
$$\frac{S_{10} - S_8}{a_{10} - a_9} - \frac{a_{10} - a_9}{S_{10} - S_8} = \frac{5}{6}$$
일 때, 양수 r의 값은?

① $\dfrac{1}{6}$ ② $\dfrac{1}{5}$ ③ $\dfrac{6}{5}$
④ 5   ⑤ 6

30 　○ 8471-0251

수열 $\{a_n\}$의 첫째항부터 제n항까지의 합 S_n이 $S_n=\log (n+1)^2$일 때, a_5+a_{12}의 값을 다음 상용로그표를 이용하여 구한 것은?

수	…	5	6	7	8	9
⋮	…	⋮	⋮	⋮	⋮	⋮
1.5	…	.1903	.1931	.1959	.1987	.2014
1.6	…	.2175	.2201	.2227	.2253	.2279
⋮	…	⋮	⋮	⋮	⋮	⋮

① 0.1903 　② 0.2014 　③ 0.2279

④ 0.4028 　⑤ 0.4558

31 　○ 8471-0252

수열 $\{a_n\}$의 첫째항부터 제n항까지의 합을 S_n이라 할 때, $a_1=3$, $a_n=2S_n (n\geq2)$이 성립한다. a_{100}의 값은?

① -6 　② -3 　③ 0

④ 3 　⑤ 6

32 　○ 8471-0253

수열 $\{a_n\}$의 첫째항부터 제n항까지의 합 S_n이 $S_n=an^2+bn$이다. 수열 $\{a_n\}$은 공차가 $d(d\neq0)$인 등차수열이고 $S_2=12$일 때, S_{10}의 값과 항상 같은 것은? (단, a, b는 상수이다.)

① $40d+40$ 　② $40d+50$ 　③ $40d+60$

④ $50d+50$ 　⑤ $50d+60$

33 　○ 8471-0254

자연수 n에 대하여 2^{n+3}, 3×4^n, 6^{n-1}의 양의 약수의 개수를 각각 a_n, b_n, c_n이라 하자. a_n, b_n, c_n이 이 순서대로 등차수열을 이룰 때, 자연수 n의 값을 구하시오.

34 　○ 8471-0255

등비수열 $\{a_n\}$에 대하여 첫째항부터 제n항까지의 합을 S_n이라 하자.

$$S_5=2,\ a_2+a_4+a_6+a_8+a_{10}=44$$

일 때, 등비수열 $\{a_n\}$의 공비 r의 값을 구하시오.

(단, r는 정수이다.)

35 ▶ 8471-0256

등차수열 $\{a_n\}$이 $|a_6-8|=|a_8-10|$, $|a_{10}-12|=|a_{12}-10|$을 만족시키고 $a_9=10$일 때, a_1의 값은?

① 2　　　　② 6　　　　③ 10　　　　④ 14　　　　⑤ 18

36 ▶ 8471-0257

수열 $\{a_n\}$은 첫째항이 1이고 공차가 3인 등차수열이고, 수열 $\{b_n\}$의 일반항 b_n은

　　$b_n=(a_n$을 7로 나눈 나머지)

라 할 때, 〈보기〉에서 옳은 것만을 있는 대로 고른 것은?

┤ 보기 ├

ㄱ. $a_{10}=28$

ㄴ. $b_{10}=0$

ㄷ. $a_{7n}+b_{7n}=21n+3$

① ㄱ　　　② ㄷ　　　③ ㄱ, ㄴ　　　④ ㄴ, ㄷ　　　⑤ ㄱ, ㄴ, ㄷ

37 ▶ 8471-0258

오른쪽 그림과 같이 두 도로가 60°의 각을 이루며 점 O에서 만나고 있다. 점 O에서 점 P 방향으로 30 m 떨어진 곳에 처음 가로등 하나를 설치하고 계속해서 같은 방향으로 20 m마다 가로등을 설치한다. 또한 점 O에서 점 Q 방향으로 40 m 떨어진 곳에 처음 가로등 하나를 설치하고 계속해서 같은 방향으로 30 m마다 가로등을 설치한다. 점 P와 점 Q에도 가로등이 설치되었고 점 O에서 점 P까지 설치된 가로등의 개수가 점 O에서 점 Q까지 설치된 가로등의 개수의 2배이다. 점 P와 점 Q 사이의 거리가 190 m일 때, 설치된 가로등의 총 개수는?

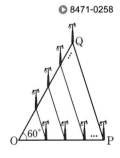

① 12　　　　② 15　　　　③ 18　　　　④ 21　　　　⑤ 24

38 ▶ 8471-0259

등차수열 $\{a_n\}$의 첫째항부터 제n항까지의 합을 S_n이라 하자. $a_1+a_3=18$일 때, $a_{k-2}+a_k=-36$, $S_k=-54$를 만족시키는 자연수 k의 값은?

① 12　　　　② 15　　　　③ 18　　　　④ 21　　　　⑤ 24

● 정답과 풀이 64쪽

● 8471-0260

39 오른쪽 그림과 같이 $\angle CAB=15°$, $\angle ACB=45°$, $\overline{AB}=16$, $\overline{AC}=8\sqrt{6}$인 삼각형 ABC에서 변 AB를 8등분한 점을 점 A에 가까운 점부터 P_1, P_2, P_3, ⋯, P_7이라 하고 변 AC를 8등분한 점을 점 A에 가까운 점부터 Q_1, Q_2, Q_3, ⋯, Q_7이라 할 때, $\overline{P_1Q_1}$, $\overline{P_2Q_2}$, $\overline{P_3Q_3}$, ⋯, $\overline{P_7Q_7}$은 공차가 k인 등차수열을 이룬다. $k+\overline{P_1Q_1}+\overline{P_2Q_2}+\overline{P_3Q_3}+\cdots+\overline{P_7Q_7}$의 값은?

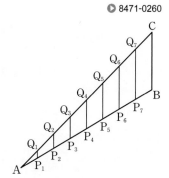

① $25(\sqrt{3}-1)$ ② $29(\sqrt{3}-1)$
③ $33(\sqrt{3}-1)$ ④ $37(\sqrt{3}-1)$
⑤ $41(\sqrt{3}-1)$

● 8471-0261

40 곡선 $y=\dfrac{k}{x}$ 위의 서로 다른 세 점 $A(a_1, a_2)$, $B(b_1, b_2)$, $C(c_1, c_2)$에 대하여 세 수 a_1, b_1, c_1이 이 순서대로 등차수열을 이루고 세 수 a_2, c_2, b_2가 이 순서대로 등비수열을 이룬다. a_1, b_1, c_1, a_2, b_2, c_2가 모두 정수일 때, 자연수 k의 최솟값은?

① 4 ② 6 ③ 8 ④ 12 ⑤ 36

● 8471-0262

41 x에 대한 이차방정식 $x^2-px+q=0$의 두 근 α, β $(\alpha<\beta)$에 대하여 α, β가 모두 자연수이고 $\alpha^2=\alpha+\beta$이다. $\beta-\alpha$, p, $p+q$가 이 순서대로 등비수열을 이룰 때, 두 상수 p, q의 합 $p+q$의 값은?

① 18 ② 27 ③ 36 ④ 45 ⑤ 54

● 8471-0263

42 첫째항이 a, 공비가 3인 등비수열 $\{a_n\}$의 첫째항부터 제n항까지의 합을 S_n이라 하고, 첫째항이 b, 공비가 s인 등비수열 $\{b_n\}$의 첫째항부터 제n항까지의 합을 T_n이라 하자. 수열 $\{S_n+p\}$는 첫째항이 6인 등비수열이고, 수열 $\{T_n+q\}$는 공차가 5인 등차수열일 때, T_a의 값은? (단, a는 자연수이다.)

① 10 ② 15 ③ 20 ④ 25 ⑤ 30

▶ 8471-0264

43 오른쪽 그림에서 좌표평면 위의 직선 $y=-x+k$가 y축, 두 곡선 $y=3^x+3$, $y=2^{x-1}$ 및 x축과 만나는 점을 각각 A, B, C, D라 할 때, $\overline{AB}$, $\overline{BC}$, $\overline{CD}$는 이 순서대로 등비수열을 이룬다. $\overline{AB}=\sqrt{2}$일 때, $\overline{CD}$의 값을 구하시오.

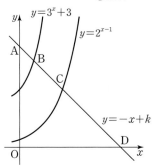

▶ 8471-0265

44 공비가 -2인 등비수열 $\{a_n\}$에서 $S_n=\{(a_1)^2+(a_2)^2+\cdots+(a_n)^2\}\left(\dfrac{1}{a_1}+\dfrac{1}{a_2}+\cdots+\dfrac{1}{a_n}\right)$이라 할 때, $\dfrac{S_4}{S_2}$의 값은? (단, $a_1\neq 0$)

① $\dfrac{81}{4}$　　② $\dfrac{83}{4}$　　③ $\dfrac{85}{4}$　　④ $\dfrac{87}{4}$　　⑤ $\dfrac{89}{4}$

▶ 8471-0266

45 첫째항이 1이고 공차가 2인 등차수열 $\{a_n\}$에 대하여 두 수열 $\{b_n\}$, $\{c_n\}$이 다음을 만족시킨다.

$$b_n=3\times 2^{a_n}, \quad c_n=\log b_n$$

수열 $\{b_n\}$의 첫째항부터 제4항까지의 합을 S, 수열 $\{c_n\}$의 첫째항부터 제4항까지의 합을 T라 할 때, $\dfrac{T}{S}$의 값은?

① $\dfrac{2\log 2+\log 3}{255}$　　② $\dfrac{4\log 2+\log 3}{255}$　　③ $\dfrac{4\log 2+2\log 3}{255}$

④ $\dfrac{8\log 2+2\log 3}{255}$　　⑤ $\dfrac{16\log 2+4\log 3}{255}$

▶ 8471-0267

신 유형

46 수열 $\{a_n\}$의 첫째항부터 제n항까지의 합을 S_n이라 하자.

$$(S_{n+1}-S_{n-1})^2=4(a_{n+1}a_n+1) \ (\text{단}, n\geq 2), \ a_6=a_{10}=1$$

을 만족시키는 a_7, a_8, a_9의 모든 순서쌍 (a_7, a_8, a_9)의 개수는?

① 4　　② 6　　③ 8　　④ 10　　⑤ 12

● 정답과 풀이 69쪽

▶ 8471-0268

47 추론

$a_1=6$, $a_2=1$인 수열 $\{a_n\}$의 첫째항부터 제n항까지의 합을 S_n이라 하자. 수열 $\{a_{2n-1}\}$은 공차가 -2인 등차수열이고, 수열 $\{a_{2n}\}$은 공비가 2인 등비수열일 때,

$$S_n > 2000, \quad S_{n+1} < 2000$$

을 만족시키는 자연수 n의 값은?

① 20   ② 21   ③ 22   ④ 23   ⑤ 24

문항 파헤치기

풀이

실수 point 찾기

Ⅲ 수열

06 수열의 합

❶ 합의 기호 ∑

(1) 수열 $\{a_n\}$의 첫째항부터 제n항까지의 합을 기호 $\sum$를 사용하여 $a_1 + a_2 + a_3 + \cdots + a_n = \sum\limits_{k=1}^{n} a_k$와 같이 나타낸다.

(2) ∑의 성질

① $\sum\limits_{k=1}^{n} (a_k + b_k) = \sum\limits_{k=1}^{n} a_k + \sum\limits_{k=1}^{n} b_k$

② $\sum\limits_{k=1}^{n} (a_k - b_k) = \sum\limits_{k=1}^{n} a_k - \sum\limits_{k=1}^{n} b_k$

③ $\sum\limits_{k=1}^{n} ca_k = c \sum\limits_{k=1}^{n} a_k$ (단, c는 상수)

④ $\sum\limits_{k=1}^{n} c = cn$ (단, c는 상수)

❷ 자연수의 거듭제곱의 합

(1) $\sum\limits_{k=1}^{n} k = \dfrac{n(n+1)}{2}$

등차수열의 합의 공식을 이용하면 첫째항이 1이고 공차가 1인 등차수열의 첫째항부터 제n항까지의 합이므로

$$\frac{n\{2 \times 1 + (n-1) \times 1\}}{2} = \frac{n(n+1)}{2}$$

(2) $\sum\limits_{k=1}^{n} k^2 = \dfrac{n(n+1)(2n+1)}{6}$

항등식 $(k+1)^3 - k^3 = 3k^2 + 3k + 1$의 k에 1, 2, 3, $\cdots$, n을 차례로 대입하면

$k=1$일 때, $2^3 - 1^3 = 3 \times 1^2 + 3 \times 1 + 1$

$k=2$일 때, $3^3 - 2^3 = 3 \times 2^2 + 3 \times 2 + 1$

$k=3$일 때, $4^3 - 3^3 = 3 \times 3^2 + 3 \times 3 + 1$

$\vdots$

$k=n$일 때, $(n+1)^3 - n^3 = 3 \times n^2 + 3 \times n + 1$

위의 n개의 등식을 변끼리 더하여 정리하면

$$(n+1)^3 - 1^3 = 3 \sum_{k=1}^{n} k^2 + 3 \times \frac{n(n+1)}{2} + n$$

따라서 $\sum\limits_{k=1}^{n} k^2 = \dfrac{1}{3}\left\{(n+1)^3 - 3 \times \dfrac{n(n+1)}{2} - n - 1\right\}$

$$= \frac{n(n+1)(2n+1)}{6}$$

(3) $\sum\limits_{k=1}^{n} k^3 = \left\{\dfrac{n(n+1)}{2}\right\}^2$

❸ 일반항이 분수 꼴인 수열의 합

(1) $\sum\limits_{k=1}^{n} \dfrac{1}{k(k+a)} = \dfrac{1}{a} \sum\limits_{k=1}^{n} \left(\dfrac{1}{k} - \dfrac{1}{k+a}\right)$ (단, $a \neq 0$)

(2) $\sum\limits_{k=1}^{n} \dfrac{1}{\sqrt{k+a} + \sqrt{k}} = \dfrac{1}{a} \sum\limits_{k=1}^{n} (\sqrt{k+a} - \sqrt{k})$ (단, $a > 0$)

01 출제율 100%

| 합의 기호 $\sum$의 성질 | ▶ 8471-0269

두 수열 $\{a_n\}$, $\{b_n\}$에 대하여

$$\sum_{k=1}^{10} 2a_k = 4, \quad \sum_{k=1}^{10} 3b_k = 18, \quad \sum_{k=1}^{10} a_k b_k = 2$$

일 때, $\sum_{k=1}^{10}(3a_k-1)(2b_k-1)$의 값은?

① 1   ② 2   ③ 3
④ 4   ⑤ 5

02 출제율 95%

| 합의 기호 $\sum$의 성질 | ▶ 8471-0270

등차수열 $\{a_n\}$에 대하여

$$\sum_{k=3}^{10} a_k - \sum_{k=1}^{8} a_k = 48$$

일 때, $a_6 - a_4$의 값은?

① 3   ② 6   ③ 9
④ 12   ⑤ 15

03 출제율 85%

| 합의 기호 $\sum$의 성질 | ▶ 8471-0271

공비가 2인 등비수열 $\{a_n\}$에 대하여

$$\sum_{k=1}^{5} a_{2k-1} = 1023$$

일 때, a_1의 값은?

① 1   ② 2   ③ 3
④ 4   ⑤ 5

04 출제율 90%

| 자연수의 거듭제곱의 합 | ▶ 8471-0272

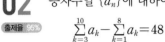 일 때, 자연수 n의 값은?

① 6   ② 7   ③ 8
④ 9   ⑤ 10

05 출제율 90%

| 자연수의 거듭제곱의 합 | ▶ 8471-0273

수열 $\{a_n\}$에 대하여

$$\sum_{k=1}^{n} a_k = 3n^2 - 2n$$

일 때, $\sum_{k=1}^{10} a_{2k}$의 값은?

① 600   ② 610   ③ 620
④ 630   ⑤ 640

06 출제율 80%

| 자연수의 거듭제곱의 합 | ▶ 8471-0274

다항식 $x^3 - 2x^2 + 3x - 1$을 $x-n$으로 나눈 나머지를 이라 할 때, $\sum_{k=1}^{10} a_k$의 값은?

① 2400   ② 2410   ③ 2420
④ 2430   ⑤ 2440

07
출제율 95%

| 일반항이 분수 꼴인 수열의 합 |

○ 8471-0275

수열 $\{a_n\}$의 첫째항부터 제n항까지의 합 S_n이
$$S_n=n^2+3n\,(n=1,\,2,\,3,\,\cdots)$$
일 때, $\displaystyle\sum_{k=1}^{10}\frac{1}{a_k a_{k+1}}$의 값은?

① $\dfrac{1}{48}$　　　② $\dfrac{1}{24}$　　　③ $\dfrac{1}{16}$

④ $\dfrac{1}{12}$　　　⑤ $\dfrac{5}{48}$

08
출제율 95%

| 일반항이 분수 꼴인 수열의 합 |

○ 8471-0276

$\displaystyle\sum_{k=1}^{n}\frac{1}{\sqrt{k+1}+\sqrt{k}}=10$일 때, 자연수 n의 값은?

① 120　　　② 143　　　③ 168

④ 195　　　⑤ 224

09
출제율 85%

| 일반항이 분수 꼴인 수열의 합 |

○ 8471-0277

첫째항이 1이고 공차가 2인 등차수열 $\{a_n\}$에 대하여
$$\sum_{k=1}^{12}\frac{1}{\sqrt{a_k}+\sqrt{a_{k+1}}}$$
의 값은?

① 1　　　② $\dfrac{3}{2}$　　　③ 2

④ $\dfrac{5}{2}$　　　⑤ 3

서술형 문제

10
출제율 95%

○ 8471-0278

두 수열 $\{a_n\}$, $\{b_n\}$에 대하여
$$\sum_{k=1}^{10}(2a_k-b_k)=1,\ \sum_{k=1}^{10}(3a_k+2b_k)=12$$
일 때, $\displaystyle\sum_{k=1}^{10}(a_k+b_k+1)$의 값을 구하시오.

11
출제율 85%

○ 8471-0279

첫째항이 10이고 공차가 -3인 등차수열 $\{a_n\}$에 대하여 $\displaystyle\sum_{k=1}^{5}2ka_{2k}$의 값을 구하시오.

개념 ① 합의 기호 $\sum$의 성질

▶ 8471-0280

12 첫째항이 2인 등차수열 $\{a_n\}$에 대하여

$$\sum_{k=1}^{20}(a_{k+2}+a_{k+1}-2a_k)=300$$

일 때, a_{10}의 값은?

① 20 　　　 ② 29 　　　 ③ 38
④ 47 　　　 ⑤ 56

▶ 8471-0281

13 모든 항이 양수인 등비수열 $\{a_n\}$에 대하여

$$a_2=48, \ a_4=108$$

일 때, $\sum_{k=1}^{n}a_k \geq 960$을 만족시키는 자연수 n의 최솟값은?

(단, $\log 2=0.30, \ \log 3=0.48$로 계산한다.)

① 6 　　　 ② 7 　　　 ③ 8
④ 9 　　　 ⑤ 10

▶ 8471-0282

14 자연수 n에 대하여 원 $(x+5)^2+(y-5)^2=25$와 직선 $y=-\dfrac{3}{4}x-\dfrac{n}{2}$의 교점의 개수를 a_n이라 할 때, $\sum_{k=1}^{15}a_k$의 값은?

① 15 　　　 ② 16 　　　 ③ 17
④ 18 　　　 ⑤ 19

개념 ② 자연수의 거듭제곱의 합

▶ 8471-0283

15 두 수열 $\{a_n\}$, $\{b_n\}$이 모든 자연수 n에 대하여

$$\sum_{k=1}^{n}(a_k+b_k)=3n(n+2)$$

$$\sum_{k=1}^{n}(a_k-b_k)=n(n+2)$$

가 성립할 때, $\displaystyle\sum_{n=6}^{10}\left(\sum_{k=5}^{n}b_k\right)$의 값은?

① 210 　　　 ② 230 　　　 ③ 250
④ 270 　　　 ⑤ 290

▶ 8471-0284

16 함수 $f(x)=x^2+ax-2$에 대하여

$$\sum_{k=1}^{10}f(k+1)=160$$

일 때, $\sum_{k=3}^{10}f(k)$의 값은? (단, a는 상수이다.)

① 100 　　　 ② 102 　　　 ③ 104
④ 106 　　　 ⑤ 108

▶ 8471-0285

17 자연수 n에 대하여 x에 대한 이차방정식

$$x^2-(2n+1)x+(n-1)=0$$

의 두 근을 a_n, β_n이라 할 때, $\sum_{k=1}^{10}(a_k^2+1)(\beta_k^2+1)$의 값은?

① 1900 　　　 ② 1925 　　　 ③ 1950
④ 1975 　　　 ⑤ 2000

개념 ③ 일반항이 분수 꼴인 수열의 합

18 ▶ 8471-0286

$$\frac{1\times2}{1^3}+\frac{2\times3}{1^3+2^3}+\frac{3\times4}{1^3+2^3+3^3}$$
$$+\cdots+\frac{11\times12}{1^3+2^3+3^3+\cdots+11^3}$$

의 값은?

① $\dfrac{11}{3}$ ② 4 ③ $\dfrac{13}{3}$

④ $\dfrac{14}{3}$ ⑤ 5

19 ▶ 8471-0287

수열 $\{a_n\}$의 첫째항부터 제n항까지의 합을 S_n이라 하자. $a_n=\dfrac{n}{(n+1)!}$이고 $S_m=\dfrac{719}{720}$일 때, 자연수 m의 값은?

① 4 ② 5 ③ 6

④ 7 ⑤ 8

20 ▶ 8471-0288

첫째항이 2이고 공차가 3인 등차수열 $\{a_n\}$의 첫째항부터 제n항까지의 합이 392일 때,

$\displaystyle\sum_{k=1}^{n}\frac{3}{\sqrt{a_k}+\sqrt{a_{k+1}}}$의 값은?

① $\sqrt{2}$ ② $2\sqrt{2}$ ③ $3\sqrt{2}$

④ $4\sqrt{2}$ ⑤ $5\sqrt{2}$

서술형 문제

21 ▶ 8471-0289

$\displaystyle\sum_{k=1}^{15}(-1)^k k^2$의 값을 구하시오.

22 ▶ 8471-0290

$\displaystyle\sum_{k=1}^{10}\frac{k^4+2k^3+k^2+a}{k(k+1)}=450$일 때, 상수 a의 값을 구하시오.

● 8471-0291

23 자연수 n에 대하여 곡선 $y=x^2-2x+3$과 직선 $y=4x-n$의 교점의 개수를 $f(n)$이라 할 때, $\sum\limits_{k=1}^{10} f(k)$의 값은?

① 9   ② 11   ③ 13   ④ 15   ⑤ 17

● 8471-0292

24 두 등차수열 $\{a_n\}$, $\{b_n\}$에 대하여

$$\sum\limits_{k=1}^{10} a_k + \sum\limits_{k=1}^{10} b_k = 235, \ \sum\limits_{k=3}^{9} a_k + \sum\limits_{k=3}^{9} b_k = 182$$

일 때, a_2+b_2의 값은?

① 2   ② 4   ③ 6   ④ 8   ⑤ 10

● 8471-0293

25 신유형

자연수 n에 대하여 $a_n = \begin{cases} 0 & \left(\sin^2 \dfrac{n}{6}\pi < \dfrac{1}{2}\right) \\ 1 & \left(\dfrac{1}{2} \le \sin^2 \dfrac{n}{6}\pi\right) \end{cases}$ 이라 할 때, $\sum\limits_{k=1}^{100} a_k$의 값은?

① 51   ② 52   ③ 53   ④ 54   ⑤ 55

● 8471-0294

26 자연수 m에 대하여 $\log_3 m$의 값보다 크지 않은 최대 정수가 n이 되는 m의 개수를 a_n이라 할 때, $\sum\limits_{k=1}^{10} a_k$의 값은?

① $3^{10}-3$ ② $3^{10}-1$ ③ $3^{11}-3$ ④ $3^{11}-1$ ⑤ $3^{12}-3$

8471-0295

27 자연수 n을 2로 나누는 시행을 반복하여 그 값이 처음으로 1보다 작아질 때의 시행 횟수를 a_n이라 하자. 예를 들어 $a_3=2$, $a_6=3$이다. 이때 $\sum\limits_{k=1}^{20} a_k$의 값은?

① 72   ② 74   ③ 76   ④ 78   ⑤ 80

신 유형

8471-0296

28 왼쪽으로부터 첫 번째에 검은 돌을 나열하고 그 오른쪽으로 검은 돌 또는 흰 돌을 일렬로 나열하되 흰 돌은 연속해서 3개 이상 나열하지 않는다. 이때 다음 조건을 만족시키도록 a_n의 값을 정한다.

> (가) 왼쪽으로부터 n번째 자리에 검은 돌이 나열되어 있으면 $a_n=0$이다.
> (나) 왼쪽으로부터 $(n-1)$번째에 검은 돌, n번째에 흰 돌이 나열되어 있으면 $a_n=1$이다. (단, $n\geq2$)
> (다) 왼쪽으로부터 $(n-1)$번째와 n번째에 모두 흰 돌이 나열되어 있으면 $a_n=2$이다. (단, $n\geq2$)

예를 들어 다음과 같이 나열되어 있는 경우, $a_1=0$, $a_2=1$, $a_3=0$, $a_4=1$, $a_5=2$, $a_6=0$이다.

 ···

$\sum\limits_{k=1}^{20}(a_k-1)^2=15$일 때, 20개의 돌 중 검은 돌의 개수의 최솟값은?

① 8   ② 9   ③ 10   ④ 11   ⑤ 12

8471-0297

29 함수 $f(x)=\sum\limits_{k=1}^{10}(x+k)^2$은 $x=p$일 때, 최솟값을 갖는다. $f\left(p+\dfrac{1}{2}\right)$의 값은?

① 81   ② 83   ③ 85   ④ 87   ⑤ 89

8471-0298

30 수열 $\{a_n\}$에 대하여 $\sum\limits_{k=1}^{n}a_k=n^2+n+1$일 때, $\sum\limits_{k=1}^{20}ka_{2k-1}$의 값을 5로 나눈 나머지는?

① 0   ② 1   ③ 2   ④ 3   ⑤ 4

31 자연수 n에 대하여 $y < -2x + n$을 만족시키는 자연수 x, y의 모든 순서쌍 (x, y)의 개수를 A_n이라 하자. $\sum_{n=1}^{20} A_n$의 값은?

① 515　　　　② 525　　　　③ 535　　　　④ 545　　　　⑤ 555

32 자연수 n에 대하여 x에 대한 이차방정식 $x^2 - 2(2n+1)x + 4n(n+1) = 0$의 두 근을 α_n, β_n이라 할 때, $\sum_{k=1}^{n} \dfrac{1}{(\alpha_k - 1)(\beta_k - 1)} > \dfrac{12}{25}$ 를 만족시키는 자연수 n의 최솟값은?

① 11　　　　② 12　　　　③ 13　　　　④ 14　　　　⑤ 15

33 수열 $\{a_n\}$에 대하여 $0 < a_n < 1$이고 $\dfrac{1}{2}\left(a_n + \dfrac{1}{a_n}\right) = \sqrt{n+1}$이 성립할 때, $\sum_{k=1}^{15} a_k$의 값은?

① $\sqrt{2}$　　　　② $\sqrt{3}$　　　　③ 2　　　　④ $\sqrt{6}$　　　　⑤ 3

34 임의의 두 자연수 m, n에 대하여 함수 $f(x)$가 다음 조건을 만족시킨다.

> (가) $f(2) = 1$
> (나) $f(m) - f(n) = f\left(\dfrac{m}{n}\right)$

$\sum_{k=2}^{15} \dfrac{f\left(\dfrac{k}{k+1}\right)}{f(k)f(k+1)}$의 값은?

① -1　　　　② $-\dfrac{3}{4}$　　　　③ $-\dfrac{1}{2}$　　　　④ $-\dfrac{1}{4}$　　　　⑤ 0

◉ 8471-0303

35
추론

자연수 n에 대하여 다음 조건을 만족시키는 모든 순서쌍 (x, y)의 개수를 A_n이라 하자. $\sum\limits_{n=1}^{10} A_n$의 값을 구하시오.

> (가) x, y는 모두 n 이하의 자연수이다.
>
> (나) $-x+n+1-\dfrac{1}{n+1}<y<n+1+\dfrac{1}{x-n-1}$

문항 파헤치가

풀이

실수 point 찾기

Ⅲ 수열

07 수학적 귀납법

1 수열의 귀납적 정의

(1) 수열 $\{a_n\}$을 처음 몇 개의 항의 값과 이웃하는 항들 사이의 관계식으로 정의하는 것을 그 수열의 귀납적 정의라고 한다.

(2) **등차수열의 귀납적 정의**

첫째항이 a, 공차가 d인 등차수열 $\{a_n\}$의 귀납적 정의는 다음과 같다.

$$a_1=a, \ a_{n+1}=a_n+d \ (단, \ n=1, \ 2, \ 3, \ \cdots)$$

(3) **등비수열의 귀납적 정의**

첫째항이 a, 공비가 r인 등비수열 $\{a_n\}$의 귀납적 정의는 다음과 같다.

$$a_1=a, \ a_{n+1}=ra_n \ (단, \ n=1, \ 2, \ 3, \ \cdots)$$

2 수학적 귀납법

(1) 자연수 n에 대한 명제 $p(n)$이 모든 자연수 n에 대하여 성립함을 증명하려면 다음 두 가지가 성립함을 보이면 된다.

(ⅰ) $n=1$일 때, 명제 $p(n)$이 성립한다.

(ⅱ) $n=k$일 때, 명제 $p(n)$이 성립한다고 가정하면 $n=k+1$일 때도 명제 $p(n)$이 성립한다.

이와 같은 방법으로 자연수 n에 대하여 어떤 명제 $p(n)$이 참임을 보이는 것을 수학적 귀납법이라고 한다.

(2) 자연수 n에 대한 명제 $p(n)$이 $n \geq 2$인 모든 자연수 n에 대하여 성립함을 증명하려면 다음 두 가지가 성립함을 보이면 된다.

(ⅰ) $n=2$일 때, 명제 $p(n)$이 성립한다.

(ⅱ) $n=k(k \geq 2)$일 때, 명제 $p(n)$이 성립한다고 가정하면 $n=k+1$일 때도 명제 $p(n)$이 성립한다.

(예) 모든 자연수 n에 대하여 등식

$$1+3+5+\cdots+(2n-1)=n^2 \qquad \cdots\cdots \ (*)$$

이 성립함을 수학적 귀납법으로 증명하면 다음과 같다.

(ⅰ) $n=1$일 때,

(좌변)$=2 \times 1-1=1$, (우변)$=1^2=1$이므로 $(*)$이 성립한다.

(ⅱ) $n=k$일 때, $(*)$이 성립한다고 가정하면

$$1+3+5+\cdots+(2k-1)=k^2$$

위의 등식의 양변에 $2k+1$을 더하여 정리하면

$$1+3+5+\cdots+(2k-1)+(2k+1)=k^2+(2k+1)$$
$$=(k+1)^2$$

그러므로 $n=k+1$일 때도 $(*)$이 성립한다.

(ⅰ), (ⅱ)에 의하여 모든 자연수 n에 대하여 $(*)$이 성립한다.

01 | 귀납적으로 정의된 수열 | ▶ 8471-0304

출제율 100%

수열 $\{a_n\}$이 $a_1=3$이고

$$a_{n+1}=a_n+2 \ (n=1, 2, 3, \cdots)$$

를 만족시킬 때, a_{10}의 값은?

① 15　　　　② 17　　　　③ 19

④ 21　　　　⑤ 23

02 | 귀납적으로 정의된 수열 | ▶ 8471-0305

출제율 100%

수열 $\{a_n\}$이 $a_1=729$이고

$$a_{n+1}=-\frac{1}{3}a_n \ (n=1, 2, 3, \cdots)$$

를 만족시킬 때, a_{10}의 값은?

① $-\dfrac{1}{27}$　　　　② $-\dfrac{1}{81}$　　　　③ $-\dfrac{1}{243}$

④ $\dfrac{1}{243}$　　　　⑤ $\dfrac{1}{81}$

03 | 귀납적으로 정의된 수열 | ▶ 8471-0306

출제율 90%

수열 $\{a_n\}$이 $a_1=12$이고

$$a_{n+1}=\frac{2n}{n+1}a_n \ (n=1, 2, 3, \cdots)$$

을 만족시킬 때, a_6의 값은?

① 48　　　　② 52　　　　③ 56

④ 60　　　　⑤ 64

04 | 수학적 귀납법 | ▶ 8471-0307

출제율 95%

다음은 $n\geq3$인 모든 자연수 n에 대하여 부등식

$$2^n\geq n^2-1 \quad \cdots\cdots \ (\ast)$$

이 성립함을 수학적 귀납법으로 증명한 것이다.

(i) $n=3$일 때,

(좌변)$=2^3=8$, (우변)$=3^2-1=8$이므로 $(\ast)$이 성립한다.

(ii) $n=k(k\geq3)$일 때,

$(\ast)$이 성립한다고 가정하면 $2^k\geq k^2-1$이다.

위의 부등식의 양변에 2를 곱하면

$2^{k+1}\geq2(k^2-1)$

$k\geq3$일 때, $2(k^2-1)-\{\boxed{\ (가)\ }\}>0$이므로

$2^{k+1}\geq2(k^2-1)>\boxed{\ (가)\ }$

그러므로 $n=k+1$일 때도 $(\ast)$이 성립한다.

(i), (ii)에 의하여 $n\geq3$인 모든 자연수 n에 대하여 $(\ast)$이 성립한다.

위의 (가)에 알맞은 식을 $f(k)$라 할 때, $f(10)$의 값은?

① 100　　　　② 105　　　　③ 110

④ 115　　　　⑤ 120

| 수학적 귀납법 | 　　　　　　　　　　　　　　🔊 8471-0308

05
출제율 90%

다음은 모든 자연수 n에 대하여 등식

$$1\times2-2\times3+3\times4-\cdots+(2n-1)2n=2n^2 \cdots\cdots (*)$$

이 성립함을 수학적 귀납법으로 증명한 것이다.

(i) $n=1$일 때,

(좌변)$=1\times2=2$, (우변)$=2$이므로 $(*)$이 성립한다.

(ii) $n=k$일 때,

$(*)$이 성립한다고 가정하면

$$1\times2-2\times3+3\times4-\cdots+(2k-1)2k=2k^2$$

이다.

위의 등식의 양변에 $\boxed{\text{(가)}}+(2k+1)(2k+2)$를 더하여 정리하면

$$1\times2-2\times3+3\times4-\cdots+(2k-1)2k$$
$$+\{\boxed{\text{(가)}}\}+(2k+1)(2k+2)$$
$$=2k^2+\{\boxed{\text{(가)}}\}+(2k+1)(2k+2)$$
$$=2(k+1)^2$$

그러므로 $n=k+1$일 때도 $(*)$이 성립한다.

(i), (ii)에 의하여 모든 자연수 n에 대하여 $(*)$이 성립한다.

위의 (가)에 알맞은 식을 $f(k)$라 할 때, $f(4)$의 값은?

① -72　　　　② -36　　　　③ 0

④ 36　　　　⑤ 72

| 수학적 귀납법 | 　　　　　　　　　　　　　　🔊 8471-0309

06
출제율 90%

다음은 모든 자연수 n에 대하여 등식

$$-1^2+2^2-3^2+4^2-\cdots+(-1)^n n^2=\frac{(-1)^n n(n+1)}{2}$$
$$\cdots\cdots (*)$$

이 성립함을 수학적 귀납법으로 증명한 것이다.

(i) $n=1$일 때,

(좌변)$=-1^2=-1$, (우변)$=\dfrac{-1\times1\times2}{2}=-1$

이므로 $(*)$이 성립한다.

(ii) $n=k$일 때,

$(*)$이 성립한다고 가정하면

$$-1^2+2^2-3^2+4^2-\cdots+(-1)^k k^2$$
$$=\frac{(-1)^k k(k+1)}{2}$$

이다.

위의 등식의 양변에 $(-1)^{k+1}(k+1)^2$을 더하여 정리하면

$$-1^2+2^2-3^2+4^2-\cdots+(-1)^{k+1}(k+1)^2$$
$$=\frac{(-1)^k k(k+1)}{2}+(-1)^{k+1}(k+1)^2$$
$$=\frac{(-1)^k(k+1)}{2}\times(\boxed{\text{(가)}})$$
$$=\frac{(-1)^{k+1}(k+1)(k+2)}{2}$$

그러므로 $n=k+1$일 때도 $(*)$이 성립한다.

(i), (ii)에 의하여 모든 자연수 n에 대하여 $(*)$이 성립한다.

위의 (가)에 알맞은 식을 $f(k)$라 할 때, $f(10)$의 값은?

① -12　　　　② -11　　　　③ -10

④ 11　　　　⑤ 12

| 수학적 귀납법 |

07 출제율 85%

◉ 8471-0310

다음은 모든 자연수 n에 대하여

$$7^n - 3^n \text{은 4의 배수} \qquad \cdots\cdots (*)$$

임을 수학적 귀납법으로 증명한 것이다.

(i) $n=1$일 때,

$7-3=4$이므로 ($*$)이 성립한다.

(ii) $n=k$일 때,

($*$)이 성립한다고 가정하면

$7^k - 3^k$은 4의 배수이다.

$7^{k+1} - 3^{k+1}$

$= 7^{k+1} - 3 \times 7^k + 3 \times 7^k - 3^{k+1}$

$= 7^k \times (\boxed{\text{(가)}}) + 3 \times (\boxed{\text{(나)}})$

$\boxed{\text{(가)}}$ 는 4의 배수이고 $\boxed{\text{(나)}}$ 는 가정에 의하여 4의 배수이므로 $7^{k+1} - 3^{k+1}$도 4의 배수이다.

그러므로 $n=k+1$일 때도 ($*$)이 성립한다.

(i), (ii)에 의하여 모든 자연수 n에 대하여 ($*$)이 성립한다.

위의 (가)에 알맞은 수를 p, (나)에 알맞은 식을 $f(k)$라 할 때, $\dfrac{f(3)}{p}$의 값은?

① 76   ② 77   ③ 78

④ 79   ⑤ 80

서술형 문제

◉ 8471-0311

08 출제율 85%

수열 $\{a_n\}$이 $a_1 = 2$이고

$$a_{n+1} = \frac{a_n - 1}{a_n + 2} \ (n=1, 2, 3, \cdots)$$

을 만족시킬 때, a_6의 값을 구하시오.

◉ 8471-0312

09 출제율 95%

모든 자연수 n에 대하여 부등식 $3^n \geq 5n - 2$가 성립함을 수학적 귀납법으로 증명하시오.

개념 ① 귀납적으로 정의된 수열

10 ▶ 8471-0313

수열 $\{a_n\}$이 모든 자연수 n에 대하여

$$a_{n+1}=a_n+k^n$$

을 만족시킨다. $a_5-a_3=8k+8$일 때, 양수 k의 값은?

① 2 ② 4 ③ 6

④ 8 ⑤ 10

11 ▶ 8471-0314

수열 $\{a_n\}$이 모든 자연수 n에 대하여

$$(a_{n+1})^2=a_n a_{n+2}$$

를 만족시킨다. $a_1=2$, $a_2=3$일 때, $\displaystyle\sum_{k=1}^{m} a_k>36$을 만족시키는 자연수 m의 최솟값은?

① 5 ② 6 ③ 7

④ 8 ⑤ 9

12 ▶ 8471-0315

수열 $\{a_n\}$이 $a_1=p$이고

$$a_{n+1}=3a_n+q \ (n=1, \ 2, \ 3, \ \cdots)$$

를 만족시킨다. $a_3=5$, $a_5=41$일 때, $p+q$의 값은?

(단, p, q는 상수이다.)

① 0 ② 2 ③ 4

④ 6 ⑤ 8

개념 ② 수학적 귀납법

13 ▶ 8471-0316

다음은 모든 자연수 n에 대하여

$$2^{n+1}+3^{2n-1}은 \ 7의 \ 배수 \quad \cdots\cdots \ (*)$$

임을 수학적 귀납법으로 증명한 것이다.

(i) $n=1$일 때,

  $2^2+3=7$이므로 $(*)$이 성립한다.

(ii) $n=k$일 때,

  $(*)$이 성립한다고 가정하면

  $2^{k+1}+3^{2k-1}$은 7의 배수이다.

  $2^{k+2}+3^{2k+1}$

  $=2^{k+2}+\boxed{\ (가)\ }-\boxed{\ (가)\ }+3^{2k+1}$

  $=2(2^{k+1}+3^{2k-1})+\boxed{\ (나)\ }\times 3^{2k-1}$

  $2^{k+2}+3^{2k-1}$은 가정에 의하여 7의 배수이고

  $\boxed{\ (나)\ }$도 7의 배수이므로 $2^{k+2}+3^{2k+1}$도 7의 배수이다.

  그러므로 $n=k+1$일 때도 $(*)$이 성립한다.

(i), (ii)에 의하여 모든 자연수 n에 대하여 $(*)$이 성립한다.

위의 (가)에 알맞은 식을 $f(k)$, (나)에 알맞은 수를 p라 할 때, $\dfrac{f(4)}{3^p}$의 값은?

① 1 ② 2 ③ 3

④ 4 ⑤ 5

14 다음은 모든 자연수 n에 대하여 부등식

$$\frac{2}{1} \times \frac{4}{3} \times \frac{6}{5} \times \cdots \times \frac{2n}{2n-1} \geq \sqrt{3n+1} \quad \cdots\cdots (*)$$

이 성립함을 수학적 귀납법으로 증명한 것이다.

▶ 8471-0317

(i) $n=1$일 때,

(좌변)$=2$, (우변)$=\sqrt{4}=2$

이므로 $(*)$이 성립한다.

(ii) $n=k$일 때,

$(*)$이 성립한다고 가정하면

$$\frac{2}{1} \times \frac{4}{3} \times \frac{6}{5} \times \cdots \times \frac{2k}{2k-1} \geq \sqrt{3k+1}$$

위의 부등식의 양변에 $\dfrac{2k+2}{2k+1}$를 곱하면

$$\frac{2}{1} \times \frac{4}{3} \times \frac{6}{5} \times \cdots \times \frac{2k}{2k-1} \times \frac{2k+2}{2k+1}$$

$$\geq \sqrt{3k+1} \times \frac{2k+2}{2k+1}$$

이때 $\left(\sqrt{3k+1} \times \dfrac{2k+2}{2k+1} \right)^2$

$$= 3k+4 + \frac{\boxed{(가)}}{(2k+1)^2}$$

$$> 3k+4$$

이므로 $\sqrt{3k+1} \times \dfrac{2k+2}{2k+1} > \sqrt{3k+4}$

그러므로 $n=k+1$일 때도 $(*)$이 성립한다.

(i), (ii)에 의하여 모든 자연수 n에 대하여 $(*)$이 성립한다.

위의 (가)에 알맞은 식을 $f(k)$라 할 때, $\displaystyle\sum_{k=1}^{10} f(k)$의 값은?

① 15   ② 25   ③ 35

④ 45   ⑤ 55

서술형 문제

▶ 8471-0318

15 수열 $\{a_n\}$이 $a_1=3$, $a_2=1$이고

$$a_{n+1}+a_{n-1}=2a_n \ (n=2, \ 3, \ 4, \ \cdots)$$

을 만족시킬 때, $\displaystyle\sum_{n=1}^{10} a_n$의 값을 구하시오.

▶ 8471-0319

16 $n \geq 4$인 모든 자연수 n에 대하여 부등식 $n! > 2^n$이 성립함을 수학적 귀납법으로 증명하시오.

신 유형

○ 8471-0320

17 수열 $\{a_n\}$이 $a_1=1$이고

$$a_{n+1}=\begin{cases}\sqrt{\dfrac{a_n-1}{2}} & (a_n\geq2)\\ 2a_n & (a_n<2)\end{cases}\quad(n=1,\,2,\,3,\,\cdots)$$

을 만족시킬 때, $(a_8)^2$의 값은?

① $2\sqrt{2}-1$ ② $2(2\sqrt{2}-1)$ ③ $4(2\sqrt{2}-1)$ ④ $8(2\sqrt{2}-1)$ ⑤ $16(2\sqrt{2}-1)$

○ 8471-0321

18 수열 $\{a_n\}$이 $a_1=1$이고 모든 자연수 n에 대하여

$$a_{n+1}=a_n+\frac{1}{n(n+1)}$$

을 만족시킨다. 다음은 $100a_k>199$를 만족시키는 자연수 k의 최솟값을 구하는 과정이다.

> 모든 자연수 n에 대하여 $a_{n+1}=a_n+\dfrac{1}{n(n+1)}$이므로
>
> n에 $1,\,2,\,3,\,\cdots,\,k-1$을 차례로 대입하면
>
> $a_2=a_1+\dfrac{1}{1\times2}$
>
> $a_3=a_2+\dfrac{1}{2\times3}$
>
> $a_4=a_3+\dfrac{1}{3\times4}$
>
> $\vdots$
>
> $a_k=a_{k-1}+\dfrac{1}{(k-1)k}$
>
> 위의 식들을 변끼리 더하면
>
> $a_k=a_1+\displaystyle\sum_{m=1}^{\boxed{(가)}}\dfrac{1}{m(m+1)}$
>
> $\quad=2-\boxed{(나)}$
>
> 이다.
>
> 따라서 $100a_k>199$를 만족시키는 자연수 k의 최솟값은 $\boxed{(다)}$이다.

위의 (가), (나)에 알맞은 식을 각각 $f(k)$, $g(k)$, (다)에 알맞은 수를 p라 할 때, $f(p)g(p-1)$의 값은?

① 1 ② 2 ③ 3 ④ 4 ⑤ 5

◉ 8471-0322

19 다음은 수열 $\{a_n\}$이 $a_n = \sum_{k=1}^{n} \dfrac{1}{k}$ 을 만족시킬 때, $n \geq 2$인 모든 자연수 n에 대하여 등식

$$a_n = 1 + \frac{a_1 + a_2 + a_3 + \cdots + a_{n-1}}{n} \qquad \cdots\cdots \ (*)$$

이 성립함을 수학적 귀납법으로 증명한 것이다.

(i) $n=2$일 때,

$(좌변) = \sum_{k=1}^{2} \dfrac{1}{k} = \dfrac{3}{2}$, $(우변) = 1 + \dfrac{a_1}{2} = \dfrac{3}{2}$ 이므로 $(*)$이 성립한다.

(ii) $n = m \ (m \geq 2)$일 때,

$(*)$이 성립한다고 가정하면 $a_m = 1 + \dfrac{a_1 + a_2 + a_3 + \cdots + a_{m-1}}{m}$ 이다.

위의 등식의 양변에 $\boxed{\ (가)\ }$ 를 더하면

$a_m + \boxed{\ (가)\ } = 1 + \dfrac{a_1 + a_2 + a_3 + \cdots + a_{m-1}}{m} + \boxed{\ (가)\ }$

$a_{m+1} = 1 + \dfrac{a_1 + a_2 + a_3 + \cdots + a_{m-1}}{m} + \dfrac{a_m - \boxed{\ (나)\ }}{m+1}$

$a_{m+1} = 1 + \dfrac{(m+1)(a_1 + a_2 + a_3 + \cdots + a_{m-1})}{m(m+1)} + \dfrac{ma_m - m \times \boxed{\ (나)\ }}{m(m+1)}$

$a_{m+1} = 1 + \dfrac{a_1 + a_2 + a_3 + \cdots + a_{m-1} + a_m}{m+1}$

그러므로 $n = m+1$일 때도 $(*)$이 성립한다.

(i), (ii)에 의하여 $n \geq 2$인 모든 자연수 n에 대하여 $(*)$이 성립한다.

위의 (가), (나)에 알맞은 식을 각각 $f(m)$, $g(m)$이라 할 때, $f(12)g(4)$의 값은?

① $\dfrac{1}{3}$ ② $\dfrac{1}{6}$ ③ $\dfrac{1}{9}$ ④ $\dfrac{1}{12}$ ⑤ $\dfrac{1}{15}$

20 다음은 모든 자연수 n에 대하여 부등식

$$\frac{n}{n+1} + \frac{n+1}{n+2} + \frac{n+2}{n+3} + \cdots + \frac{3n}{3n+1} < 2n \qquad \cdots\cdots (*)$$

이 성립함을 수학적 귀납법으로 증명한 것이다.

(i) $n=1$일 때,

(좌변)$= \frac{1}{2} + \frac{2}{3} + \frac{3}{4} = \frac{23}{12}$, (우변)$=2$이므로 $(*)$이 성립한다.

(ii) $n=k$일 때,

$(*)$이 성립한다고 가정하면 $\frac{k}{k+1} + \frac{k+1}{k+2} + \frac{k+2}{k+3} + \cdots + \frac{3k}{3k+1} < 2k$이다.

위의 등식의 양변에 $\boxed{(가)}$ 를 더하면

$$\frac{k}{k+1} + \frac{k+1}{k+2} + \frac{k+2}{k+3} + \cdots + \frac{3k}{3k+1} + \boxed{(가)} < 2k + \boxed{(가)}$$

$$\frac{k+1}{k+2} + \frac{k+2}{k+3} + \cdots + \frac{3k}{3k+1} + \boxed{(가)} < 2k + \boxed{(가)} - \frac{k}{k+1}$$

$$\frac{k+1}{k+2} + \frac{k+2}{k+3} + \cdots + \frac{3k}{3k+1} + \boxed{(가)} < 2k + \boxed{(나)} + \frac{1}{k+1} - \frac{1}{3k+2} - \frac{1}{3k+3} - \frac{1}{3k+4}$$

이때 $\frac{1}{k+1} - \frac{1}{3k+2} - \frac{1}{3k+3} - \frac{1}{3k+4}$

$$= \frac{2}{\boxed{(다)}} - \frac{2(\boxed{(다)})}{(3k+2)(3k+4)}$$

$$< \frac{2}{\boxed{(다)}} - \frac{2(\boxed{(다)})}{(\boxed{(다)})^2} = 0$$

이므로 $\frac{k+1}{k+2} + \frac{k+2}{k+3} + \frac{k+3}{k+4} + \cdots + \frac{3k+3}{3k+4} < 2(k+1)$

그러므로 $n=k+1$일 때도 $(*)$이 성립한다.

(i), (ii)에 의하여 모든 자연수 n에 대하여 $(*)$이 성립한다.

위의 (가), (다)에 알맞은 식을 각각 $f(k)$, $g(k)$, (나)에 알맞은 수를 p라 할 때, $f(p)g(p)$의 값은?

① $\frac{951}{40}$ ② $\frac{953}{40}$ ③ $\frac{191}{8}$ ④ $\frac{957}{40}$ ⑤ $\frac{959}{40}$

신유형

21

⊙ 8471-0324

두 함수 $y=x$와 $y=\log_2(1+x)$의 그래프가 다음 그림과 같다.

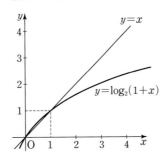

다음은 위의 그래프를 이용하여 $n \geq 6$인 모든 자연수 n에 대하여 부등식

$$n(\log_2 n - 1) > \sum_{k=1}^{n} \log_2 k \qquad \cdots\cdots \ (*)$$

이 성립함을 수학적 귀납법으로 증명한 것이다.

(i) $n=6$일 때,

(좌변)$=6(\log_2 6 - 1)=\log_2 \boxed{\text{(가)}}$,

(우변)$=\sum_{k=1}^{6} \log_2 k = \log_2 \boxed{\text{(나)}}$ 이므로 $(*)$이 성립한다.

(ii) $n=m \,(m \geq 6)$일 때,

$(*)$이 성립한다고 가정하면 $m(\log_2 m - 1) > \sum_{k=1}^{m} \log_2 k$ 이다.

$(m+1)\{\log_2(m+1)-1\}=\log_2(\boxed{\text{(다)}})^m + \log_2(\boxed{\text{(다)}}) - (\boxed{\text{(다)}})$

이때 그래프에 의하여 $0<x\leq1$이면 $\log_2(1+x) \geq x$이므로 $x=\boxed{\text{(라)}}$일 때,

$\log_2(1+\boxed{\text{(라)}}) \geq \boxed{\text{(라)}}$

위의 식의 양변에 m을 곱한 후 정리하면

$m\log_2(m+1) \geq 1 + m\log_2 m$

$\log_2(m+1)^m \geq 1 + m\log_2 m$ 이므로

$\log_2(\boxed{\text{(다)}})^m + \log_2(\boxed{\text{(다)}}) - (\boxed{\text{(다)}})$

$\geq 1 + m\log_2 m + \log_2(m+1) - m - 1 = m(\log_2 m - 1) + \log_2(m+1)$

$> \sum_{k=1}^{m} \log_2 k + \log_2(m+1) = \sum_{k=1}^{m+1} \log_2 k$

그러므로 $n=m+1$일 때도 $(*)$이 성립한다.

(i), (ii)에 의하여 모든 자연수 n에 대하여 $(*)$이 성립한다.

위의 (가), (나)에 알맞은 수를 각각 p, q, (다), (라)에 알맞은 식을 각각 $f(m)$, $g(m)$이라 할 때, $g(p-f(q))$의 값은?

① $\dfrac{1}{6}$ ② $\dfrac{1}{7}$ ③ $\dfrac{1}{8}$ ④ $\dfrac{1}{9}$ ⑤ $\dfrac{1}{10}$

8471-0325

22
추론

자연수 n에 대하여 좌표평면 위의 점 P_n을 다음 조건을 만족시키도록 정한다.

> (가) 점 P_1의 좌표는 $(\log 2,\ 1)$, 점 P_2의 좌표는 $(\log 6,\ a)$이다. (단, a는 상수이다.)
>
> (나) 직선 $P_n P_{n+1}$의 기울기는 $\log_3 10$이다.
>
> (다) 점 P_{n+2}는 선분 $P_n P_{n+1}$을 $2:1$로 외분하는 점이다.

점 P_n의 좌표를 $(x_n,\ y_n)$이라 할 때, 10^{x_n}이 y_n의 배수가 되도록 하는 자연수 n의 값을 크기가 작은 순으로 $a_1,\ a_2,\ a_3,\ \cdots$이라 하자. a_8의 값을 구하시오.

문항 파헤치기

풀이

실수 point 찾기

상용로그표 (1)

수	0	1	2	3	4	5	6	7	8	9
1.0	.0000	.0043	.0086	.0128	.0170	.0212	.0253	.0294	.0334	.0374
1.1	.0414	.0453	.0492	.0531	.0569	.0607	.0645	.0682	.0719	.0755
1.2	.0792	.0828	.0864	.0899	.0934	.0969	.1004	.1038	.1072	.1106
1.3	.1139	.1173	.1206	.1239	.1271	.1303	.1335	.1367	.1399	.1430
1.4	.1461	.1492	.1523	.1553	.1584	.1614	.1644	.1673	.1703	.1732
1.5	.1761	.1790	.1818	.1847	.1875	.1903	.1931	.1959	.1987	.2014
1.6	.2041	.2068	.2095	.2122	.2148	.2175	.2201	.2227	.2253	.2279
1.7	.2304	.2330	.2355	.2380	.2405	.2430	.2455	.2480	.2504	.2529
1.8	.2553	.2577	.2601	.2625	.2648	.2672	.2695	.2718	.2742	.2765
1.9	.2788	.2810	.2833	.2856	.2878	.2900	.2923	.2945	.2967	.2989
2.0	.3010	.3032	.3054	.3075	.3096	.3118	.3139	.3160	.3181	.3201
2.1	.3222	.3243	.3263	.3284	.3304	.3324	.3345	.3365	.3385	.3404
2.2	.3424	.3444	.3464	.3483	.3502	.3522	.3541	.3560	.3579	.3598
2.3	.3617	.3636	.3655	.3674	.3692	.3711	.3729	.3747	.3766	.3784
2.4	.3802	.3820	.3838	.3856	.3874	.3892	.3909	.3927	.3945	.3962
2.5	.3979	.3997	.4014	.4031	.4048	.4065	.4082	.4099	.4116	.4133
2.6	.4150	.4166	.4183	.4200	.4216	.4232	.4249	.4265	.4281	.4298
2.7	.4314	.4330	.4346	.4362	.4378	.4393	.4409	.4425	.4440	.4456
2.8	.4472	.4487	.4502	.4518	.4533	.4548	.4564	.4579	.4594	.4609
2.9	.4624	.4639	.4654	.4669	.4683	.4698	.4713	.4728	.4742	.4757
3.0	.4771	.4786	.4800	.4814	.4829	.4843	.4857	.4871	.4886	.4900
3.1	.4914	.4928	.4942	.4955	.4969	.4983	.4997	.5011	.5024	.5038
3.2	.5051	.5065	.5079	.5092	.5105	.5119	.5132	.5145	.5159	.5172
3.3	.5185	.5198	.5211	.5224	.5237	.5250	.5263	.5276	.5289	.5302
3.4	.5315	.5328	.5340	.5353	.5366	.5378	.5391	.5403	.5416	.5428
3.5	.5441	.5453	.5465	.5478	.5490	.5502	.5514	.5527	.5539	.5551
3.6	.5563	.5575	.5587	.5599	.5611	.5623	.5635	.5647	.5658	.5670
3.7	.5682	.5694	.5705	.5717	.5729	.5740	.5752	.5763	.5775	.5786
3.8	.5798	.5809	.5821	.5832	.5843	.5855	.5866	.5877	.5888	.5899
3.9	.5911	.5922	.5933	.5944	.5955	.5966	.5977	.5988	.5999	.6010
4.0	.6021	.6031	.6042	.6053	.6064	.6075	.6085	.6096	.6107	.6117
4.1	.6128	.6138	.6149	.6160	.6170	.6180	.6191	.6201	.6212	.6222
4.2	.6232	.6243	.6253	.6263	.6274	.6284	.6294	.6304	.6314	.6325
4.3	.6335	.6345	.6355	.6365	.6375	.6385	.6395	.6405	.6415	.6425
4.4	.6435	.6444	.6454	.6464	.6474	.6484	.6493	.6503	.6513	.6522
4.5	.6532	.6542	.6551	.6561	.6571	.6580	.6590	.6599	.6609	.6618
4.6	.6628	.6637	.6646	.6656	.6665	.6675	.6684	.6693	.6702	.6712
4.7	.6721	.6730	.6739	.6749	.6758	.6767	.6776	.6785	.6794	.6803
4.8	.6812	.6821	.6830	.6839	.6848	.6857	.6866	.6875	.6884	.6893
4.9	.6902	.6911	.6920	.6928	.6937	.6946	.6955	.6964	.6972	.6981
5.0	.6990	.6998	.7007	.7016	.7024	.7033	.7042	.7050	.7059	.7067
5.1	.7076	.7084	.7093	.7101	.7110	.7118	.7126	.7135	.7143	.7152
5.2	.7160	.7168	.7177	.7185	.7193	.7202	.7210	.7218	.7226	.7235
5.3	.7243	.7251	.7259	.7267	.7275	.7284	.7292	.7300	.7308	.7316
5.4	.7324	.7332	.7340	.7348	.7356	.7364	.7372	.7380	.7388	.7396

수	0	1	2	3	4	5	6	7	8	9
5.5	.7404	.7412	.7419	.7427	.7435	.7443	.7451	.7459	.7466	.7474
5.6	.7482	.7490	.7497	.7505	.7513	.7520	.7528	.7536	.7543	.7551
5.7	.7559	.7566	.7574	.7582	.7589	.7597	.7604	.7612	.7619	.7627
5.8	.7634	.7642	.7649	.7657	.7664	.7672	.7679	.7686	.7694	.7701
5.9	.7709	.7716	.7723	.7731	.7738	.7745	.7752	.7760	.7767	.7774
6.0	.7782	.7789	.7796	.7803	.7810	.7818	.7825	.7832	.7839	.7846
6.1	.7853	.7860	.7868	.7875	.7882	.7889	.7896	.7903	.7910	.7917
6.2	.7924	.7931	.7938	.7945	.7952	.7959	.7966	.7973	.7980	.7987
6.3	.7993	.8000	.8007	.8014	.8021	.8028	.8035	.8041	.8048	.8055
6.4	.8062	.8069	.8075	.8082	.8089	.8096	.8102	.8109	.8116	.8122
6.5	.8129	.8136	.8142	.8149	.8156	.8162	.8169	.8176	.8182	.8189
6.6	.8195	.8202	.8209	.8215	.8222	.8228	.8235	.8241	.8248	.8254
6.7	.8261	.8267	.8274	.8280	.8287	.8293	.8299	.8306	.8312	.8319
6.8	.8325	.8331	.8338	.8344	.8351	.8357	.8363	.8370	.8376	.8382
6.9	.8388	.8395	.8401	.8407	.8414	.8420	.8426	.8432	.8439	.8445
7.0	.8451	.8457	.8463	.8470	.8476	.8482	.8488	.8494	.8500	.8506
7.1	.8513	.8519	.8525	.8531	.8537	.8543	.8549	.8555	.8561	.8567
7.2	.8573	.8579	.8585	.8591	.8597	.8603	.8609	.8615	.8621	.8627
7.3	.8633	.8639	.8645	.8651	.8657	.8663	.8669	.8675	.8681	.8686
7.4	.8692	.8698	.8704	.8710	.8716	.8722	.8727	.8733	.8739	.8745
7.5	.8751	.8756	.8762	.8768	.8774	.8779	.8785	.8791	.8797	.8802
7.6	.8808	.8814	.8820	.8825	.8831	.8837	.8842	.8848	.8854	.8859
7.7	.8865	.8871	.8876	.8882	.8887	.8893	.8899	.8904	.8910	.8915
7.8	.8921	.8927	.8932	.8938	.8943	.8949	.8954	.8960	.8965	.8971
7.9	.8976	.8982	.8987	.8993	.8998	.9004	.9009	.9015	.9020	.9025
8.0	.9031	.9036	.9042	.9047	.9053	.9058	.9063	.9069	.9074	.9079
8.1	.9085	.9090	.9096	.9101	.9106	.9112	.9117	.9122	.9128	.9133
8.2	.9138	.9143	.9149	.9154	.9159	.9165	.9170	.9175	.9180	.9186
8.3	.9191	.9196	.9201	.9206	.9212	.9217	.9222	.9227	.9232	.9238
8.4	.9243	.9248	.9253	.9258	.9263	.9269	.9274	.9279	.9284	.9289
8.5	.9294	.9299	.9304	.9309	.9315	.9320	.9325	.9330	.9335	.9340
8.6	.9345	.9350	.9355	.9360	.9365	.9370	.9375	.9380	.9385	.9390
8.7	.9395	.9400	.9405	.9410	.9415	.9420	.9425	.9430	.9435	.9440
8.8	.9445	.9450	.9455	.9460	.9465	.9469	.9474	.9479	.9484	.9489
8.9	.9494	.9499	.9504	.9509	.9513	.9518	.9523	.9528	.9533	.9538
9.0	.9542	.9547	.9552	.9557	.9562	.9566	.9571	.9576	.9581	.9586
9.1	.9590	.9595	.9600	.9605	.9609	.9614	.9619	.9624	.9628	.9633
9.2	.9638	.9643	.9647	.9652	.9657	.9661	.9666	.9671	.9675	.9680
9.3	.9685	.9689	.9694	.9699	.9703	.9708	.9713	.9717	.9722	.9727
9.4	.9731	.9736	.9741	.9745	.9750	.9754	.9759	.9763	.9768	.9773
9.5	.9777	.9782	.9786	.9791	.9795	.9800	.9805	.9809	.9814	.9818
9.6	.9823	.9827	.9832	.9836	.9841	.9845	.9850	.9854	.9859	.9863
9.7	.9868	.9872	.9877	.9881	.9886	.9890	.9894	.9899	.9903	.9908
9.8	.9912	.9917	.9921	.9926	.9930	.9934	.9939	.9943	.9948	.9952
9.9	.9956	.9961	.9965	.9969	.9974	.9978	.9983	.9987	.9991	.9996

삼각함수표

각	$\sin\theta$	$\cos\theta$	$\tan\theta$
0°	0.0000	1.0000	0.0000
1°	0.0175	0.9998	0.0175
2°	0.0349	0.9994	0.0349
3°	0.0523	0.9986	0.0524
4°	0.0698	0.9976	0.0699
5°	0.0872	0.9962	0.0875
6°	0.1045	0.9945	0.1051
7°	0.1219	0.9925	0.1228
8°	0.1392	0.9903	0.1405
9°	0.1564	0.9877	0.1584
10°	0.1736	0.9848	0.1763
11°	0.1908	0.9816	0.1944
12°	0.2079	0.9781	0.2126
13°	0.2250	0.9744	0.2309
14°	0.2419	0.9703	0.2493
15°	0.2588	0.9659	0.2679
16°	0.2756	0.9613	0.2867
17°	0.2924	0.9563	0.3057
18°	0.3090	0.9511	0.3249
19°	0.3256	0.9455	0.3443
20°	0.3420	0.9397	0.3640
21°	0.3584	0.9336	0.3839
22°	0.3746	0.9272	0.4040
23°	0.3907	0.9205	0.4245
24°	0.4067	0.9135	0.4452
25°	0.4226	0.9063	0.4663
26°	0.4384	0.8988	0.4877
27°	0.4540	0.8910	0.5095
28°	0.4695	0.8829	0.5317
29°	0.4848	0.8746	0.5543
30°	0.5000	0.8660	0.5774
31°	0.5150	0.8572	0.6009
32°	0.5299	0.8480	0.6249
33°	0.5446	0.8387	0.6494
34°	0.5592	0.8290	0.6745
35°	0.5736	0.8192	0.7002
36°	0.5878	0.8090	0.7265
37°	0.6018	0.7986	0.7536
38°	0.6157	0.7880	0.7813
39°	0.6293	0.7771	0.8098
40°	0.6428	0.7660	0.8391
41°	0.6561	0.7547	0.8693
42°	0.6691	0.7431	0.9004
43°	0.6820	0.7314	0.9325
44°	0.6947	0.7193	0.9657
45°	0.7071	0.7071	1.0000

각	$\sin\theta$	$\cos\theta$	$\tan\theta$
45°	0.7071	0.7071	1.0000
46°	0.7193	0.6947	1.0355
47°	0.7314	0.6820	1.0724
48°	0.7431	0.6691	1.1106
49°	0.7547	0.6561	1.1504
50°	0.7660	0.6428	1.1918
51°	0.7771	0.6293	1.2349
52°	0.7880	0.6157	1.2799
53°	0.7986	0.6018	1.3270
54°	0.8090	0.5878	1.3764
55°	0.8192	0.5736	1.4281
56°	0.8290	0.5592	1.4826
57°	0.8387	0.5446	1.5399
58°	0.8480	0.5299	1.6003
59°	0.8572	0.5150	1.6643
60°	0.8660	0.5000	1.7321
61°	0.8746	0.4848	1.8040
62°	0.8829	0.4695	1.8807
63°	0.8910	0.4540	1.9626
64°	0.8988	0.4384	2.0503
65°	0.9063	0.4226	2.1445
66°	0.9135	0.4067	2.2460
67°	0.9205	0.3907	2.3559
68°	0.9272	0.3746	2.4751
69°	0.9336	0.3584	2.6051
70°	0.9397	0.3420	2.7475
71°	0.9455	0.3256	2.9042
72°	0.9511	0.3090	3.0777
73°	0.9563	0.2924	3.2709
74°	0.9613	0.2756	3.4874
75°	0.9659	0.2588	3.7321
76°	0.9703	0.2419	4.0108
77°	0.9744	0.2250	4.3315
78°	0.9781	0.2079	4.7046
79°	0.9816	0.1908	5.1446
80°	0.9848	0.1736	5.6713
81°	0.9877	0.1564	6.3138
82°	0.9903	0.1392	7.1154
83°	0.9925	0.1219	8.1443
84°	0.9945	0.1045	9.5144
85°	0.9962	0.0872	11.4301
86°	0.9976	0.0698	14.3007
87°	0.9986	0.0523	19.0811
88°	0.9994	0.0349	28.6363
89°	0.9998	0.0175	57.2900
90°	1.0000	0.0000	

너듀나듀

배움에 재미를 더하다. EBS 스터디 굿즈 플랫폼, 너듀나듀

NDND.ME

내신에서 수능으로
수능의 시작, 감부터 잡자!

내신에서 수능으로 연결되는 포인트를 잡는 학습 전략

내신형 문항
내신 유형의 문항으로
익히는 개념과 해결법

동일한 소재·유형

수능형 문항
수능 유형의 문항을
통해 익숙해지는 수능

진짜 상위권 도약을 위한

올림포스
고난도

수학 I

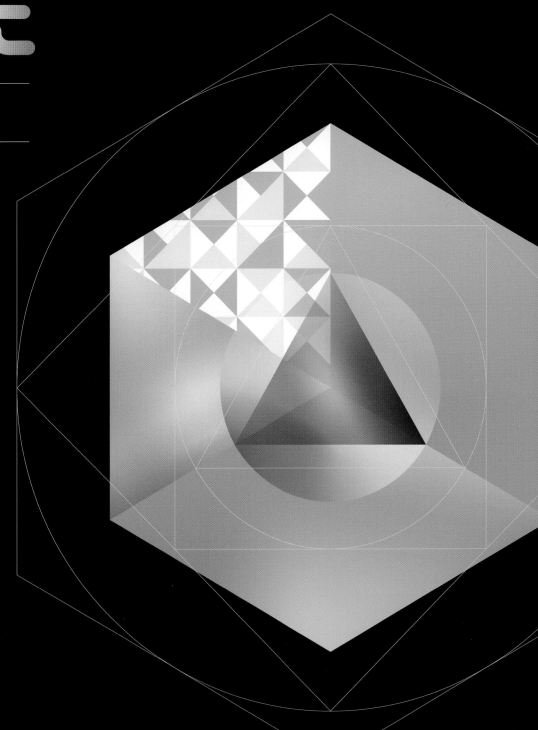

정답과 풀이

올림포스 고난도 **수학 I**

정답과 풀이

01 지수와 로그

01 ④	02 ④	03 ②	04 ①	05 ④
06 ④	07 ③	08 ②	09 ①	10 ④
11 ④	12 ③	13 ②	14 ①	15 ④
16 ②	17 ⑤	18 ②	19 ①	20 ③
21 ④	22 $-\dfrac{1}{2}$	23 10		

01 32의 제곱근 중 음의 실수인 것은

$-\sqrt{32}=-\sqrt{2^4\times 2}=-4\sqrt{2}$

-24의 세제곱근 중 실수인 것은

$-\sqrt[3]{24}=-\sqrt[3]{2^3\times 3}=-2\sqrt[3]{3}$

$a=-4\sqrt{2}$, $b=-2\sqrt[3]{3}$이므로

$ab=(-4\sqrt{2})\times(-2\sqrt[3]{3})$

$\quad=8\times\sqrt[6]{2^3}\times\sqrt[6]{3^2}$

$\quad=8\sqrt[6]{72}$

답 ④

02 $(\sqrt[3]{6})^6-\sqrt[3]{12}\times\sqrt[3]{18}+\sqrt{\sqrt[3]{64}}$

$=\sqrt[3]{6^6}-\sqrt[3]{(2^2\times 3)\times(2\times 3^2)}+\sqrt[6]{2^6}$

$=36-6+2$

$=32$

답 ④

03 $A=\sqrt[4]{2}\times\sqrt[6]{3}=\sqrt[12]{2^3}\times\sqrt[12]{3^2}=\sqrt[12]{2^3\times 3^2}=\sqrt[12]{72}$

$B=\sqrt[3]{3}=\sqrt[12]{3^4}=\sqrt[12]{81}$

$C=\sqrt[3]{2\sqrt[4]{5}}=\sqrt[3]{\sqrt[4]{2^4\times 5}}=\sqrt[12]{2^4\times 5}=\sqrt[12]{80}$

따라서 A, B, C의 대소 관계는 $A<C<B$

답 ②

04 ㄱ. (반례) $n=3$, $a=-2$이면

    $\sqrt[3]{(-2)^3}=-2$

    $(\sqrt[3]{|-2|})^3=(\sqrt[3]{2})^3=2$ (거짓)

ㄴ. $a^2\geq 0$이므로 n이 짝수이면 a^2의 n제곱근 중 실수인 것이 $\pm\sqrt[n]{a^2}$이다. (참)

ㄷ. (반례) $n=3$, $a=-2$, $b=-4$이면

    $\sqrt[3]{-2}\times\sqrt[3]{-4}=-\sqrt[3]{2}\times(-\sqrt[3]{4})=\sqrt[3]{8}=2$

    $\sqrt[3]{(-2)\times(-4)}=\sqrt[3]{8}=2$이므로

    $\sqrt[3]{-2}\times\sqrt[3]{-4}=\sqrt[3]{(-2)\times(-4)}$ (거짓)

따라서 옳은 것은 ㄴ이다.

답 ①

05 $a^p=\sqrt{a^k\times\sqrt[3]{a}}$

$\qquad=(a^k\times a^{\frac{1}{3}})^{\frac{1}{2}}$

$\qquad=a^{\frac{k}{2}+\frac{1}{6}}$

$a^q=\sqrt[4]{a^{3k}\times\sqrt[3]{a^4}}$

$\qquad=a^{\frac{3k}{4}}\times a^{\frac{4}{3}}$

$\qquad=a^{\frac{3k}{4}+\frac{4}{3}}$

$a^{p+q}=a^{\left(\frac{k}{2}+\frac{1}{6}\right)+\left(\frac{3k}{4}+\frac{4}{3}\right)}$

$\qquad=a^{\frac{5k}{4}+\frac{3}{2}}$

$2^{p+q}=4\sqrt{2}=2^{\frac{5}{2}}$이므로

$p+q=\dfrac{5}{2}$

$\dfrac{5k}{4}+\dfrac{3}{2}=\dfrac{5}{2}$

따라서 $k=\dfrac{4}{5}$

답 ④

06 $\dfrac{a^{3x}-a^{-3x}}{a^x+a^{-x}}$

$=\dfrac{a^x(a^{3x}-a^{-3x})}{a^x(a^x+a^{-x})}$

$=\dfrac{a^{4x}-a^{-2x}}{a^{2x}+1}$

$=\dfrac{3^2-\dfrac{1}{3}}{3+1}$

$=\dfrac{13}{6}$

답 ④

07 $\sqrt{3^x}=3^{\frac{x}{2}}=6$에서 $3=6^{\frac{2}{x}}$

$12^y=6$에서 $12=6^{\frac{1}{y}}$

두 식을 변끼리 곱하면

$36=6^{\frac{2}{x}+\frac{1}{y}}$이므로

$\dfrac{2}{x}+\dfrac{1}{y}=2$

답 ③

08 $(x^{\frac{1}{3}}+x^{-\frac{1}{3}})^3$

$=(x^{\frac{1}{3}})^3+(x^{-\frac{1}{3}})^3+3x^{\frac{1}{3}}x^{-\frac{1}{3}}(x^{\frac{1}{3}}+x^{-\frac{1}{3}})$

$=x+x^{-1}+3(x^{\frac{1}{3}}+x^{-\frac{1}{3}})$

따라서

$x+x^{-1}=3^3-3\times 3$

$\qquad\quad=18$

답 ②

09 x년 전 화석이 생성될 당시의 방사성 동위원소의 양을 T_0이라 하면 현재로부터 100년 전의 방사성 동위원소의 양은

$$m=T_0\times 2^{-\frac{x-100}{t}} \qquad\qquad \cdots\cdots \ \text{㉠}$$

현재로부터 20년 후의 방사성 동위원소의 양은

$$\frac{\sqrt[6]{32}}{2}m=T_0\times 2^{-\frac{x+20}{t}} \qquad\qquad \cdots\cdots \ \text{㉡}$$

㉠÷㉡을 하면

$$\frac{2}{\sqrt[6]{32}}=2^{-\frac{x-100}{t}-\left(-\frac{x+20}{t}\right)}=2^{\frac{120}{t}}$$

$$\frac{2}{\sqrt[6]{32}}=2\div 2^{\frac{5}{6}}=2^{\frac{1}{6}}$$이므로

$$\frac{1}{6}=\frac{120}{t}$$

따라서 $t=720$

답 ①

10 (밑)>0, (밑)$\neq 1$, (진수)>0이어야 하므로

$3-x>0$에서 $x<3$ $\qquad\qquad \cdots\cdots \ \text{㉠}$

$3-x\neq 1$에서 $x\neq 2$ $\qquad\qquad \cdots\cdots \ \text{㉡}$

$-x^2+4x+5>0$에서 $(x-5)(x+1)<0$

$-1<x<5$ $\qquad\qquad \cdots\cdots \ \text{㉢}$

㉠, ㉡, ㉢에서 $-1<x<2$ 또는 $2<x<3$이므로 모든 정수 x의 값의 합은

$0+1=1$

답 ④

11 $\log_2\{1+\log_3(\log_5 x)\}=1$에서

$1+\log_3(\log_5 x)=2$, $\log_3(\log_5 x)=1$

$\log_5 x=3$

$x=5^3=125$

$\log_5\{-1+\log_2(\log_3 y)\}=0$에서

$-1+\log_2(\log_3 y)=1$

$\log_2(\log_3 y)=2$

$\log_3 y=2^2=4$

$y=3^4=81$

따라서 $x-y=125-81=44$

답 ④

12 $\log_2\sqrt{12}+\frac{1}{2}\log_2 3-\log_2 6$

$=\log_2\sqrt{12}+\log_2\sqrt{3}-\log_2 6$

$=\log_2\dfrac{\sqrt{36}}{6}$

$=\log_2 1$

$=0$

답 ③

13 $\log_2(a-b)-\log_2 a=\log_2\dfrac{a-b}{a}=\log_2\left(1-\dfrac{b}{a}\right)=1$

$1-\dfrac{b}{a}=2$이므로 $\dfrac{b}{a}=-1$, 즉 $b=-a$

$\log_3(a+5)+\log_3(b+5)$

$=\log_3(a+5)+\log_3(-a+5)$

$=\log_3(a+5)(-a+5)$

$=\log_3(25-a^2)$

$=2$

$25-a^2=3^2=9$이므로 $a^2=16$

진수 조건에서 $a>b$, $a>0$이므로 $a=4$, $b=-4$

따라서 $2a+b=4$

답 ②

14 $\log_c b=\dfrac{1}{4}$에서 $\dfrac{1}{\log_b c}=\dfrac{1}{4}$, $\log_b c=4$

$\log_a b=3$에서 $\dfrac{1}{\log_b a}=3$, $\log_b a=\dfrac{1}{3}$

$\log_b ac=\log_b a+\log_b c$

$\qquad\quad =\dfrac{1}{3}+4$

$\qquad\quad =\dfrac{13}{3}$

답 ①

15 밑이 2인 로그로 변환하면

$\log_2 3\times\log_5\sqrt[3]{16}\times\log_{\sqrt{3}} 25$

$=\log_2 3\times\dfrac{\log_2\sqrt[3]{2^4}}{\log_2 5}\times\dfrac{\log_2 5^2}{\log_2\sqrt{3}}$

$=\log_2 3\times\dfrac{\frac{4}{3}\log_2 2}{\log_2 5}\times\dfrac{2\log_2 5}{\frac{1}{2}\log_2 3}$

$=\dfrac{16}{3}$

답 ④

16 $\dfrac{1}{\log_2 a}+\dfrac{1}{\log_4 a}+\dfrac{1}{\log_8 a}+\dfrac{1}{\log_{16} a}$

$=\log_a 2+\log_a 4+\log_a 8+\log_a 16$

$=\log_a(2\times 2^2\times 2^3\times 2^4)$

$=10\log_a 2$

$=\dfrac{10}{\log_2 a}=5$

$\log_2 a=2$이므로 $a=4$

답 ②

17 $\log_2 3=a$에서 $\dfrac{1}{\log_3 2}=a$, $\log_3 2=\dfrac{1}{a}$

$\log_6\sqrt{20}$을 밑이 3인 로그로 변환하면

$$\frac{\log_3 \sqrt{20}}{\log_3 6}$$

$$=\frac{\frac{1}{2}(2\log_3 2+\log_3 5)}{1+\log_3 2}$$

$$=\frac{\frac{2}{a}+b}{2\left(1+\frac{1}{a}\right)}$$

$$=\frac{ab+2}{2a+2}$$

답 ⑤

18 $\log \dfrac{\sqrt{20}}{5}$

$=\log \sqrt{20}-\log 5$

$=\dfrac{1}{2}(2\log 2+\log 5)-\log 5$

$=\log 2-\dfrac{1}{2}\log 5$

$=\log 2-\dfrac{1}{2}(1-\log 2)$

$=\dfrac{3}{2}\log 2-\dfrac{1}{2}$

$=0.4515-0.5$

$=-0.0485$

답 ②

19 $\log_{15} 60$

$=\dfrac{\log 60}{\log 15}$

$=\dfrac{\log (2^2\times 3\times 5)}{\log (3\times 5)}$

$=\dfrac{2\log 2+\log 3+\log 5}{\log 3+\log 5}$

$=\dfrac{2\log 2+\log 3+(1-\log 2)}{\log 3+(1-\log 2)}$

$=\dfrac{1+a+b}{1-a+b}$

답 ①

20 $100\le A<1000$에서 $2\le \log A<3$이므로

$\log A=2+\alpha$

즉, $n=2$

이차방정식의 근과 계수의 관계에 의하여

$n\alpha=2\alpha=\dfrac{2}{3}$이므로 $\alpha=\dfrac{1}{3}$

$n+\alpha=\dfrac{k}{3}=2+\dfrac{1}{3}=\dfrac{7}{3}$

따라서 $k=7$

답 ③

21 주변 공기의 온도가 $T_0=24$이고 물체의 처음 온도는 $T_1=120$이므로

$\log (36-24)=\log (120-24)-0.02t$

$\log 12=\log 96-0.02t$

$0.02t=\log 96-\log 12=\log 8=3\log 2=0.9$

$t=0.9\times \dfrac{1}{0.02}=45$

따라서 물체의 온도가 36 ℃가 되는 것은 45분 후이다.

답 ④

22 $8^x=9$에서

$2^{3x}=3^2,\ 2=3^{\frac{2}{3x}}$ ⋯⋯ ㉠ (가)

$12^y=\dfrac{1}{27}$에서

$(2^2\times 3)^y=3^{-3}$

$2^2\times 3=3^{-\frac{3}{y}},\ 2\sqrt{3}=3^{-\frac{3}{2y}}$ ⋯⋯ ㉡ (나)

㉠÷㉡을 하면

$\dfrac{1}{\sqrt{3}}=3^{\frac{2}{3x}+\frac{3}{2y}}$

따라서 $\dfrac{2}{3x}+\dfrac{3}{2y}=-\dfrac{1}{2}$ (다)

답 $-\dfrac{1}{2}$

단계	채점 기준	비율
(가)	$3^{\frac{2}{3x}}$의 값을 구한 경우	30 %
(나)	$3^{-\frac{3}{2y}}$의 값을 구한 경우	30 %
(다)	$\dfrac{2}{3x}+\dfrac{3}{2y}$의 값을 구한 경우	40 %

23 이차방정식의 근과 계수의 관계에 의하여

$\log a+\log b=6$

$\log a\times \log b=3$ (가)

$\log_a b+\log_b a$

$=\dfrac{\log b}{\log a}+\dfrac{\log a}{\log b}$

$=\dfrac{(\log a)^2+(\log b)^2}{\log a\times \log b}$ (나)

$=\dfrac{(\log a+\log b)^2-2\log a\times \log b}{\log a\times \log b}$

$$=\frac{6^2-2\times3}{3}$$

$$=10$$

·························· (다)

답 10

단계	채점 기준	비율
(가)	이차방정식의 근과 계수의 관계를 이용하여 $\log a+\log b$, $\log a\times\log b$의 값을 각각 구한 경우	30 %
(나)	$\log_a b$, $\log_b a$를 밑이 10인 로그로 변형하여 통분한 경우	30 %
(다)	(가)를 이용하여 $\log_a b+\log_b a$의 값을 구한 경우	40 %

내신 상위 7% 고득점 문항

본문 12~15쪽

24 ①	**25** ③	**26** ④	**27** ⑤	**28** ②
29 ③	**30** ③	**31** ③	**32** 7	**33** ③
34 ②	**35** ⑤	**36** ⑤	**37** ④	**38** ③
39 ④	**40** ⑤	**41** ①	**42** ③	**43** ④
44 ②	**45** $-\dfrac{5\sqrt2}{4}$		**46** 4	

24 ㄱ. $f(n, a^2)=\sqrt[n]{a^2}=\sqrt[2n]{a^4}=f(2n, a^4)$ (참)

ㄴ. $f(n, a)\times f(n+1, a)$

$\quad=\sqrt[n]{a}\times\sqrt[n+1]{a}$

$\quad=\sqrt[n(n+1)]{a^{n+1}}\times\sqrt[n(n+1)]{a^n}$

$\quad=\sqrt[n(n+1)]{a^{2n+1}}$ (거짓)

ㄷ. $(\sqrt[n]{a})^{mn}=a^m$, $(\sqrt[m]{a})^{mn}=a^n$

$\quad a^m<a^n$이고 $\sqrt[n]{a}>0$, $\sqrt[m]{a}>0$이므로

$\quad\sqrt[n]{a}<\sqrt[m]{a}$

$\quad$그러므로 $f(n, a)<f(m, a)$ (거짓)

따라서 옳은 것은 ㄱ이다.

답 ①

25 $\left(\sqrt[m]{\sqrt[n]{18\sqrt2}}\right)^{24}=\left(\sqrt[mn]{18\sqrt2}\right)^{24}=\sqrt[mn]{(18\sqrt2)^{24}}=\sqrt[mn]{2^{36}\times3^{48}}$

이 수가 자연수가 되기 위해서는 mn이 36과 48의 공약수이어야 한다.

즉, mn의 값은 4, 6, 12이다.

$mn=4$인 경우 $(2, 2)$

$mn=6$인 경우 $(2, 3)$, $(3, 2)$

$mn=12$인 경우 $(2, 6)$, $(3, 4)$, $(4, 3)$, $(6, 2)$

따라서 순서쌍 (m, n)의 개수는 $1+2+4=7$

답 ③

26 $A=\{-6, -3, -2, 2, 3, 6\}$

$B=\{4, 6, 9, 12, 18, 36\}$

이고 $\sqrt[b]{a}$가 실수가 되기 위해서는 $a>0$이거나 $a<0$일 때 b가 홀수이어야 한다.

$a=6$이고 $b=36$일 때, $\sqrt[36]{6}$은 실수이고 $a+b$가 최대가 되므로

$M=6+36=42$

$a=-6$일 때, $\sqrt[b]{a}$가 실수이기 위해서는 b는 홀수이어야 하므로 $b=9$이어야 하고 이때 $a+b$는 최소가 되므로 $m=(-6)+9=3$

따라서 $M+m=42+3=45$

답 ④

27 $4^x=6^y=a^z=k$ (k는 실수)라 하면

$4=k^{\frac1x}$, $6=k^{\frac1y}$, $a=k^{\frac1z}$

$6^2=k^{\frac2y}$, $a^4=k^{\frac4z}$이므로

$4\times6^2=k^{\frac1x+\frac2y}=k^{\frac4z}=a^4$

따라서 $a^4=12^2$

a는 양수이므로 $a=\sqrt{12}=2\sqrt3$

답 ⑤

28 $x=a^{\frac13}-a^{-\frac13}$의 양변을 세제곱하면

$x^3=a-a^{-1}-3(a^{\frac13}-a^{-\frac13})=a-a^{-1}-3x$

$x^3+3x=a-a^{-1}$이므로

$4x^3+12x+15$

$=4(x^3+3x)+15$

$=4(a-a^{-1})+15$

$=0$

$4a-4a^{-1}+15=0$의 양변에 a를 곱하면

$4a^2+15a-4=0$에서

$(4a-1)(a+4)=0$

a는 양수이므로 $a=\dfrac14$

따라서 $a+a^{-1}=\dfrac14+4=\dfrac{17}{4}$

답 ②

29 $9^{x+y}=8$에서 $3^{2(x+y)}=2^3$ ······ ㉠

$4^{x-y}=27$에서 $2^{2(x-y)}=3^3$

$2^{\frac{2(x-y)}{3}}=3$ ······ ㉡

㉡을 ㉠에 대입하면

$3^{2(x+y)}=2^{\frac43(x-y)(x+y)}=2^3$, $\dfrac43(x^2-y^2)=3$

따라서 $x^2-y^2=\dfrac94$

답 ③

30 $2x-y=3$에서 $2x=3+y$

$4^x+2^y=2^{2x}+2^y$

$\quad=2^{3+y}+2^y$

$\quad=9\times2^y=36$

$2^y = 4$, $y = 2$

$2x - y = 3$이므로 $x = \dfrac{5}{2}$

따라서 $16^{\frac{x}{y}} - 32^{\frac{y}{x}} = 16^{\frac{5}{4}} - 32^{\frac{4}{5}} = 32 - 16 = 16$

답 ③

31 $\sqrt{2^a} = 3$에서 $2^a = 3^2$, $\sqrt[3]{6^b} = 2$에서 $6^b = 2^3$

ㄱ. $6^{ab} = (6^b)^a = (2^3)^a = (2^a)^3 = (3^2)^3 = 3^6 = 729$ (참)

ㄴ. $2^{a-b} = \dfrac{2^a}{2^b} = \dfrac{2^a}{\dfrac{6^b}{3^b}} = \dfrac{2^a}{\dfrac{2^3}{3^b}} = \dfrac{9}{8} \times 3^b$

　　$6^b = 2^3$에서 $b > 1$이므로 $3^b > 3$

　　그러므로 $2^{a-b} = \dfrac{9}{8} \times 3^b > \dfrac{9}{8} \times 3 = \dfrac{27}{8} > 3$

　　$2^{a-b} > 3$ (거짓)

ㄷ. $2^a = 9$이므로 $3 < a < 4$

　　$6^b = 8$이므로 $1 < b < 2$

　　$4 < a + b < 6$, $3^4 < 3^{a+b} < 3^6$

　　$3 < \sqrt[4]{3^{a+b}} < 3\sqrt{3}$ (참)

따라서 옳은 것은 ㄱ, ㄷ이다.

답 ③

32 $(\sqrt[3]{3})^6 = 9$, $(\sqrt{2})^6 = 8$이므로 $\sqrt[3]{3} > \sqrt{2}$

$\sqrt[3]{3} \otimes \sqrt{2} = \left(\dfrac{\sqrt[3]{3}}{\sqrt{2}}\right)^6 = \dfrac{9}{8}$

$\dfrac{9}{8} < \sqrt[4]{4} = \sqrt{2}$이므로

$N = (\sqrt[3]{3} \otimes \sqrt{2}) \otimes \sqrt[4]{4}$

　$= \dfrac{9}{8} \otimes \sqrt{2}$

　$= (\sqrt{2})^{\frac{16}{3}}$

　$= 2^{\frac{8}{3}}$

$N^3 = 2^8 = 256$

$6^3 = 216$, $7^3 = 343$이므로 $6 < N < 7$

따라서 N보다 큰 자연수 중에서 가장 작은 값은 7이다.

답 7

33 로그의 밑의 조건에 의하여 $8 - a - b > 0$, $8 - a - b \neq 1$

$a + b < 8$, $a + b \neq 7$ $\cdots\cdots$ ㉠

로그의 진수의 조건에 의하여

$2a + 3b - ab - 6 = a(2-b) - 3(2-b) = (a-3)(2-b) > 0$

$a > 3$, $b < 2$ 또는 $a < 3$, $b > 2$ $\cdots\cdots$ ㉡

㉠, ㉡을 만족시키는 두 자연수 a, b의 순서쌍 (a, b)는 다음과 같다.

$(1, 3)$, $(1, 4)$, $(1, 5)$

$(2, 3)$, $(2, 4)$

$(4, 1)$

$(5, 1)$

따라서 순서쌍 (a, b)의 개수는 7이다.

답 ③

34 $a^3 = b^5$에서

$\log_a a^3 = \log_a b^5$, $\log_a b = \dfrac{3}{5}$

$b^5 = c^{12}$에서

$\log_b b^5 = \log_b c^{12}$, $\log_b c = \dfrac{5}{12}$

$\log_a \sqrt{b} + \log_b c^2$

$= \dfrac{1}{2} \log_a b + 2 \log_b c$

$= \dfrac{1}{2} \times \dfrac{3}{5} + 2 \times \dfrac{5}{12}$

$= \dfrac{17}{15}$

답 ②

35 $f(x) = \log_a \sqrt{1 + \dfrac{2}{2x+1}}$

　　　　$= \dfrac{1}{2} \log_a \dfrac{2x+3}{2x+1}$

$f(1) + f(2) + f(3) + \cdots + f(39)$

$= \dfrac{1}{2} \log_a \dfrac{5}{3} + \dfrac{1}{2} \log_a \dfrac{7}{5} + \dfrac{1}{2} \log_a \dfrac{9}{7} + \cdots + \dfrac{1}{2} \log_a \dfrac{81}{79}$

$= \dfrac{1}{2} \log_a \left(\dfrac{5}{3} \times \dfrac{7}{5} \times \dfrac{9}{7} \times \cdots \times \dfrac{81}{79}\right)$

$= \dfrac{1}{2} \log_a \dfrac{81}{3}$

$= \dfrac{3}{2} \log_a 3$

$= 1$

$\log_a 3 = \dfrac{2}{3}$

따라서 $a^{\frac{2}{3}} = 3$이므로

$a = 3^{\frac{3}{2}} = 3\sqrt{3}$

답 ⑤

36 $4^x = 8^y = a^z$의 각 변에 밑이 2인 로그를 취하면

$x \log_2 4 = y \log_2 8 = z \log_2 a$

즉, $2x = 3y = z \log_2 a$

$2x = z \log_2 a$에서

$\dfrac{3}{x} = \dfrac{6}{z \log_2 a} = \dfrac{6 \log_a 2}{z}$

$3y = z \log_2 a$에서

$\dfrac{1}{y} = \dfrac{3}{z \log_2 a} = \dfrac{3 \log_a 2}{z}$

$\dfrac{3}{x} - \dfrac{1}{y} = \dfrac{3 \log_a 2}{z} = \dfrac{2}{z}$

$\log_a 2 = \dfrac{2}{3}$이므로

$a^{\frac{2}{3}} = 2$

따라서 $a = 2^{\frac{3}{2}} = 2\sqrt{2}$

답 ⑤

37 $\log_3 27 = 3$, $\log_3 81 = 4$이므로

$3 \leq \log_3 36 < 4$에서 $n = 3$

$x - \log_3 36$이 정수가 되도록 하는 양의 실수 x의 최솟값은 $\log_3 36$의 소수 부분이므로

$a = \log_3 36 - 3$

$\quad = \log_3 \dfrac{36}{27} = \log_3 \dfrac{4}{3}$

$\dfrac{n}{a+1} = \dfrac{3}{\log_3 \dfrac{4}{3} + 1}$

$\quad = \dfrac{3}{\log_3 \dfrac{4}{3} + \log_3 3}$

$\quad = \dfrac{3}{\log_3 4} = 3 \log_4 3$

따라서 $4^{\frac{n}{a+1}} = 4^{3\log_4 3} = 4^{\log_4 27} = 27$

답 ④

38 $\log_4 x + \log_{\frac{1}{2}} y = \dfrac{1}{2}\log_2 x - \log_2 y = 5$

$\log_2 x + (\log_4 y)^2 = \log_2 x + \left(\dfrac{1}{2}\log_2 y\right)^2 = 7$

$\log_2 x = A$, $\log_2 y = B$라 하면

$\dfrac{1}{2}A - B = 5$ …… ㉠

$A + \dfrac{1}{4}B^2 = 7$ …… ㉡

㉡$-2\times$㉠을 하면

$\dfrac{1}{4}B^2 + 2B = -3$

$B^2 + 8B + 12 = 0$

$(B+2)(B+6) = 0$

$A = 6$, $B = -2$ 또는 $A = -2$, $B = -6$

$0 < x < 1$, $0 < y < 1$이므로 $A < 0$, $B < 0$

따라서 $A = -2$, $B = -6$이므로

$\log_8 \dfrac{x^3}{y^2} = \dfrac{1}{3}(\log_2 x^3 - \log_2 y^2)$

$\qquad\qquad = \dfrac{1}{3}(3A - 2B) = 2$

답 ③

39 (가)에서 $\log_2 ab = \log_2 a + \log_2 b = \dfrac{1}{\log_a 2} + \dfrac{1}{\log_b 2}$이므로

$\dfrac{1}{\log_a 2} + \dfrac{1}{\log_b 2} = \dfrac{\log_a 2 + \log_b 2}{\log_a 2 \times \log_b 2} = 4$ …… ㉠

(나)에서 $\dfrac{1}{2\log_a 2} + \log_b 2 = \dfrac{2}{\log_a 2}$이므로 양변에 $2\log_a 2$를 곱하면

$1 + 2\log_a 2 \times \log_b 2 = 4$

즉, $\log_a 2 \times \log_b 2 = \dfrac{3}{2}$ …… ㉡

㉡을 ㉠에 대입하면

$\log_a 2 + \log_b 2 = 4 \times \dfrac{3}{2} = 6$

따라서

$(\log_a 2)^2 + (\log_b 2)^2$

$= (\log_a 2 + \log_b 2)^2 - 2\log_a 2 \times \log_b 2$

$= 6^2 - 2 \times \dfrac{3}{2} = 33$

답 ④

40 $\log x^2$과 $\log \dfrac{1}{x}$의 소수 부분이 서로 같으므로

$\log x^2 - \log \dfrac{1}{x} = 2\log x - (-\log x) = 3\log x = n\,(n$은 정수)

$\log x = \dfrac{n}{3}$

그런데 $10 \leq x < 100$에서 $1 \leq \log x < 2$이므로 $n = 3, 4, 5$

즉, $x = 10$ 또는 $x = 10^{\frac{4}{3}}$ 또는 $x = 10^{\frac{5}{3}}$

따라서 모든 x의 값의 곱은 $10 \times 10^{\frac{4}{3}} \times 10^{\frac{5}{3}} = 10^4$

답 ⑤

41 $a^2 b$가 9자리 자연수이므로

$10^8 \leq a^2 b < 10^9$, $8 \leq \log a^2 b < 9$

즉, $8 \leq 2\log a + \log b < 9$ …… ㉠

a가 n자리의 수이므로

$10^{n-1} \leq a < 10^n$, $n - 1 \leq \log a < n$ …… ㉡

$\dfrac{a^2}{b}$의 정수 부분도 n자리의 수이므로

$10^{n-1} \leq \dfrac{a^2}{b} < 10^n$, $n - 1 \leq \log \dfrac{a^2}{b} < n$

즉, $n - 1 \leq 2\log a - \log b < n$ …… ㉢

㉠, ㉢을 변끼리 더하면

$n + 7 \leq 4\log a < n + 9$

$\dfrac{n+7}{4} \leq \log a < \dfrac{n+9}{4}$ …… ㉣

㉡, ㉣을 모두 만족시키는 자연수 a가 존재해야 하므로

$n - 1 < \dfrac{n+9}{4}$, $\dfrac{n+7}{4} < n$

즉, $\dfrac{7}{3} < n < \dfrac{13}{3}$이고 n은 자연수이므로 $n = 3$ 또는 $n = 4$

따라서 자연수 n의 값의 합은

$3 + 4 = 7$

답 ①

42 $f(x) = \log x - [\log x]$이므로

$\log a = n + \alpha\,(n$은 정수, $0 \leq \alpha < 1)$이라 할 때,

$f(a) = \alpha$

$\log \dfrac{1}{a} = -\log a = -n - \alpha = -n - 1 + (1 - \alpha)$이므로

$f\left(\dfrac{1}{a}\right) = 1 - \alpha$

$f(a)=3f\left(\dfrac{1}{a}\right)$에서 $a=3(1-a)$이므로 $a=\dfrac{3}{4}$

즉, $f(a)=\dfrac{3}{4}$

$\log a^2=2\log a=2\left(n+\dfrac{3}{4}\right)=(2n+1)+\dfrac{1}{2}$이므로

$f(a^2)=\dfrac{1}{2}$

따라서 $f(a)-f(a^2)=\dfrac{3}{4}-\dfrac{1}{2}=\dfrac{1}{4}$

답 ③

43 현재 이 국가의 유소년층의 인구 수를 a라 하고 노년층의 인구 수를 b라 하면 현재 이 국가의 노령화 지수는 $\dfrac{b}{a}$이다.

10년 후의 유소년층과 노년층의 인구 수는 각각 $a\times(0.99)^{10}$, $b\times(1.02)^{10}$이므로 10년 후 이 국가의 노령화 지수는

$\dfrac{b\times(1.02)^{10}}{a\times(0.99)^{10}}=\dfrac{b}{a}\times\left(\dfrac{1.02}{0.99}\right)^{10}$

$\sqrt{k}=\left(\dfrac{1.02}{0.99}\right)^{10}$이므로 양변에 상용로그를 취하면

$\dfrac{1}{2}\log k=10(\log 1.02-\log 0.99)$

$\qquad =10\left(\log 1.02-\log\dfrac{9.9}{10}\right)$

$\qquad =10(\log 1.02-\log 9.9+1)$

$\qquad =10(0.009-0.996+1)$

$\qquad =0.130$

$\log k=0.260$이므로 $k=1.82$

답 ④

44 햇빛에 포함된 자외선 양을 l_0이라 하면 A 유리를 5장 통과한 후의 자외선 양은 $l_0\times(0.04)^5$이다.

B 유리를 n장 설치했을 때 통과된 자외선 양은 $l_0\times(0.1)^n$

p보다 높은 자외선 차단율을 얻기 위해서는

$l_0\times(0.04)^5>l_0\times(0.1)^n$

즉, $\left(\dfrac{1}{25}\right)^5>\left(\dfrac{1}{10}\right)^n$

양변에 상용로그를 취하면

$-5\log 25>-n$

$10\log 5<n$

상용로그표에서 $\log 2=0.3010$이므로

$10\log 5=10(1-\log 2)=6.990<n$

따라서 B 유리는 적어도 7장을 설치해야 한다.

답 ②

45 $a^{\frac{1}{2}}+a^{-\frac{1}{2}}=\sqrt{6}$의 양변을 제곱하면

$a+a^{-1}+2=6$

$a+a^{-1}=4$

$\cdots\cdots$ (가)

$(a^{\frac{1}{2}}-a^{-\frac{1}{2}})^2=a+a^{-1}-2$

$\qquad\qquad\qquad =4-2=2$

$0<a<1$이므로 $a^{\frac{1}{2}}<a^{-\frac{1}{2}}$

즉, $a^{\frac{1}{2}}-a^{-\frac{1}{2}}<0$이므로

$a^{\frac{1}{2}}-a^{-\frac{1}{2}}=-\sqrt{2}$

$\cdots\cdots$ (나)

이 식의 양변을 세제곱하면

$a^{\frac{3}{2}}-a^{-\frac{3}{2}}-3(a^{\frac{1}{2}}-a^{-\frac{1}{2}})=-2\sqrt{2}$

$a^{\frac{3}{2}}-a^{-\frac{3}{2}}+3\sqrt{2}=-2\sqrt{2}$

$a^{\frac{3}{2}}-a^{-\frac{3}{2}}=-5\sqrt{2}$

따라서 $\dfrac{a^{\frac{3}{2}}-a^{-\frac{3}{2}}}{a+a^{-1}}=-\dfrac{5\sqrt{2}}{4}$

$\cdots\cdots$ (다)

답 $-\dfrac{5\sqrt{2}}{4}$

단계	채점 기준	비율
(가)	$a+a^{-1}$의 값을 구한 경우	30 %
(나)	$a^{\frac{1}{2}}-a^{-\frac{1}{2}}$의 값을 구한 경우	30 %
(다)	$a^{\frac{3}{2}}-a^{-\frac{3}{2}}$의 값을 구하여 주어진 식의 값을 구한 경우	40 %

46 로그의 밑의 조건에 의하여 $a-1>0$, $a-1\neq1$

즉, $1<a<2$ 또는 $a>2$

$\cdots\cdots$ ㉠

로그의 진수의 조건에 의해 모든 실수 x에 대하여

$ax^2-2ax+4>0$이어야 하므로 이차방정식 $ax^2-2ax+4=0$의 판별식을 D라 하면

$\dfrac{D}{4}=a^2-4a<0$, $0<a<4$

$\cdots\cdots$ ㉡

㉠, ㉡에 의하여 정수 a의 값은 3

$\cdots\cdots$ (가)

따라서

$\dfrac{1}{\log_{3a-1}(a+1)}+\log_{2a-2}(2a^2+3a+5)$

$=\dfrac{1}{\log_8 4}+\log_4 32$

$\cdots\cdots$ (나)

$=\log_4 8+\log_4 32$

$=\dfrac{3}{2}+\dfrac{5}{2}$

$=4$

$\cdots\cdots$ (다)

답 4

단계	채점 기준	비율
(가)	로그의 밑, 진수 조건을 이용하여 a의 값을 구한 경우	50 %
(나)	a의 값을 대입하여 식을 세운 경우	20 %
(다)	주어진 식의 값을 구한 경우	30 %

내신 상위 4% 변별력 문항

본문 16~18쪽

47 11 **48** ③ **49** ③ **50** 10 **51** ①
52 ① **53** 4 **54** ③ **55** ③ **56** 254
57 ② **58** 501

47

$2 \le n \le 100$인 자연수 n에 대하여 $\sqrt[12]{n}$이 어떤 자연수의 n제곱근이 되도록 하는 n의 개수를 구하시오. 11

→ $(\sqrt[12]{n})^n$의 값이 자연수이다.

풀이전략

거듭제곱근의 뜻을 이용한다.

문제풀이

step 1 $(\sqrt[12]{n})^n = m$ (m은 자연수)에서 n과 m의 관계식을 세운다.

$\sqrt[12]{n}$이 어떤 자연수 m의 n제곱근이라 하면

$(\sqrt[12]{n})^n = m$

$n^{\frac{n}{12}} = m$

step 2 n은 지수와 밑에 모두 포함되어 있으므로 n이 어떤 자연수의 거듭제곱인 경우로 분류한다.

(i) $n=k^2$ (k는 자연수)인 경우

$(k^2)^{\frac{k^2}{12}} = k^{\frac{k^2}{6}}$이 자연수이어야 하므로 k는 6의 배수이어야 한다.

→ $\frac{k^2}{6}$이 자연수이면 k^2이 6의 배수이어야 하고, k도 6의 배수이어야 한다.

즉, $k=6, 12, 18, \cdots$이고

n은 100 이하의 자연수이므로

$n=6^2=36$

(ii) $n=k^3$ (k는 자연수)인 경우

$(k^3)^{\frac{k^3}{12}} = k^{\frac{k^3}{4}}$이 자연수이어야 하므로 k는 2의 배수이어야 한다.

→ $\frac{k^3}{4}$이 자연수이면 k^3이 4의 배수이어야 하고, k는 2의 배수이어야 한다.

즉, $k=2, 4, 6, \cdots$이고

n은 100 이하의 자연수이므로

$n=2^3=8$, $n=4^3=64$

(iii) $n=k^4$ (k는 자연수)인 경우

$(k^4)^{\frac{k^4}{12}} = k^{\frac{k^4}{3}}$이 자연수이어야 하므로 k는 3의 배수이어야 한다.

→ $\frac{k^4}{3}$이 자연수이면 k^4이 3의 배수이어야 하고, k도 3의 배수이어야 한다.

즉, $k=3, 6, 9, \cdots$이고

n은 100 이하의 자연수이므로

$n=3^4=81$

(iv) $n=k^6$ (k는 자연수)인 경우

$(k^6)^{\frac{k^6}{12}} = k^{\frac{k^6}{2}}$이 자연수이어야 하므로 k는 2의 배수이어야 한다.

즉, $k=2, 4, 6, \cdots$이고

n은 100 이하의 자연수이므로 $n=2^6=64$

(v) 거듭제곱수가 아닌 경우 n은 12의 배수이어야 하므로 100 이하의 12의 배수는 $n=12, 24, 36, 48, 60, 72, 84, 96$

step 3 n의 개수를 구한다.

(i)~(iv)에서 (v)와 중복되는 경우를 제외하면 n의 개수는 3이고

(v)에서 n의 개수는 8이므로 자연수 n의 개수는 $3+8=11$

답 11

48

실수 a와 2 이상의 자연수 n에 대하여 a의 n제곱근 중 실수인 것의 개수를 $f(a, n)$이라 하자.

$f(9, 2)+f(8, 3)+f(7, 4)+\cdots+f(11-k, k)=20$이 되도록 하는 자연수 k의 최솟값은?

① 15 ② 18 √③ 21
④ 24 ⑤ 27

풀이전략

a의 n제곱근 중 실수인 것의 개수는 a의 부호, n이 홀수인지 짝수인지에 따라 달라진다.

문제풀이

step 1 $a>0$인 경우 $f(a, n)$의 값을 구한다.

(i) $11-k>0$, 즉 $k<11$인 경우

→ $a>0$인 경우 a의 n제곱근 중 실수인 것은 n이 홀수이면 $\sqrt[n]{a}$, n이 짝수이면 $\pm\sqrt[n]{a}$

k가 홀수이면 $f(11-k, k)=1$

k가 짝수이면 $f(11-k, k)=2$

step 2 $a<0$인 경우 $f(a, n)$의 값을 구한다.

(ii) $11-k<0$, 즉 $k>11$인 경우

→ $a<0$인 경우 a의 n제곱근 중 실수인 것은 n이 홀수이면 $\sqrt[n]{a}$, n이 짝수이면 존재하지 않는다.

k가 홀수이면 $f(11-k, k)=1$

k가 짝수이면 $f(11-k, k)=0$

step 3 $a=0$인 경우 $f(a, n)$의 값을 구한다.

(iii) $11-k=0$, 즉 $k=11$인 경우

$f(11-k, k)=f(0, 11)=1$

step 4 k의 최솟값을 구한다.

(i), (ii), (iii)에서

$f(9, 2)+f(8, 3)+f(7, 4)+\cdots+f(1, 10)$

$=5\times2+4\times1$

$=14$

$f(0, 11)=1$

정답과 풀이

$f(-2, 13)+f(-4, 15)+f(-6, 17)+f(-8, 19)+f(-10, 21)$
$=5$ ⟶ k가 11보다 큰 짝수이면 $f(11-k, k)=0$
이므로 $k=21$ 또는 $k=22$일 때,
$f(9, 2)+f(8, 3)+f(7, 4)+\cdots+f(11-k, k)=20$
따라서 k의 최솟값은 21이다.

답 ③

49

가로의 길이, 세로의 길이가 각각 $\sqrt[3]{4}$, $\sqrt{\sqrt[3]{16}}$이고 높이가 $\sqrt{32}$인 직육면체의 부피를 V라 하고, 이 직육면체의 가로의 길이와 높이를 각각 $\sqrt[3]{4}$씩 늘여서 만든 직육면체의 부피를 V'이라 하자. 두 자연수 a, b에 대하여 $V'=aV+b$일 때, $a+b$의 값은? ⟶ 가로의 길이는 $\sqrt[3]{4}+\sqrt[3]{4}$, 높이는 $\sqrt{32}+\sqrt[3]{4}$이고 세로의 길이는 $\sqrt{\sqrt[3]{16}}$이다.

① 6　　　　② 8　　　　✓③ 10
④ 12　　　　⑤ 14

풀이전략

거듭제곱근의 성질을 이용하여 직육면체의 부피를 계산한다.

문제풀이

step 1 거듭제곱근의 성질을 이용하여 V의 값을 구한다.
$V=\sqrt[3]{4}\times\sqrt{\sqrt[3]{16}}\times\sqrt{32}$ ⟶ 가로, 세로의 길이와 높이를 $\sqrt[6]{a}$ 꼴로 표현하여 거듭제곱근의 성질 $\sqrt[n]{a}\times\sqrt[n]{b}=\sqrt[n]{ab}$를 이용한다.
$=\sqrt[6]{2^4}\times\sqrt[6]{2^4}\times\sqrt[6]{2^{15}}$
$=\sqrt[6]{2^{23}}$
$=8\sqrt[6]{2^5}$

step 2 거듭제곱근의 성질을 이용하여 V'의 값을 구한다.
$V'=(\sqrt[3]{4}+\sqrt[3]{4})\times\sqrt{\sqrt[3]{16}}\times(\sqrt{32}+\sqrt[3]{4})$
$=2\sqrt[3]{4}\times\sqrt[3]{4}\times(\sqrt{32}+\sqrt[3]{4})$
$=2(\sqrt[3]{2^2})^2\times(\sqrt{2^5}+\sqrt[3]{2^2})$
$=2\sqrt[3]{2^8}\times(\sqrt[6]{2^{15}}+\sqrt[6]{2^4})$
$=2\sqrt[6]{2^{23}}+2\sqrt[6]{2^{12}}$
$=16\sqrt[6]{2^5}+8$
$=2V+8$

step 3 V'을 V로 표현하여 a, b의 값을 구한다.
$V'=aV+b$ 이므로 $a=2$, $b=8$
따라서 $a+b=2+8=10$

답 ③

50

오른쪽 그림과 같이 곡선 $y=x^2$ 위의 점 A의 x좌표가 a^t이고 점 A를 지나고 y축에 수직인 직선이 직선 $y=x$와 만나는 점을 B라 하자. 점 B를 지나고 x축에 수직인 직선이 곡선 $y=x^2$과 만나는 점을 C, 점 C를 지나고 y축에 수직인 직선이 직선 $y=x$와 만나는 점을 D라 하자. 두 점 B, D의 x좌표가 각각 b^s, $\left(\dfrac{b}{a}\right)^t$일 때, $t+\dfrac{10}{s}$의 최솟값을 구하시오.

⟶ 두 점 A, B의 y좌표는 서로 같고, 점 B는 x좌표와 y좌표가 서로 같다.

⟶ 두 점 B, C의 x좌표는 서로 같다.

10　(단, 점 A는 제1사분면 위의 점이다.)

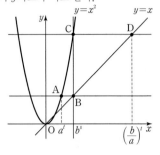

풀이전략

지수법칙을 이용하여 각 점의 좌표를 표현한다.

문제풀이

step 1 네 점 A, B, C, D의 좌표를 구한다.
점 A의 y좌표가 a^{2t}이므로 점 B의 x좌표도 a^{2t}이다.
$a^{2t}=b^s$ ...... ㉠
점 C의 x좌표가 b^s이므로 y좌표는 $(b^s)^2=b^{2s}$이고 점 D의 x좌표도 b^{2s}이다.
$\left(\dfrac{b}{a}\right)^t=b^{2s}$ ...... ㉡

step 2 네 점 A, B, C, D의 좌표 사이의 관계를 이용하여 x, y 사이의 관계식을 구한다.
㉠, ㉡에서
$\left(\dfrac{b}{a}\right)^t=b^{2s}=(a^{2t})^2=a^{4t}$
$b^t=a^{5t}$이므로 $a^5=b$
㉠에서 $a^{2t}=b^s=(a^5)^s=a^{5s}$이므로 $2t=5s$
$s=\dfrac{2}{5}t$

step 3 산술평균과 기하평균의 관계를 이용하여 $t+\dfrac{10}{s}$의 최솟값을 구한다.
산술평균과 기하평균의 관계에 의하여
$t+\dfrac{10}{s}=t+\dfrac{25}{t}\geq2\sqrt{25}=10$ $\left(\text{단, 등호는 } t=\dfrac{10}{s}\text{일 때 성립}\right)$이므로
$t=\dfrac{25}{t}$, 즉 $t=5$일 때 $t+\dfrac{10}{s}$은 최솟값 10을 갖는다.
따라서 $t+\dfrac{10}{s}$의 최솟값은 10이다.

답 10

51

$12^{\frac{m+2}{3}} \times (\sqrt{3})^{\frac{3m-1}{2}}$이 자연수가 되도록 하는 100 이하의 자연수 m의 최댓값은?

✓① 91   ② 93   ③ 95

④ 97   ⑤ 99

풀이전략

지수법칙을 이용하여 주어진 값의 지수를 간단히 표현한다.

문제풀이

step 1 지수법칙을 이용하여 자연수의 소인수분해꼴로 표현한다.

$12^{\frac{m+2}{3}} \times (\sqrt{3})^{\frac{3m-1}{2}}$

$= (2^2 \times 3)^{\frac{m+2}{3}} \times (3^{\frac{1}{2}})^{\frac{3m-1}{2}}$

$= 2^{\frac{2m+4}{3}} \times 3^{\frac{m+2}{3}} \times 3^{\frac{3m-1}{4}}$

$= 2^{\frac{2m+4}{3}} \times 3^{\frac{m+2}{3}+\frac{3m-1}{4}}$

$= 2^{\frac{2m+4}{3}} \times 3^{\frac{13m+5}{12}}$

이 값이 자연수가 되기 위해서는 $\dfrac{2m+4}{3}$, $\dfrac{13m+5}{12}$가 모두 음이 아닌 정수가 되어야 한다.

step 2 $\dfrac{2m+4}{3}$, $\dfrac{13m+5}{12}$가 정수이기 위한 조건을 찾는다.

$2m+4$가 0 또는 3의 배수이어야 하므로 $2m+1$이 3의 배수이면 된다. 그러므로 $m=1,$ 4, 7, $\cdots$, $3t+1$, $\cdots$ (단, t는 음이 아닌 정수)

$\quad \hookrightarrow \dfrac{2m+4}{3} = 1 + \dfrac{2m+1}{3}$이고 m은 자연수이므로 $\dfrac{2m+1}{3}$이 자연수이어야 한다.

$13m+5$가 0 또는 12의 배수이어야 하므로 $m+5$가 12의 배수이어야 한다. 그러므로 $m=7$, 19, 31, $\cdots$, $12s+7$, $\cdots$

(단, s는 음이 아닌 정수)

$\quad \hookrightarrow \dfrac{13m+5}{12} = m + \dfrac{m+5}{12}$이고 m은 자연수이므로 $\dfrac{m+5}{12}$가 자연수이어야 한다.

step 3 자연수 m의 최댓값을 구한다.

두 조건을 동시에 만족시키는 자연수 m은

$m = 7$, 19, 31, $\cdots$, $12s+7$, $\cdots$(s는 음이 아닌 정수)이므로

$12s+7 \le 100$에서 $s \le \dfrac{93}{12}$

따라서 자연수 m은 $s=7$일 때, 최댓값 91을 갖는다.

답 ①

52

1보다 큰 자연수 n과 두 실수 a, b에 대하여 $0<a<1<b$, $ab<1$일 때, 세 수 $A=a^{\frac{n+1}{n}} \times b$, $B=a \times b^{\frac{n}{n+1}}$, $C=a^{\frac{n}{n+1}} \times b^{\frac{n+1}{n}}$의 대소 관계로 옳은 것은?

✓① $A<B<C$ ② $A<C<B$ ③ $B<A<C$

④ $B<C<A$ ⑤ $C<A<B$

풀이전략

두 양수 x, y에 대하여 $\dfrac{x}{y}>1$이면 $x>y$이다.

문제풀이

step 1 A, B의 대소를 비교한다.

$\dfrac{A}{B} = \dfrac{a^{\frac{n+1}{n}} \times b}{a \times b^{\frac{n}{n+1}}} = a^{\frac{1}{n}} \times b^{\frac{1}{n+1}}$

$ab<1$에서 $a<b^{-1}$이므로

$a^{\frac{1}{n}} \times b^{\frac{1}{n+1}} < (b^{-1})^{\frac{1}{n}} \times b^{\frac{1}{n+1}} = b^{\frac{1}{n+1}-\frac{1}{n}} = b^{\frac{-1}{n(n+1)}} < 1$

그러므로 $A<B$ $\quad \hookrightarrow b>1$이고 $\dfrac{-1}{n(n+1)}<0$

step 2 B, C의 대소를 비교한다. 이므로 $b^{\frac{-1}{n(n+1)}}<1$

$\dfrac{C}{B} = \dfrac{a^{\frac{n}{n+1}} \times b^{\frac{n+1}{n}}}{a \times b^{\frac{n}{n+1}}} = a^{-\frac{1}{n+1}} \times b^{\frac{2n+1}{n(n+1)}} > 1$

$\quad \hookrightarrow 0<a<1$이고 $-\dfrac{1}{n+1}<0$이므로 $a^{-\frac{1}{n+1}}>1$

그러므로 $C>B$

따라서 $A<B<C$

답 ①

53

세 양의 실수 a, b, c가 다음 조건을 만족시킬 때, $\log_{\frac{1}{2}} a + \log_{\sqrt{2}} b + \log_2 c$의 값을 구하시오.   4

(가) $\log_{\frac{1}{2}} a - \log_{\frac{1}{4}} b - \log_{\frac{1}{16}} c = 1$

(나) $\log_{\sqrt{2}} ab + \log_2 bc + \log_4 ac = 6$

(가), (나)의 각 항의 밑이 모두 다르므로 로그의 밑의 변환 공식을 이용하여 밑을 2로 통일시킨다.

풀이전략

로그의 성질을 이용하여 식을 간단히 표현한다.

문제풀이

step 1 로그의 밑의 변환 공식을 이용하여 (가), (나)조건을 간단히 나타낸다.

(가)에서

$\log_{\frac{1}{2}} a - \log_{\frac{1}{4}} b - \log_{\frac{1}{16}} c$

$= -\log_2 a + \dfrac{1}{2}\log_2 b + \dfrac{1}{4}\log_2 c$

$= \log_2 \dfrac{b^{\frac{1}{2}}c^{\frac{1}{4}}}{a} = 1$

따라서 $\dfrac{b^{\frac{1}{2}}c^{\frac{1}{4}}}{a} = 2$

$b^{\frac{1}{2}}c^{\frac{1}{4}}=2a$의 양변을 네제곱하면 $b^2c=16a^4$ ...... ㉠

(나)에서

$\log_{\sqrt{2}}ab+\log_2 bc+\log_4 ac$

$=2\log_2 ab+\log_2 bc+\dfrac{1}{2}\log_2 ac$

$=\log_2 a^{\frac{5}{2}}b^3c^{\frac{3}{2}}$

$=6$

$a^{\frac{5}{2}}b^3c^{\frac{3}{2}}=64$ ...... ㉡

step 2 두 식을 연립하여 미지수 a의 값을 구한다.

㉠에서 $b^3c^{\frac{3}{2}}=(b^2c)^{\frac{3}{2}}=(16a^4)^{\frac{3}{2}}=64a^6$이므로

㉡에서 $a^{\frac{5}{2}}b^3c^{\frac{3}{2}}=a^{\frac{5}{2}}\times 64a^6=64$

따라서 $a=1$

step 3 로그의 성질을 이용하여 주어진 식의 값을 구한다.

㉠에서 $b^2c=16a^4=16$이고 $\log_{\frac{1}{2}}a=\log_{\frac{1}{2}}1=0$이므로

$\log_{\frac{1}{2}}a+\log_{\sqrt{2}}b+\log_2 c$

$=2\log_2 b+\log_2 c$

$=\log_2 b^2c$

$=\log_2 16$

$=4$

답 4

54

오른쪽 그림과 같이 두 변 AB, CD 가 서로 평행한 사다리꼴 ABCD에서 $\overline{AB}=6$, $\overline{CD}=4$이다. 사다리꼴 ABCD의 두 대각선이 만나는 점을 점 P라 할 때, $\overline{AP}=\log_a b$, $\overline{BP}=\log_c b$이고 $\overline{BP}:\overline{CP}=2:1$이다. $k\log_a c+\log_c a>6$이 되도록 하는 정수 k의 최솟값은? (단, a, c는 1이 아닌 양수이다.)

① 5   ② 6   √③ 7

④ 8   ⑤ 9

로그의 성질을 이용하여 $\log_a c$, $\log_c a$의 값을 구한다.

step 1 닮은 삼각형을 찾고, 닮음비를 이용하여 선분의 길이를 구한다.

사다리꼴 ABCD에서 $\overline{AB}\,/\!/\,\overline{CD}$이므로 엇각의 크기는 서로 같다.

즉, $\angle DCA=\angle BAC$, $\angle CDB=\angle ABD$

두 삼각형 ABP, CDP는 서로 닮음이고 닮음비는 6 : 4, 즉 3 : 2이다.

→ $\overline{AB}:\overline{CD}=\overline{AP}:\overline{CP}=\overline{PB}:\overline{PD}$

$\overline{AP}=\log_a b$이므로 $\overline{CP}=\dfrac{2}{3}\log_a b$

→ $\overline{AP}:\overline{CP}=3:2$

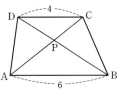

$\overline{BP}:\overline{CP}=2:1$이므로

$\log_c b:\dfrac{2}{3}\log_a b=2:1$

$\log_c b=\dfrac{4}{3}\log_a b$

step 2 로그의 밑의 변환 공식을 이용하여 $\log_a c$, $\log_c a$의 값을 구한다.

$\dfrac{\log_c b}{\log_a b}=\dfrac{\log_b a}{\log_b c}=\log_c a=\dfrac{4}{3}$

step 3 정수 k의 최솟값을 구한다.

$k\log_a c+\log_c a=\dfrac{3k}{4}+\dfrac{4}{3}>6$

$\dfrac{3}{4}k>\dfrac{14}{3}$ → 로그의 밑의 변환 공식 $\log_a c=\dfrac{1}{\log_c a}$

$k>\dfrac{56}{9}$

따라서 정수 k의 최솟값은 7이다.

답 ③

55

다음 조건을 만족시키는 100보다 작은 자연수 n의 개수는? (단, $[x]$는 x보다 크지 않은 최대의 정수이다.) → $0\le \log n<2$

(가) $[\log 3n]=[\log n]+1$
→ n이 k자리의 수이면 $3n$은 $k+1$자리의 수이다.

(나) $\log n-[\log n]<\log 5$
→ n의 최고 자리의 숫자는 5보다 작은 자연수이다.

① 11   ② 14   √③ 17

④ 20   ⑤ 23

상용로그의 정수 부분과 소수 부분을 이용하여 등식, 부등식을 표현한다.

step 1 $1\le n<10$인 경우 n의 값의 범위를 구한다.

n은 100보다 작은 자연수이므로

$0\le \log n<2$

(i) $0\le \log n<1$인 경우

$1\le n<10$이고 $[\log n]=0$

(가)에서 $[\log 3n]=1$이므로

$1\le \log 3n<2$

$10\le 3n<100$

$\dfrac{10}{3}\le n<\dfrac{100}{3}$ ...... ㉠

(나)에서 $\log n<\log 5$이므로

$n<5$ ...... ㉡

㉠, ㉡에서 $\dfrac{10}{3}\le n<5$이므로 $n=4$

step 2 $10 \leq n < 100$인 경우 n의 값의 범위를 구한다.

(ii) $1 \leq \log n < 2$인 경우

$10 \leq n < 100$이고 $[\log n] = 1$

(가)에서 $[\log 3n] = 2$이므로

$2 \leq \log 3n < 3$

$100 \leq 3n < 1000$

$\dfrac{100}{3} \leq n < \dfrac{1000}{3}$ ...... ㉢

(나)에서 $\log n - 1 < \log 5$이므로

$\log n < 1 + \log 5 = \log 50$, $n < 50$ ...... ㉣

㉢, ㉣에서 $\dfrac{100}{3} \leq n < 50$이므로 $n = 34,\ 35,\ 36,\ \cdots,\ 49$

step 3 자연수 n의 개수를 구한다.

따라서 구하는 자연수 n의 개수는 $1 + 16 = 17$

답 ③

56

$a > b$인 두 자연수 a, b에 대하여 $A = \log_8 a - [\log_8 a]$, $B = \log_8 b - [\log_8 b]$라 하자. $100 < ab < 1000$, $A + B = 1$일 때, $a - b$의 최댓값을 구하시오. $\log_8 a + \log_8 b$는 정수이다.←

(단, $[x]$는 x보다 크지 않은 최대의 정수이다.)

→ A, B는 각각 $\log_8 a$, $\log_8 b$의 소수 부분이다. 254

풀이전략

로그의 정수 부분과 소수 부분을 각각 문자로 표현하여 주어진 조건의 식을 정리한다.

문제풀이

step 1 $\log_8 a$, $\log_8 b$의 정수 부분을 각각 m, n으로 놓고 m, n의 조건을 구한다.

$\log_8 a = m + A$, $\log_8 b = n + B$ (m, n은 정수)라 하면

$$\begin{aligned} \log_8 ab &= \log_8 a + \log_8 b \\ &= (m + A) + (n + B) \\ &= m + n + 1 \end{aligned}$$

$100 < ab < 1000$이므로

$2 < m + n + 1 < 4$ → $100 < ab < 1000$이고 $\log_8 64 = 2$,

$m + n = 2$ $\log_8 8^4 = \log_8 4096 = 4$이므로 $2 < \log_8 ab < 4$

step 2 $m + n = 2$를 만족시키는 경우를 나누어 a, b의 값을 구한다.

(i) $m = 2$, $n = 0$인 경우

$\log_8 a = 2 + A$, $\log_8 b = B = 1 - A$

$a = 8^{2+A} = 64 \times 2^{3A}$, $b = 8 \times 2^{-3A}$이고 a, b는 자연수이므로

$A = \dfrac{1}{3}$ 또는 $A = \dfrac{2}{3}$

$A = \dfrac{1}{3}$이면 $a = 128$, $b = 4$

$A = \dfrac{2}{3}$이면 $a = 256$, $b = 2$

(ii) $m = 1$, $n = 1$인 경우

$\log_8 a = 1 + A$, $\log_8 b = 1 + B = 2 - A$

$a = 8^{1+A} = 8 \times 2^{3A}$, $b = 8^{2-A} = 64 \times 2^{-3A}$이고 a, b는 자연수이므로

$A = \dfrac{1}{3}$ 또는 $A = \dfrac{2}{3}$

$A = \dfrac{1}{3}$이면 $a = 16$, $b = 32$이므로 $a > b$에 모순이다.

$A = \dfrac{2}{3}$이면 $a = 32$, $b = 16$

step 3 $a - b$의 최댓값을 구한다.

따라서 $a - b$의 최댓값은 $256 - 2 = 254$

답 254

57

어느 밀폐된 실험실에서 물이 증발하기 시작하여 처음 양의 $r\ \%$가 증발하는 데 t시간이 소요된다고 하면 다음과 같은 관계식이 성립한다고 한다. $r = 96$일 때, t의 값 $= t_2$ ←

$\log r = \log(1 - k^t) + 2$ (단, k는 양의 상수이다.)

물이 증발하기 시작하여 처음 양의 $96\ \%$가 증발하는 데 걸리는 시간은 처음 양의 $80\ \%$가 증발하는 데 걸리는 시간의 몇 배인가?

→ $r = 80$일 때, t의 값 $= t_1$

① $\dfrac{3}{2}$ ✓② 2 ③ $\dfrac{5}{2}$

④ 3 ⑤ $\dfrac{7}{2}$

풀이전략

조건에 맞는 값을 r, t에 대한 관계식에 대입한다.

문제풀이

step 1 $r = 80$을 대입하여 처음 양의 $80\ \%$가 증발하는 데 걸리는 시간 t_1을 구한다.

물이 증발하기 시작하여 처음 양의 $80\ \%$가 증발하는 데 걸리는 시간을 t_1이라 하면

$\log 80 = \log(1 - k^{t_1}) + 2$

$\log 80 - \log 100 = \log(1 - k^{t_1})$

$\log \dfrac{4}{5} = \log(1 - k^{t_1})$

$\dfrac{4}{5} = 1 - k^{t_1}$

$k^{t_1} = \dfrac{1}{5}$

$t_1 = \log_k \dfrac{1}{5}$

step 2 $r = 96$을 대입하여 처음 양의 $96\ \%$가 증발하는 데 걸리는 시간 t_2를 구한다.

물이 증발하기 시작하여 처음 양의 $96\ \%$가 증발하는 데 걸리는 시간을 t_2라고 하면

$\log 96 = \log(1 - k^{t_2}) + 2$

$\log 96 - \log 100 = \log(1 - k^{t_2})$

$\log\dfrac{24}{25}=\log\left(1-k^{t_2}\right)$

$\dfrac{24}{25}=1-k^{t_2}$

$k^{t_2}=\dfrac{1}{25}, \ t_2=\log_k\dfrac{1}{25}$

step 3 $\dfrac{t_2}{t_1}$의 값을 구한다.

$\dfrac{t_2}{t_1}=\dfrac{\log_k\dfrac{1}{25}}{\log_k\dfrac{1}{5}}=\dfrac{2\log_k\dfrac{1}{5}}{\log_k\dfrac{1}{5}}=2$

따라서 물이 증발하기 시작하여 처음 양의 96 %가 증발하는 데 걸리는 시간은 처음 양의 80 %가 증발하는 데 걸리는 시간의 2배이다.

답 ②

58

밤하늘에 육안으로 보이는 천체의 밝기를 나타낸 것을 겉보기 등급이라 하며, 이 천체를 10 pc의 거리에 두었을 때의 밝기를 나타낸 것을 절대등급이라고 한다. 지구에서 천체까지의 거리를 r(pc)라 하면 겉보기 등급 m과 절대등급 M 사이에는 다음과 같은 식이 성립한다.

x	$\log x$
3.16	0.5
3.98	0.6
5.01	0.7
6.31	0.8

$M=m+5-5\log r$

시리우스와 북극성의 겉보기 등급은 각각 -1.5등급, 2등급이고
→ m에 각각 -1.5, 2를 대입한다.
절대등급은 각각 1.4등급, -3.6등급일 때, 지구에서 북극성까지
→ M에 각각 1.4, -3.6을 대입한다.
의 거리는 지구에서 시리우스까지의 거리의 k배이다. $10k$의 값을
→ 두 별 시리우스, 북극성까지의 거리를 각각 r_1, r_2라 할 때 $k=\dfrac{r_2}{r_1}$
오른쪽 상용로그표를 이용하여 구하시오.   501
(단, pc(파섹)은 거리의 단위이다.)

풀이전략

조건에 맞는 값을 M, m에 대한 관계식에 대입한다.

문제풀이

step 1 $M=1.4$, $m=-1.5$를 대입하여 지구에서 시리우스까지의 거리 r_1에 대한 식을 구한다.

시리우스의 겉보기 등급이 -1.5등급, 절대등급이 1.4등급이고, 지구에서 시리우스까지의 거리를 r_1이라 하면

$1.4=-1.5+5-5\log r_1$

$5\log r_1=2.1$ ······ ㉠

step 2 $M=-3.6$, $m=2$를 대입하여 지구에서 북극성까지의 거리 r_2에 대한 식을 구한다.

북극성의 겉보기 등급이 2등급, 절대등급이 -3.6등급이고, 지구에서 북극성까지의 거리를 r_2라 하면

$-3.6=2+5-5\log r_2$

$5\log r_2=10.6$ ······ ㉡

step 3 상용로그표를 이용하여 $\dfrac{r_2}{r_1}$의 값을 구한다.

㉡$-$㉠에서

$5(\log r_2-\log r_1)=8.5$

$\log\dfrac{r_2}{r_1}=1.7=1+0.7$

$\phantom{\log\dfrac{r_2}{r_1}}=\log 10+\log 5.01$

$\phantom{\log\dfrac{r_2}{r_1}}=\log 50.1$

$\dfrac{r_2}{r_1}=50.1$이므로 $r_2=50.1r_1$

따라서 $k=50.1$이므로 $10k=501$

답 501

본문 19쪽

59

→ $\log_5 x=\dfrac{\log x}{\log 5}$, $\log 5<1$이므로 $\log_5 x>\log x$

$10<x<1000$인 실수 x에 대하여 두 함수 $f(x)$, $g(x)$를

$f(x)=\log_5 x-[\log_5 x], \ g(x)=\log x-[\log x]$

라 하자. $f(x)=g(x)$를 만족시키는 실수 x의 값의 범위를 아래의 상용로그표를 이용하여 구한 것은?

(단, $[x]$는 x보다 크지 않은 최대의 정수이다.)

수	0	1	2	···	7	8	9
2.0	.301	.303	.305	···	.316	.318	.320
2.1	.322	.324	.326	···	.337	.339	.340
2.2	.342	.344	.346	···	.356	.358	.360
2.3	.362	.364	.366	···	.375	.377	.378

① $20.9<x<21.9$ ② $21.9<x<22.9$ ✓③ $209<x<219$
④ $219<x<229$ ⑤ $229<x<239$

문항 파헤치기

상용로그의 성질을 이용하여 $\log x$의 정수 부분과 소수 부분 표현하기

실수 point 찾기

상용로그 $\log x$의 값의 정수 부분과 소수 부분에 따라 x의 자리의 수와 숫자의 배열이 결정됨을 파악한다.

풀이전략

$\log_5 x$와 $\log x$의 정수 부분의 크기에 따라 경우를 나눈다.

문제풀이

step 1 $\log_5 x$, $\log x$의 정수 부분을 변수로 표현한다.

$\log_5 x=\dfrac{\log x}{\log 5}$, $\log 5<1$이므로 $\log_5 x>\log x$

$[\log_5 x]=m$, $[\log x]=n$ (m, n은 정수)이라 하면 $1\le n\le m$이다.

step 2 $\log_5 x$, $\log x$의 정수 부분이 같은 경우의 x를 구한다.

(i) $m=n$인 경우

$f(x)=g(x)$에서 $\log_5 x=\log x$이어야 하고 $x=1$이므로 조건을 만족시키는 실수 x는 없다.

step 3 ($\log_5 x$의 정수 부분)=($\log x$의 정수 부분+1)인 경우의 x를 구한다.

(ii) $m=n+1$인 경우

$f(x)=g(x)$에서 $\log_5 x-(n+1)=\log x-n$

$\log_5 x=\log x+1$

$\log_5 x=\log x+1=a$라 하면 $x=5^a$

$\log x+1=\log 5^a+1=a\log 5+1=a$

$1+a\log 5=a$이므로

$a=\dfrac{1}{1-\log 5}=\dfrac{1}{\log 2}=\log_2 10$

$3<\log_2 10<4$이므로

└→ $\log_2 8=3$, $\log_2 16=4$이므로 $3<\log_2 10<4$이다.

$3<a<4$이고 $3<\log_5 x<4$, $2<\log x<3$

따라서 $125<x<625$

$\log x=a-1$

$\quad=\log_2 10-1$

$\quad=\dfrac{1}{\log 2}-1$

$\quad=\dfrac{1}{0.301}-1$

$\quad=\dfrac{0.699}{0.301}$

$\quad=2.32\cdots$

이므로 $2.32<\log x<2.33$

step 4 ($\log_5 x$의 정수 부분)≥($\log x$의 정수 부분+2)인 경우의 x를 구한다.

(iii) $m\geq n+2$인 경우

$\log_5 x-(n+2)\geq\log x-n$

└→ $\log_5 x$의 정수 부분은 $n+2$보다 크고, 즉 $[\log_5 x]\geq n+2$이고

$\log_5 x-[\log_5 x]=\log x-n$이므로

$\log_5 x-(n+2)\geq\log x-n$이다.

$\log_5 x\geq\log x+2=\log 100x$

$\log_5 x=a$라 하면 $x=5^a$

$a\geq\log x+2=\log 5^a+2=a\log 5+2$

$a(1-\log 5)\geq2$

$a\geq\dfrac{2}{\log 2}=2\log_2 10=\log_2 100$

$6<\log_2 100<7$이므로 $6<a$이고 $6<\log_5 x$, $1000<5^6<x$이므로 조건을 만족시키는 실수 x는 존재하지 않는다.

step 5 상용로그표를 이용하여 x의 값을 구한다.

따라서 (ii)에서 $2.32<\log x<2.33<2.34$이므로

$2+\log 2.09<\log x<2+\log 2.19$

$209<x<219$

답 ③

---

02 지수함수와 로그함수

내신 기출 우수 문항

본문 22~25쪽

01 ②	**02** ③	**03** ③	**04** ②	**05** ④
06 36	**07** ④	**08** ⑤	**09** ②	**10** ①
11 ③	**12** ①	**13** ②	**14** ①	**15** ③
16 ③	**17** ③	**18** ①	**19** ⑤	**20** ③
21 ③	**22** 14	**23** 26		

01 함수 $y=a^x$의 그래프를 x축의 방향으로 1만큼, y축의 방향으로 -3만큼 평행이동한 그래프는 함수 $y=a^{x-1}-3$의 그래프와 일치한다.

즉, $f(x)=a^{x-1}-3$이고 $f(3)=a^2-3=1$이므로 $a=2$

$f(x)=2^{x-1}-3$이므로 $f(4)=2^3-3=5$

답 ②

02 $y=8\times2^{2x-1}=2^3\times2^{2x-1}=2^{2x+2}=4^{x+1}$

함수 $y=4^{x+1}$의 그래프와 $y=a^{x-b}$의 그래프가 y축에 대하여 서로 대칭이므로 $4^{-x+1}=a^{x-b}$

$4^{-x+1}=4^{-(x-1)}=\left(\dfrac{1}{4}\right)^{x-1}=a^{x-b}$

따라서 $a=\dfrac{1}{4}$, $b=1$이므로

$a+b=\dfrac{1}{4}+1=\dfrac{5}{4}$

답 ③

03 $y=\left(\dfrac{1}{4}\right)^{x-2}-4$의 그래프는 다음 그림과 같이 x축과 점 $(1,\,0)$에서 만나고 y축과 점 $(0,\,12)$에서 만난다.

그러므로 $f(x)=2^{1-x}+n$이라 하면 함수 $y=f(x)$의 그래프가 $y=\left(\dfrac{1}{4}\right)^{x-2}-4$의 그래프와 제1사분면에서 만나기 위해서는 $f(0)<12$, $f(1)>0$이어야 한다.

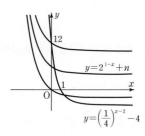

$f(0)<12$에서 $2+n<12$, $n<10$이고

$f(1)>0$에서 $1+n>0$, $n>-1$

그러므로 $-1<n<10$

따라서 정수 n은 0, 1, $\cdots$, 9이므로 개수는 10이다.

답 ③

04 함수 $y=f(x)$의 점근선은 $y=2$이므로 $b=2$

$f(0)=4$에서 $f(0)=a^{-1}+2=4$이므로 $a=\dfrac{1}{2}$

$g(x)=2^{x-2}+c$에서 $g(0)=2^{-2}+c=4$이므로 $c=\dfrac{15}{4}$

$f(x)=\left(\dfrac{1}{2}\right)^{x-1}+2$, $g(x)=2^{x-2}+\dfrac{15}{4}$이므로

$f(3)+g(3)=\left(\dfrac{1}{4}+2\right)+\left(2+\dfrac{15}{4}\right)=8$

답 ②

05 지수함수 $f(x)=2^{\frac{x}{2}}=(2^{\frac{1}{2}})^x$의 (밑)$=2^{\frac{1}{2}}=\sqrt{2}>1$이므로 $x=2$에서 최댓값 $f(2)=2$를 갖는다.

지수함수 $g(x)=\left(\dfrac{1}{3}\right)^{x-1}$의 (밑)$=\dfrac{1}{3}<1$이므로 $x=-1$에서 최댓값

$g(-1)=\left(\dfrac{1}{3}\right)^{-2}=9$를 갖는다.

따라서 $m_1+m_2=2+9=11$

답 ④

06 $f(x)=4^x-2^{x+2}+6$
$\qquad\quad =(2^x)^2-4\times 2^x+6$

$2^x=t$라 하면 $0\leq x\leq 3$에서 $1\leq t\leq 8$이고

$f(x)=t^2-4t+6=(t-2)^2+2$이므로

함수 $f(x)$는 $t=2$일 때, 즉 $x=1$일 때 최솟값 $m=2$를 갖고, $t=8$일 때, 즉 $x=3$일 때 최댓값 $M=38$을 갖는다.

따라서 $M-m=38-2=36$

답 36

07 $f(x)=a^{x^2-4x+3}$이고

$g(x)=x^2-4x+3$이라 하면

$g(x)=x^2-4x+3=(x-2)^2-1$이므로

$1\leq x\leq 4$에서 $-1\leq g(x)\leq 3$

$a>1$인 경우 $g(x)=3$에서 최댓값을 가지므로 $a^3=2$

즉, $a=\sqrt[3]{2}$이므로 a가 유리수라는 조건에 맞지 않는다.

$0<a<1$인 경우 $g(x)=-1$에서 최댓값을 가지므로

$a^{-1}=2$, 즉 $a=\dfrac{1}{2}$

$g(x)=3$일 때, 즉 $x=4$일 때 최솟값 $a^3=\dfrac{1}{8}$을 갖는다.

답 ④

08 $4^{x^2-3x}=2^{2x^2-6x}$이고 $\left(\dfrac{1}{2}\right)^{6-2x}=2^{2x-6}$이므로

주어진 방정식은 $2^{2x^2-6x}=2^{2x-6}$

$2x^2-6x=2x-6$

$2x^2-8x+6=0$

$x^2-4x+3=0$

$(x-1)(x-3)=0$

$x=1$ 또는 $x=3$

따라서 모든 실수 x의 값의 합은 $1+3=4$

답 ⑤

09 주어진 방정식은 $\left(\dfrac{1}{3}\right)^{2x-2}-\left(\dfrac{1}{3}\right)^{x-3}=\left(\dfrac{1}{3}\right)^x-3$

$\left(\dfrac{1}{3}\right)^x=t$라 하면

$9t^2-27t=t-3$

$9t^2-28t+3=0$

$(9t-1)(t-3)=0$

$t=\dfrac{1}{9}$ 또는 $t=3$

즉, $\left(\dfrac{1}{3}\right)^x=\dfrac{1}{9}$ 또는 $\left(\dfrac{1}{3}\right)^x=3$이므로

$x=2$ 또는 $x=-1$

따라서 $\alpha^2+\beta^2=2^2+(-1)^2=5$

답 ②

10 $9\times 2^{2x}>64\times 3^{x-1}$에서

$3^2\times 4^x>4^3\times \dfrac{3^x}{3}$

$\dfrac{3^3}{4^3}>\dfrac{3^x}{4^x}$

즉, $\left(\dfrac{3}{4}\right)^3>\left(\dfrac{3}{4}\right)^x$이므로 $x>3$

따라서 자연수 x의 최솟값은 4이다.

답 ①

11 $\left(\dfrac{1}{2}\right)^{2x}-10\times\left(\dfrac{1}{2}\right)^x+16>0$

$\left(\dfrac{1}{2}\right)^x=t$라 하면

$t^2-10t+16>0$

$(t-2)(t-8)>0$

$t<2$ 또는 $t>8$

즉, $\left(\dfrac{1}{2}\right)^x<2$ 또는 $\left(\dfrac{1}{2}\right)^x>8$이므로

$x>-1$ 또는 $x<-3$

따라서 $\alpha=-3$, $\beta=-1$이므로 $\beta-\alpha=-1-(-3)=2$

답 ③

12 함수 $y=\log_2(ax+b)$의 그래프의 점근선이 직선 $x=-3$이므로

$y=\log_2 a(x+3)$

이 함수의 그래프가 원점을 지나므로 $0=\log_2 3a$

$3a=1$이므로 $a=\dfrac{1}{3}$

즉, $y=\log_2 \dfrac{1}{3}(x+3)=\log_2\left(\dfrac{1}{3}x+1\right)$

따라서 $a=\dfrac{1}{3}$, $b=1$이므로 $ab=\dfrac{1}{3}\times1=\dfrac{1}{3}$

답 ①

13 ㄱ. $y=\log_{\frac{1}{3}}(x+1)$의 그래프는 $y=\log_{\frac{1}{3}}x$의 그래프를 x축의 방향으로 -1만큼 평행이동한 것이므로 다음 그림과 같다.

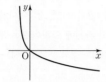

ㄴ. $y=\log_4\dfrac{2}{x+1}=\log_4 2-\log_4(x+1)=-\log_4(x+1)+\dfrac{1}{2}$이므로 함수 $y=\log_4\dfrac{2}{x+1}$의 그래프는 다음 그림과 같다.

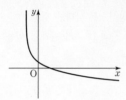

ㄷ. $y=\log_2\left(\dfrac{x}{2}+2\right)$

$=\log_2\dfrac{1}{2}(x+4)$

$=\log_2(x+4)-1$

이므로 함수 $y=\log_2\left(\dfrac{x}{2}+2\right)$의 그래프는 다음 그림과 같다.

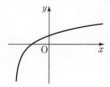

따라서 ㄷ의 함수의 그래프만 제3사분면을 지난다.

답 ②

14 $y=\log_3 x$의 그래프를 y축의 방향으로 -2만큼 평행이동한 함수의 그래프는 $y=\log_3 x-2$의 그래프와 일치하고, 이 그래프를 x축에 대하여 대칭이동하면

$y=-\log_3 x+2$

$=\log_{\frac{1}{3}}x+\log_{\frac{1}{3}}\left(\dfrac{1}{3}\right)^2$

$=\log_{\frac{1}{3}}\dfrac{x}{9}$

의 그래프와 일치한다.

즉, $a=\dfrac{1}{3}$, $b=\dfrac{1}{9}$이므로

$a+3b=\dfrac{1}{3}+3\times\dfrac{1}{9}=\dfrac{2}{3}$

답 ①

15 $y=\log_2(2x+p)+p$의 그래프를 직선 $y=x$에 대하여 대칭이동한 곡선을 그래프로 갖는 함수는 $y=\log_2(2x+p)+p$의 역함수이므로 $x=\log_2(2y+p)+p$에서

$y=2^{x-p-1}-\dfrac{p}{2}$

$2^{-p-1}=q$, $-\dfrac{p}{2}=2$이므로

$p=-4$, $q=2^{-(-4)-1}=2^3=8$

함수 $y=\log_2(2x-4)-4$의 그래프는 점 $(r,\ 0)$을 지나므로

$0=\log_2(2r-4)-4$

$r=\dfrac{2^4+4}{2}=10$

따라서 $p+q+r=(-4)+8+10=14$

답 ③

16 $g(x)=x^2-6x+13$이라 하면

$g(x)=x^2-6x+13=(x-3)^2+4$이므로

$4\leq g(x)\leq8$

함수 $f(x)$의 밑이 1보다 작으므로 $g(x)$가 최대일 때 $f(x)$는 최소이고, $g(x)$가 최소일 때 $f(x)$는 최대이다.

$g(x)=8$, 즉 $x=1$일 때 $f(x)$는 최솟값 $m=\log_{\frac{1}{2}}8=-3$을 갖고

$g(x)=4$, 즉 $x=3$일 때 $f(x)$는 최댓값 $M=\log_{\frac{1}{2}}4=-2$를 갖는다.

따라서 $M-2m=-2-2\times(-3)=4$

답 ③

17 $\log_2 x=t$라 하면 $\dfrac{1}{2}\leq x\leq4$에서 $-1\leq t\leq2$

$(\log_2 x)^2-\log_{\frac{1}{4}}8x^2$

$=(\log_2 x)^2+\dfrac{1}{2}(\log_2 8+\log_2 x^2)$

$=(\log_2 x)^2+\dfrac{1}{2}(3+2\log_2 x)$

$=t^2+t+\dfrac{3}{2}$

$=\left(t+\dfrac{1}{2}\right)^2+\dfrac{5}{4}$

$t=2$, 즉 $x=4$일 때 최댓값 $M=\dfrac{15}{2}$를 갖고 $t=-\dfrac{1}{2}$, 즉 $x=\dfrac{\sqrt{2}}{2}$일 때 최솟값 $m=\dfrac{5}{4}$를 갖는다.

따라서 $\dfrac{M}{m}=\dfrac{15}{2}\times\dfrac{4}{5}=6$

답 ③

18 주어진 방정식에서 로그의 진수의 조건에 의하여

$2x+1>0$, $x-1>0$

즉, $x>1$

$\log_2(2x+1)+\log_2(x-1)=1$

$\log_2(2x+1)(x-1)=1$

$(2x+1)(x-1)=2$

$2x^2-x-3=0$

$(2x-3)(x+1)=0$

$x>1$이어야 하므로 $x=\dfrac{3}{2}$

답 ①

19 $(\log_2 x)^2-2\log_2 x=3$에서

$\log_2 x=t$라 하면

$t^2-2t-3=0$, $(t+1)(t-3)=0$

$t=-1$ 또는 $t=3$

즉, $x=\dfrac{1}{2}$ 또는 $x=8$

따라서 $\alpha\beta=\dfrac{1}{2}\times 8=4$

답 ⑤

20 로그의 진수의 조건에 의하여 $x+2>0$, $2x+12>0$이므로 $x>-2$

$2\log_a(x+2)=\log_a(x+2)^2$이므로 주어진 부등식은

$\log_a(x+2)^2>\log_a(2x+12)$이고 $0<a<1$이므로

$(x+2)^2<(2x+12)$

$x^2+4x+4<2x+12$

$x^2+2x-8<0$

$(x+4)(x-2)<0$이므로 $-4<x<2$

따라서 $-2<x<2$이므로 이것을 만족시키는 정수 x의 값의 합은

$(-1)+0+1=0$

답 ③

21 $\log_4 x=\dfrac{1}{2}\log_2 x$이므로 주어진 부등식은

$\dfrac{1}{4}(\log_2 x)^2-3\log_2 x+8<0$

$(\log_2 x)^2-12\log_2 x+32<0$

$\log_2 x=t$라 하면

$t^2-12t+32<0$

$(t-4)(t-8)<0$

$4<t<8$

즉, $4<\log_2 x<8$에서

$2^4<x<2^8$

따라서 $\dfrac{\beta}{\alpha}=\dfrac{2^8}{2^4}=2^4=16$

답 ③

22 $9^x+9^{-x}=(3^x+3^{-x})^2-2$이므로 주어진 방정식은

$(3^x+3^{-x})^2-2=3(3^x+3^{-x})+2$

$3^x+3^{-x}=t$라 하면 산술평균과 기하평균의 관계에 의하여

$3^x+3^{-x}\geq 2\sqrt{3^x\times 3^{-x}}=2$ (단, 등호는 $3^x=3^{-x}$일 때 성립)이므로

$t\geq 2$이고 $t^2-3t-4=0$

--- (가)

$(t-4)(t+1)=0$, $t=4$

$3^x+3^{-x}=4$이므로

$(3^x)^2-4\times 3^x+1=0$

--- (나)

이 방정식의 두 근이 α, β이면 3^α, 3^β은 이차방정식 $x^2-4x+1=0$의 두 근이므로 근과 계수의 관계에 의하여 $3^\alpha+3^\beta=4$, $3^\alpha\times 3^\beta=1$

따라서 $9^\alpha+9^\beta=(3^\alpha+3^\beta)^2-2\times 3^\alpha\times 3^\beta=4^2-2=14$

--- (다)

답 14

단계	채점 기준	비율
(가)	주어진 방정식을 $3^x+3^{-x}=t$로 치환하여 나타낸 경우	40 %
(나)	3^x에 대한 방정식으로 나타낸 경우	20 %
(다)	이차방정식의 근과 계수의 관계를 이용하여 $9^\alpha+9^\beta$의 값을 구한 경우	40 %

23 로그함수 $y=\log_a x+b$의 그래프와 그 역함수의 그래프가 만나는 점은 함수 $y=\log_a x+b$의 그래프와 직선 $y=x$의 교점과 같다.

$\log_a x+b=x$의 해가 $x=\dfrac{1}{2}$, $x=2$이므로

--- (가)

$\log_a \dfrac{1}{2}+b=\dfrac{1}{2}$에서 $\dfrac{1}{2}=a^{\frac{1}{2}-b}$ ...... ㉠

$\log_a 2+b=2$에서 $2=a^{2-b}$ ...... ㉡

㉡÷㉠을 하면

$4=a^{2-\frac{1}{2}}=a^{\frac{3}{2}}$, $a=2^{\frac{4}{3}}$

㉠에 대입하면

$2^{-1}=(2^{\frac{4}{3}})^{\frac{1}{2}-b}$

$-1=\dfrac{2}{3}-\dfrac{4}{3}b$, $b=\dfrac{5}{4}$

--- (나)

$a^3+8b=(2^{\frac{4}{3}})^3+8\times\dfrac{5}{4}$

$\quad\quad\;\,=16+10$

$\quad\quad\;\,=26$

--- (다)

답 26

단계	채점 기준	비율
(가)	$\log_a x+b=x$의 해가 $x=\dfrac{1}{2}$, $x=2$임을 나타낸 경우	30 %
(나)	a와 b의 값을 각각 구한 경우	50 %
(다)	a^3+8b의 값을 구한 경우	20 %

24 ⑤	**25** ⑤	**26** ④	**27** ③	**28** ②
29 ④	**30** ①	**31** ①	**32** ⑤	**33** ③
34 ②	**35** 11	**36** ⑤	**37** ①	**38** ④
39 ①	**40** ④	**41** ③	**42** ④	**43** ③
44 $\sqrt{2}$	**45** 64			

24 ㄱ. $x>1$에서 $y=2^x-1$의 그래프는 직선 $y=x$보다 위에 있으므로 $a>1$일 때 $2^a-1>a$

따라서 $2^a>a+1$ (참)

ㄴ. $y=2^x-1$의 그래프의 점근선은 $y=-1$이므로 $x<0$에서

$-1<2^x-1<0$, $0<2^x<1$

따라서 $a<b<0$이면 $2^b-2^a<1$ (참)

ㄷ. $b(2^a-1)<a(2^b-1)$의 양변을 ab로 나누면

$$\frac{2^a-1}{a}<\frac{2^b-1}{b}$$

$\dfrac{2^a-1}{a}$은 원점과 함수 $y=2^x-1$의 그래프 위의 한 점 $(a, 2^a-1)$을 지나는 직선의 기울기와 같다.

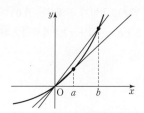

$0<a<b$이면 원점과 점 $(a, 2^a-1)$을 지나는 직선의 기울기보다 원점과 점 $(b, 2^b-1)$을 지나는 직선의 기울기가 더 크므로

$$\frac{2^a-1}{a}<\frac{2^b-1}{b} \text{ (참)}$$

따라서 옳은 것은 ㄱ, ㄴ, ㄷ이다.

답 ⑤

25 함수 $y=f(x)$의 그래프는 곡선 $y=a^x$을 x축의 방향으로 b만큼 평행이동한 것과 같으므로 $f(x)=a^{x-b}$

$x \geq 2$일 때 $f(x)$의 최솟값은 8이므로 $a>1$이고

$f(2)=a^{2-b}=8$　　　　　　　　　　 …… ㉠

$f(\alpha)f(\beta)=a^{\alpha-b}\times a^{\beta-b}=a^{\alpha+\beta-2b}$이고

$4f(\alpha+\beta)=4a^{\alpha+\beta-b}$이므로

$a^{\alpha+\beta-2b}=4a^{\alpha+\beta-b}$

$a^{-b}=4$　　　　　　　　　　　　　 …… ㉡

㉠÷㉡을 하면 $a^2=2$, $a=\sqrt{2}$

$a^{-b}=(2^{\frac{1}{2}})^{-b}=2^{-\frac{b}{2}}=4$

$-\dfrac{b}{2}=2$, $b=-4$

따라서 $a^2+b^2=2+(-4)^2=18$

답 ⑤

다른풀이 함수 $y=f(x)$의 그래프는 곡선 $y=a^x$을 x축의 방향으로 b만큼 평행이동한 것과 같으므로 $f(x)=a^{x-b}$

$x \geq 2$일 때 $f(x)$의 최솟값은 8이므로 $a>1$이고

$f(2)=a^{2-b}=8$　　　　　　　　　　 …… ㉠

$f(2)f(2)=4f(4)$이므로 $f(4)=16$　　 …… ㉡

㉡÷㉠을 하면

$f(4)÷f(2)=a^{4-b}÷a^{2-b}=2$, $a^2=2$, $a=\sqrt{2}$

$\sqrt{2}^{2-b}=8$에서 $\sqrt{2}^{-b}=4$, $b=-4$

따라서 $a^2+b^2=2+(-4)^2=18$

26 곡선 $y=2-2^{x-1}$은 곡선 $y=2^x$을 x축에 대하여 대칭이동한 후 x축의 방향으로 1만큼, y축의 방향으로 2만큼 평행이동한 것이다.

따라서 이 곡선의 점근선은 $y=2$이고 점 A의 좌표는 $(0, 2)$이다.

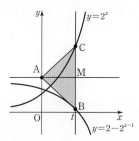

두 점 B, C의 좌표는 각각 $(t, 2-2^{t-1})$, $(t, 2^t)$이고 $\overline{AB}=\overline{AC}$이므로 점 $M(t, 2)$에 대하여 $\overline{BM}=\overline{CM}$이다.

$2^t-2=2-(2-2^{t-1})$

$2^t-2=2^{t-1}$

$\dfrac{1}{2} \times 2^t=2$, $t=2$

$\overline{BC}=2^t-(2-2^{t-1})=4$이므로

삼각형 ABC의 넓이는

$$\frac{1}{2}\times\overline{BC}\times\overline{AM}=\frac{1}{2}\times 4 \times 2=4$$

답 ④

27 두 점 A, B의 좌표는 각각 $(t, 3^t)$, $(t, 3^{2-t})$이고 점 C의 x좌표는 $3^t=3^{2-x}$에서 $x=2-t$이므로 $C(2-t, 3^t)$이다. 마찬가지로 점 D의 좌표는 $(2-t, 3^{2-t})$이다.

두 곡선의 교점의 x좌표는 $3^x=3^{2-x}$에서 $x=1$이므로 점 E의 좌표는 $(1, 3)$이다.

삼각형 ACE의 넓이는

$$\frac{1}{2}\times\{t-(2-t)\}\times(3^t-3)$$

$$=(t-1)(3^t-3)$$

삼각형 BED의 넓이는

$$\frac{1}{2}\times\{t-(2-t)\}\times(3-3^{2-t})$$

$$=(t-1)(3-3^{2-t})$$

두 삼각형 ACE와 BED의 넓이의 비가 2 : 1이므로

$(3^t-3):(3-3^{2-t})=2:1$

$6-2\times3^{2-t}=3^t-3$

양변에 3^t을 곱하면

$(3^t)^2-9\times3^t+18=0$

$(3^t-6)(3^t-3)=0$

따라서 $t>1$이므로 $t=\log_3 6$

답 ③

28 점 B의 x좌표를 p라 하면 점 A의 x좌표는 $-p$이므로

$\overline{AB}=2p$이므로 점 C의 x좌표는 $p+2p=3p$

두 점 B, C의 y좌표는 서로 같으므로 $a^p=a^{3p-6}$에서 $p=3$

두 곡선 $y=a^{-x}$과 $y=a^{x-6}$이 서로 만나는 점 D의 x좌표를 q라 하면

$a^{-q}=a^{q-6}$이므로 $q=3$

삼각형 ACD의 넓이는

$\dfrac{1}{2}\times\overline{AC}\times\overline{BD}$

$=\dfrac{1}{2}\times12\times(a^3-a^{-3})$

$=6a^3-6a^{-3}=16$

$3a^6-8a^3-3=0$

$(3a^3+1)(a^3-3)=0$

$a^3=3$이므로 $a=\sqrt[3]{3}$

답 ②

29 $f(x)=2^x(2^x+16)+2^{-x}(2^{-x}+16)$

$\qquad=4^x+16\times2^x+4^{-x}+16\times2^{-x}$

$\qquad=(4^x+4^{-x})+16(2^x+2^{-x})$

$2^x+2^{-x}=t$라 하면

$t=2^x+2^{-x}\geq2\sqrt{2^x\times2^{-x}}=2$ (단, 등호는 $2^x=2^{-x}$일 때 성립)

$f(x)=t^2-2+16t=(t+8)^2-66$

$t\geq2$이므로 $t=2$일 때, 함수 $f(x)$는 최솟값 $(2+8)^2-66=34$를 갖는다.

답 ④

30 $g(x)=x^2-2x=(x-1)^2-1$이므로

$-2\leq x\leq2$에서 $-1\leq g(x)\leq8$

$a>1$인 경우 최솟값이 a^{-1}이고 최댓값이 a^8이므로 최솟값과 최댓값이 각각 $\dfrac{1}{16}$, $\sqrt{2}$일 수 없다.

$0<a<1$인 경우 최솟값은 $a^8=\dfrac{1}{16}$이고 최댓값은 $a^{-1}=\sqrt{2}$이므로

$a=\dfrac{\sqrt{2}}{2}$

$-2\leq x\leq2$에서 $\dfrac{1}{2}\leq f(x)\leq2$이므로

$(g\circ f)(x)$는 $f(x)=2$일 때, 즉 $x=-2$일 때 최댓값

$g(f(-2))=g(2)=0$을 갖는다.

답 ①

31 $3^x+2a\times3^{-x}+2a-8=0$의 양변에 3^x을 곱하면

$3^{2x}+2(a-4)3^x+2a=0$

$3^x=t$라 하면 $t>0$이고 $t^2+2(a-4)t+2a=0$

이 방정식이 서로 다른 두 양의 실근을 가져야 하므로 이 방정식의 판별식을 D라 하면

$\dfrac{D}{4}=(a-4)^2-2a=a^2-10a+16>0$

$a<2$ 또는 $a>8$ ⋯⋯ ㉠

두 근의 합과 곱이 모두 0보다 커야 하므로

$4-a>0,\ 2a>0$

$0<a<4$ ⋯⋯ ㉡

㉠, ㉡에서 $0<a<2$이므로 정수 a는 1뿐이다.

따라서 정수 a의 개수는 1이다.

답 ①

32 $2^x=t$라 하면 $t>0$이므로 모든 양수 t에 대하여

$t^2+2t-4+a>0$이 성립해야 한다.

$f(t)=t^2+2t-4+a$라 하면

$f(t)=t^2+2t-4+a=(t+1)^2-5+a$이므로

함수 $f(t)$는 $t=-1$에서 최솟값 $-5+a$를 갖는다.

그러므로 $t>0$에서 $f(t)>0$이기 위해서는 $f(0)\geq0$이어야 한다.

따라서 $f(0)=1-5+a=-4+a\geq0$에서 $a\geq4$이므로 정수 a의 최솟값은 4이다.

답 ⑤

33 $9^x-(a+1)3^x+a=(3^x-1)(3^x-a)<0$

$a=1$이면 $(3^x-1)^2\geq0$이므로 해는 없다.

$a<1$인 경우 $a<3^x<1$이고 a는 정수이므로 부등식의 해는 $x<0$이 되어 정수 x는 무수히 많다.

$a>1$인 경우 $1<3^x<a$이고 주어진 부등식을 만족시키는 정수 x의 개수가 1이 되기 위해서는 주어진 부등식의 정수인 해가 $x=1$뿐이어야 한다.

따라서 $3<a\leq9$이므로 정수 a는 4, 5, 6, 7, 8, 9이고 개수는 6이다.

답 ③

34 ① $y=\log_2 4x=\log_2 x+\log_2 4=\log_2 x+2$이므로 $y=\log_2 x$의 그래프를 y축의 방향으로 2만큼 평행이동한 것이다.

② $y=\dfrac{1}{2}\log_2 x^2=\log_2\sqrt{x^2}=\log_2|x|$의 정의역이 $\{x\,|\,x$는 $x\neq0$인 실수$\}$이므로 $y=\log_2 x$의 그래프와 일치시킬 수 없다.

③ $y=\log_2(2-x)=\log_2\{-(x-2)\}$이므로 $y=\log_2 x$의 그래프를 y축에 대하여 대칭이동한 후 x축의 방향으로 2만큼 평행이동한 것이다.

④ $y=\log_2\dfrac{1}{x-2}$

$\quad=\log_2 1-\log_2(x-2)$

$\quad=-\log_2(x-2)$

이므로 $y=\log_2 x$의 그래프를 x축에 대하여 대칭이동한 후 x축의 방

향으로 2만큼 평행이동한 것이다.

⑤ $y=2\log_2\sqrt{x-1}$
$=\log_2\left(\sqrt{x-1}\right)^2$
$=\log_2(x-1)$

이므로 $y=\log_2 x$의 그래프를 x축의 방향으로 1만큼 평행이동한 것이다.

답 ②

35 $\log_3 a_1<\log_2 a_1$이므로 $\log_2 a_1=b_2$, $\log_3 a_1=b_1$
$a_1=2^{b_2}=3^{b_1}$,
$b_2=\log_3 a_2$이므로 $a_2=3^{b_2}$
$b_3=\log_2 a_2$이므로 $a_2=2^{b_3}$
$b_3=\log_3 a_3$이므로 $a_3=3^{b_3}$
$12^{b_2+b_3}=(2^2\times 3)^{b_2+b_3}$
$\qquad=2^{2b_2}\times 2^{2b_3}\times 3^{b_2}\times 3^{b_3}$
$\qquad=a_1^2\times a_2^2\times a_2\times a_3$
$\qquad=a_1^2 a_2^3 a_3$
따라서 $p=2$, $q=3$, $r=1$이므로
$p+2q+3r=2+6+3=11$

답 11

36 $y=\log_2\left(\dfrac{x}{4}+a\right)=\log_2\dfrac{x+4a}{4}=\log_2(x+4a)-2$

이므로 곡선 $y=\log_2\left(\dfrac{x}{4}+a\right)$의 점근선은 $x=-4a$

그러므로 $k=4a$
$\overline{AC}=\overline{BC}$이므로

$\log_2 k=2\log_2\left(\dfrac{k}{4}+a\right)$

$\log_2 4a=2\log_2\left(\dfrac{4a}{4}+a\right)$

$4a=(2a)^2$, $a=1$
따라서 $a+k=1+4=5$

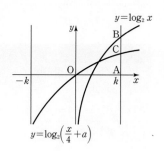

답 ⑤

37 ㄱ. 주어진 부등식은 $a+b>\log_2 a+\log_2 b$이므로

$\dfrac{a+b}{2}>\dfrac{\log_2 a+\log_2 b}{2}$

$\dfrac{a+b}{2}$는 $\overline{AB}$의 중점을 지나고 x축에 수직인 직선이 직선 $y=x$와

만나는 점의 y좌표와 같고 $\dfrac{\log_2 a+\log_2 b}{2}$는 $\overline{AB}$의 중점의 y좌표

와 같다. 그러므로 $\dfrac{a+b}{2}>\dfrac{\log_2 a+\log_2 b}{2}$ (참)

ㄴ. (반례) $a=2$, $b=8$이면
$b\log_2 a=8$, $a\log_2 b=6$이므로
$b\log_2 a>a\log_2 b$ (거짓)

ㄷ. (반례) $a=\dfrac{1}{2}$, $b=1$이면

$b-a=\dfrac{1}{2}$, $\log_2 b-\log_2 a=0-(-1)=1$이므로

$b-a<\log_2 b-\log_2 a$ (거짓)

따라서 옳은 것은 ㄱ이다.

답 ①

38 두 곡선 $y=a^x$, $y=\log_a x$는 직선 $y=x$에 대하여 서로 대칭이므로
두 점 B, C는 직선 $y=x$에 대하여 대칭이다. 점 A의 좌표는 $(4,0)$이
고 $\overline{BC}:\overline{CA}=2:1$이므로 두 점 B, C의 x좌표는 각각 1, 3이다.
즉, 점 $B(1,a)$는 직선 $y=-x+4$ 위의 점이므로 $a=-1+4=3$
점 B의 y좌표는 3이므로 직선 $y=3$이 곡선 $y=\log_3 x$와 만나는 점 D
의 좌표는 $(27,3)$
$B(1,3)$이므로 점 C의 좌표는 $(3,1)$이다.
따라서 삼각형 BCD의 넓이는

$\dfrac{1}{2}\times(27-1)\times(3-1)=26$

답 ④

39 $\log_{\frac{1}{3}}(2^x+1)-\log_3(2^{-x}+4)$
$=\log_{\frac{1}{3}}(2^x+1)+\log_{\frac{1}{3}}(2^{-x}+4)$
$=\log_{\frac{1}{3}}(2^x+1)(2^{-x}+4)$
$=\log_{\frac{1}{3}}(4\times 2^x+2^{-x}+5)$
산술평균과 기하평균의 관계에 의하여
$4\times 2^x+2^{-x}\geq 2\sqrt{4\times 2^x\times 2^{-x}}=4$ (단, 등호는 $x=-1$일 때 성립)
$\log_{\frac{1}{3}}(4\times 2^x+2^{-x}+5)\leq\log_{\frac{1}{3}}(4+5)=-2$
따라서 $f(x)$는 $x=-1$일 때, 최댓값 -2를 가지므로
$a+M=-1+(-2)=-3$

답 ①

40 $x\geq 2$, $y\geq 4$에서 $\log_2 x\geq 1$, $\log_2 y\geq 2$
$xy=64$에서 $\log_2 x+\log_2 y=6$이므로
$\log_2 y=6-\log_2 x$이고 $1\leq\log_2 x\leq 4$
$\log_2 x\times\log_4 y$
$=\log_2 x\times\dfrac{1}{2}(6-\log_2 x)$
$=-\dfrac{1}{2}(\log_2 x)^2+3\log_2 x$
$=-\dfrac{1}{2}(\log_2 x-3)^2+\dfrac{9}{2}$

그러므로 $\log_2 x=3$일 때 최댓값 $M=\dfrac{9}{2}$를 갖고, $\log_2 x=1$일 때 최솟

값 $m=\dfrac{5}{2}$를 갖는다.

따라서 $M-m=\dfrac{9}{2}-\dfrac{5}{2}=2$

답 ④

41 $\log_3 x=t$라 하면 방정식 $t^2-5t-a=0$의 두 실근은 $\log_3 \alpha$, $\log_3 \beta$이고 이차방정식의 근과 계수의 관계에 의하여

$\log_3 \alpha+\log_3 \beta=\log_3 \alpha\beta=5$

$\log_3 \alpha\times\log_3 \beta=-a$

방정식 $t^2+bt-8=0$의 두 실근은 $\log_3 \dfrac{9}{\alpha}$, $\log_3 \dfrac{9}{\beta}$, 즉 $2-\log_3 \alpha$,

$2-\log_3 \beta$이므로 이차방정식의 근과 계수의 관계에 의하여

$(2-\log_3 \alpha)+(2-\log_3 \beta)$

$=4-\log_3 \alpha\beta$

$=4-5$

$=-b$

$b=1$

$(2-\log_3 \alpha)(2-\log_3 \beta)$

$=4-2\log_3 \alpha\beta+\log_3 \alpha\times\log_3 \beta$

$=4-2\times5-a$

$=-8$

$a=2$

따라서 $a+b=2+1=3$

답 ③

42 로그의 진수 조건에서 $x\ne0$, $x\ne2$, $x>0$이고 $x-2$의 부호에 따라 다음 경우로 나누어 생각한다.

(i) $0<x<2$인 경우

$2-|1-\log_2 x|=\log(2-x)$

$2-(1-\log_2 x)=\log_2(2-x)$

$1=\log_2(2-x)-\log_2 x=\log_2 \dfrac{2-x}{x}$

$\dfrac{2-x}{x}=2$

$x=\dfrac{2}{3}$

(ii) $x>2$인 경우

$2-|1-\log_2 x|=\log(x-2)$

$2-(\log_2 x-1)=\log_2(x-2)$

$3=\log_2(x-2)+\log_2 x=\log_2(x^2-2x)$

$x^2-2x=8$, $x=4$

(i), (ii)에서 주어진 방정식의 실근의 합은

$\dfrac{2}{3}+4=\dfrac{14}{3}$

답 ④

43 $A=\{x|\ 0<|x-a|<2\}$

$=\{x|\ a-2<x<a \text{ 또는 } a<x<a+2\}$

(i) $a<4$인 경우

$B=\{x|\ 6x+24<x^2+8,\ x>-4\}$

$=\{x|\ x^2-6x-16>0,\ x>-4\}$

$=\{x|-4<x<-2 \text{ 또는 } x>8\}$

$A\subset B$이기 위해서는

$8\le a-2$, 즉 $10\le a$이어야 하므로 조건에 맞지 않는다.

(ii) $a>4$인 경우

$B=\{x|\ 6x+24>x^2+8,\ x>-4\}$

$=\{x|-2<x<8\}$

$A\subset B$이기 위해서는

$-2\le a-2$이고 $a+2\le8$

$0\le a\le6$

따라서 $A\subset B$이기 위한 모든 a의 값의 범위는 $4<a\le6$이고 자연수 a의 값의 합은 $5+6=11$

답 ③

44 $a^x=t$라 하면 주어진 방정식은

$t^2-3at+a^2+2=0$

(가)

이 방정식의 실근은 $t=a^\alpha$ 또는 $t=a^\beta$이므로 이차방정식의 근과 계수의 관계에 의하여

$a^\alpha\times a^\beta=a^{\alpha+\beta}=a^2+2$

(나)

$\alpha+\beta=4$이므로 $a^4=a^2+2$

$a^4-a^2-2=0$

$(a^2+1)(a^2-2)=0$

$a^2>0$이므로 $a^2=2$

따라서 $a=\sqrt{2}$

(다)

답 $\sqrt{2}$

단계	채점 기준	비율
(가)	$a^x=t$로 치환하여 t에 대한 이차방정식으로 나타낸 경우	30 %
(나)	$a^{\alpha+\beta}=a^2+2$의 관계를 구한 경우	40 %
(다)	a의 값을 구한 경우	30 %

45 $f(x)=2x^{2+\log_4 x}$의 양변에 2를 밑으로 하는 로그를 취하면

$\log_2 f(x)=\log_2(2x^{2+\log_4 x})$

$\qquad\qquad=\log_2 2+\log_2 x^{2+\log_4 x}$

$\qquad\qquad=1+(2+\log_4 x)(\log_2 x)$

$\qquad\qquad=1+(\log_2 x)\left(2+\dfrac{1}{2}\log_2 x\right)$

$\qquad\qquad=\dfrac{1}{2}(\log_2 x)^2+2\log_2 x+1$

$\log_2 x=t$라 하면 $-4\le t\le2$이고

$\log_2 f(x)=\dfrac{1}{2}t^2+2t+1$

$\qquad\qquad=\dfrac{1}{2}(t+2)^2-1$

(가)

$t=-2$, 즉 $x=\dfrac{1}{4}$일 때 $\log_2 f(x)$는 최솟값 -1을 가지므로

$f(x)$의 최솟값은 $m=2^{-1}=\dfrac{1}{2}$

$t=2$, 즉 $x=4$일 때 $\log_2 f(x)$는 최댓값 7을 가지므로

$f(x)$의 최댓값은 $M=2^7=128$

.... (나)

따라서 $Mm=128\times\dfrac{1}{2}=64$

.... (다)

답 64

단계	채점 기준	비율
(가)	$\log_2 f(x)$를 $t=\log_2 x$에 대한 이차방정식으로 정리한 경우	40 %
(나)	$f(x)$의 최댓값과 최솟값을 각각 구한 경우	40 %
(다)	Mm의 값을 구한 경우	20 %

내신 상위 4% 변별력 문항

본문 30~32쪽

46 ③	**47** ②	**48** ②	**49** 10	**50** 10
51 20	**52** ④	**53** ②	**54** ⑤	**55** 9
56 27	**57** ③			

46

오른쪽 그림과 같이 곡선 $y=2^x$이 y축과 만나는 점을 A라 하고 점 A를 지나고 y축에 수직인 직선이 곡선 $y=2^{x-a}$과 만나는 점을 B라 하자. 점 B를 지나고 x축에 수직인 직선이 곡선 $y=2^x$과 만나는 점을 C라 하고, 점 C를 지나고 y축에 수직인 직선이 곡선 $y=2^{x-a}$과 만나는 점을 D라 하자. 두 선분 OA, AB를 두 변으로 하는 직사각형과 두 선분 BC, CD를 두 변으로 하는 직사각형의 넓이의 합이 160일 때, 자연수 a의 값은?

┌→ 두 점 A, B의 y좌표가 서로 같다.

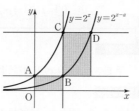

① 3   ② 4   ✓③ 5

④ 6   ⑤ 7

풀이전략

지수함수의 그래프 위의 조건에 맞는 점의 좌표를 구한다.

문제풀이

step 1 네 점 A, B, C, D의 좌표를 차례로 구한다.

곡선 $y=2^x$은 y축과 점 $(0,1)$에서 만나므로 점 A의 좌표는 $(0,1)$

점 B의 x좌표는 $1=2^{x-a}$에서 $x=a$이므로 점 B의 좌표는 $(a,1)$

직선 $x=a$가 곡선 $y=2^x$과 만나는 점 C의 좌표는 $(a,2^a)$이고 직선 $y=2^a$이 곡선 $y=2^{x-a}$과 만나는 점 D의 좌표는 $2^a=2^{x-a}$에서 $x=2a$이므로 $(2a,2^a)$

step 2 직사각형의 넓이의 합을 지수로 표현하여 자연수 a의 값을 구한다.

따라서 두 직사각형의 넓이의 합은

$a\times 1+\{(2a-a)\times(2^a-1)\}$

$=a+a(2^a-1)$

$=a\times 2^a$

$160=5\times 2^5$이므로 $a=5$

답 ③

47

세 함수 $f(x)=3^{x+2}-3k$, $g(x)=k^2\times 3^x-3k$, $h(x)=k\times 2^{2-x}+k^2-10$이 다음 조건을 만족시키도록 하는 정수 k의 개수는? (단, $k\neq 0$)

(가) 임의의 실수 x에 대하여 $f(x)\geq g(x)$이다.
→ 부등식 $f(x)\geq g(x)$의 해는 모든 실수이다.

(나) 임의의 두 실수 x_1, x_2에 대하여 $f(x_1)>h(x_2)$이다.
→ 실수 전체에서 $f(x)$의 최솟값이 $h(x)$의 최댓값보다 크다.

① 1   ✓② 3   ③ 5

④ 7   ⑤ 9

풀이전략

지수함수의 그래프를 이용하여 점근선과 최대, 최소를 구한다.

문제풀이

step 1 (가) 조건을 이용하여 k에 대한 부등식을 세우고 부등식을 만족시키는 k의 값의 범위를 구한다.

(가)에서 $f(x)\geq g(x)$이므로 $3^{x+2}-3k\geq k^2\times 3^x-3k$

$3^{x+2}\geq k^2\times 3^x$ → 같은 x값에 대한 두 함수 $f(x)$, $g(x)$의 대소 관계를 비교한다.

$9\geq k^2$

$-3\leq k\leq 3$ ...... ㉠

step 2 (나) 조건을 이용하여 두 함수 $f(x)$와 $h(x)$의 최댓값, 최솟값의 대소 관계를 만족시키는 k의 값의 범위를 구한다.

(나)에서 임의의 두 실수 x_1, x_2에 대하여 $f(x_1)>h(x_2)$이므로

함수 $f(x)$의 그래프의 점근선 $y=-3k$가 → 함수 $h(x)$의 최댓값보다 함수 $h(x)$의 그래프의 점근선 $y=k^2-10$과 같거나 함수 $f(x)$의 최솟 위에 있어야 한다.   값이 크다.

$-3k\geq k^2-10$, $-5\leq k\leq 2$ ...... ㉡

step 3 k가 양수인 경우와 음수인 경우의 그래프 개형을 비교하여 k의 값의 범위를 구한다.

또한 $k>0$이면 두 함수의 그래프가 다음과 같으므로 $f(x_1)<h(x_2)$인 두 점 x_1, x_2가 존재한다.

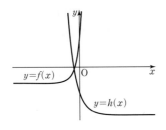

그러므로 $k<0$ $\qquad$ ...... ㉢

따라서 ㉠, ㉡, ㉢을 동시에 만족시키는 정수 k는 -3, -2, -1이므로 정수 k의 개수는 3이다.

답 ②

48

두 함수 $f(x)=1-\left(\dfrac{a}{2}\right)^x$, $g(x)=\left(\dfrac{a}{2}\right)^{1-x}+b$에 대하여 두 곡선 $y=f(x)$, $y=g(x)$가 제3사분면에서 만나고, $1\le x\le 3$에서 함수 $g(x)$의 최솟값이 -8 이상이 되도록 하는 두 정수 a, b의 모든 순서쌍 (a, b)의 개수는? (단, $a>0$, $a\ne 2$)

① 6   ✓② 9   ③ 12
④ 15   ⑤ 18

풀이전략

지수함수의 그래프를 그려 조건을 만족시키는 실수 a, b의 값의 범위를 찾는다.

문제풀이

step 1 함수 $f(x)$의 그래프가 제3사분면을 지나기 위한 a의 값의 범위를 찾는다.

곡선 $y=f(x)$가 제3사분면을 지나므로

$0<\dfrac{a}{2}<1$

즉, $0<a<2$ $\qquad$ ...... ㉠

step 2 함수 $g(x)$의 그래프와 함수 $f(x)$의 그래프가 제3사분면에서 만나기 위한 조건을 찾는다.

$g(x)=\left(\dfrac{a}{2}\right)^{1-x}+b$이고 $\dfrac{a}{2}<1$이므로

$\left(\dfrac{a}{2}\right)^{-1}>1$

두 곡선 $y=f(x)$, $y=g(x)$는 다음 그림과 같다.

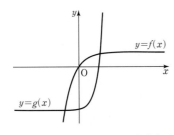

즉, 두 곡선 $y=f(x)$, $y=g(x)$가 제3사분면에서 만나기 위해서는

$g(0)<0$이어야 한다.

┗→ 함수 $g(x)$는 $x_1<x_2$이면 $g(x_1)<g(x_2)$이므로 $g(0)<0$이면 $x<0$인 x에 대하여 $g(x)<0$이다.

$g(0)=\dfrac{a}{2}+b<0$ $\qquad$ ...... ㉡

$1\le x\le 3$에서 함수 $g(x)$는 $x=1$일 때 최솟값을 가지므로

$g(1)=1+b\ge -8$

$b\ge -9$ $\qquad$ ...... ㉢

step 3 순서쌍 (a, b)의 개수를 구한다.

㉠에서 $a=1$

㉡에서 $b<-\dfrac{a}{2}=-\dfrac{1}{2}$

㉢에서 $b\ge -9$이므로 $-9\le b<-\dfrac{1}{2}$

따라서 두 정수 a, b의 모든 순서쌍 (a, b)는

$(1, -9)$, $(1, -8)$, $(1, -7)$, $\cdots$, $(1, -1)$이므로 개수는 9이다.

답 ②

49

이차항의 계수가 1인 이차함수 $y=f(x)$와 일차함수 $y=g(x)$의 그래프가 오른쪽 그림과 같고 $2^{f(x)}>\left(\dfrac{1}{4}\right)^{g(x)}$를 만족시키는 10보다 작은 자연수 x의 개수가 5일 때, $g(-2)$의 최솟값을 구하시오.

10 (단, $f(2)=g(2)=0$, $f(0)=0$이고 $g(0)>0$이다.)

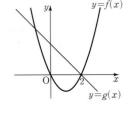

풀이전략

두 함수 $f(x)$, $g(x)$의 관계식을 구하여 지수부등식을 세운다.

문제풀이

step 1 이차함수 $f(x)$와 일차함수 $g(x)$의 관계식을 구하여 부등식을 세운다.

$f(x)=x(x-2)$, $g(x)=m(x-2)$ $(m<0)$라 하면

주어진 부등식은 $2^{x(x-2)}>\left(\dfrac{1}{4}\right)^{m(x-2)}$

┗→ 밑을 2로 통일시킨 후 지수의 대소 관계를 구한다.

step 2 부등식의 해를 구하여 m의 값의 범위를 정한다.

$2^{x^2-2x}>2^{-2mx+4m}$

$x^2-2(1-m)x-4m>0$

$(x-2)(x+2m)>0$

$-2m<2$이면 부등식의 해가 $x<-2m$ 또는 $x>2$이므로 10보다 작은 자연수 x의 개수는 7 또는 8이므로 안 된다.

$-2m>2$이면 부등식의 해는 $x<2$ 또는 $-2m<x$이다. 10보다 작은 자연수 x의 개수가 5이므로 부등식의 해는 1, 6, 7, 8, 9이어야 한다.

그러므로 $5\le -2m<6$, 즉 $-3<m\le -\dfrac{5}{2}$이어야 한다.

step 3 $g(-2)$의 최솟값을 구한다.

$10 \leq g(-2) < 12$

$\longrightarrow m=-3$일 때 $g(-2)=12$이고 $m=-\dfrac{5}{2}$일 때 $g(-2)=10$

따라서 $g(-2)$의 최솟값은 10이다.

目 10

---

50 → 두 점 P, Q의 좌표를 두 식 $y=2^x$, $y=2^{x-2}-2$에 각각 대입하면 성립하고 직선 PQ의 기울기는 -1이다.

오른쪽 그림과 같이 기울기가 -1이고 y절편이 양수인 직선 l이 x축, y축과 만나는 점을 각각 A, B라 하고, 직선 l이 두 곡선 $y=2^x$, $y=2^{x-2}-2$와 만나는 점을 각각 P, Q라 할 때, 두 점 P, Q는 선분 AB를 삼등분하는 점이다. 점 R(0, 1)을 지나고 직선 l과 평행한 직선 l'이 곡선 $y=2^{x-2}-2$와 만나는 점을 S라 할 때, 두 직선 l, l'과 두 곡선 $y=2^x$, $y=2^{x-2}-2$로 둘러싸인 도형의 넓이를 구하시오. → 직선 l'의 기울기는 -1이다. 10

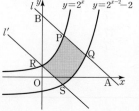

풀이전략

지수함수의 그래프의 평행이동을 활용한다.

문제풀이

step 1 두 점 P, Q의 좌표를 구한다.

두 점 P, Q는 선분 AB를 삼등분하는 점이므로 점 P의 x좌표를 t라 하면 점 Q의 x좌표는 $2t$이다.

즉, $P(t, 2^t)$, $Q(2t, 2^{2t-2}-2)$이고 점 P의 y좌표는 점 Q의 y좌표의 2배이므로

$2^t = 2 \times (2^{2t-2}-2)$

$2^{2t-1} - 2^t - 4 = 0$

$2^{2t} - 2 \times 2^t - 8 = 0$

$(2^t - 4)(2^t + 2) = 0$

$2^t > 0$이므로 $t=2$

그러므로 두 점 P, Q의 좌표는 각각 $(2, 4)$, $(4, 2)$이다.

step 2 두 점 P, Q의 위치 관계와 두 곡선 $y=2^x$, $y=2^{x-2}-2$의 위치 관계를 평행이동과 연결하여 이해한다.

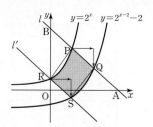

한편, 곡선 $y=2^x$의 그래프를 x축의 방향으로 2만큼, y축의 방향으로 -2만큼 평행이동하면 곡선 $y=2^{x-2}-2$와 일치하고 마찬가지로 점 P도 같은 평행이동에 의하여 점 Q로 이동한다.

---

step 3 두 점 R, S의 좌표를 구하고 주어진 도형의 넓이를 구한다.

곡선 $y=2^x$ 위의 점 R(0, 1)을 지나고 기울기가 -1인 직선이 곡선 $y=2^{x-2}-2$와 만나는 점이 S이므로 점 S는 점 R을 x축의 방향으로 2만큼, y축의 방향으로 -2만큼 평행이동한 것이므로 S(2, -1)이다.

그러므로 사각형 PRSQ는 평행사변형이고, 두 직선 l, l'과 두 곡선 $y=2^x$, $y=2^{x-2}-2$로 둘러싸인 부분의 넓이는 사각형 PRSQ의 넓이와 같다. → 선분 PR과 곡선 $y=2^x$으로 둘러싸인 부분은 선분 QS와 곡선 $y=2^{x-2}-2$로 둘러싸인 부분과 겹쳐진다.

따라서 구하는 도형의 넓이는

$\dfrac{1}{2} \times \{4 - (-1)\} \times (4 - 0) = 10$

目 10

51

두 곡선 $y = a \times 2^x$, $y = b - \left(\dfrac{1}{2}\right)^{x-2}$이 만나는 서로 다른 두 점 A, B에 대하여 선분 AB의 중점의 좌표가 $(0, 8)$일 때, $a+b$의 값을 구하시오. (단, $a \neq 0$이고, a, b는 상수이다.) 20

풀이전략

→ 두 점 A, B의 x좌표의 합은 $2 \times 0 = 0$

y좌표의 합은 $2 \times 8 = 16$

지수에 미지수가 있는 방정식을 이용하여 두 점 A, B의 좌표를 구한다.

문제풀이

step 1 두 점 A, B의 x좌표를 해로 갖는 방정식을 세운다.

$a \times 2^x = b - 2^{2-x}$의 양변에 2^x을 곱하면

$a \times (2^x)^2 - b \cdot 2^x + 4 = 0$ ...... ㉠

이 방정식의 서로 다른 두 근을 α, β라 하면 두 점 A, B의 좌표는 각각 $(\alpha, a \times 2^\alpha)$, $(\beta, a \times 2^\beta)$이다.

step 2 이차방정식의 근과 계수의 관계를 이용하여 α, β의 관계식을 구한다.

선분 AB의 중점의 좌표가 $(0, 8)$이므로

$\alpha + \beta = 0$ ...... ㉡

$a(2^\alpha + 2^\beta) = 16$ ...... ㉢

㉠에서 $2^x = t$라 하면 $at^2 - bt + 4 = 0$이고 이 t에 대한 이차방정식의 두 근은 2^α, 2^β이다.

→ $a(2^\alpha)^2 - b \cdot 2^\alpha + 4 = 0$, $a(2^\beta)^2 - b \cdot 2^\beta + 4 = 0$이 성립한다.

이차방정식의 근과 계수의 관계에 의하여

$2^\alpha + 2^\beta = \dfrac{b}{a}$, $2^\alpha \times 2^\beta = 2^{\alpha+\beta} = \dfrac{4}{a}$

step 3 a, b의 값을 구한다.

㉡에서 $\alpha + \beta = 0$이므로

$\dfrac{4}{a} = 1$, $a = 4$

㉢에서 $a(2^\alpha + 2^\beta) = 16$이므로

$4(2^\alpha + 2^\beta) = 16$

$2^\alpha + 2^\beta = \dfrac{b}{4} = 4$, $b = 16$

따라서 $a + b = 4 + 16 = 20$

目 20

52

정의역이 $X=\left\{x\,\middle|\,|x|\leq a,\ x\neq\dfrac{3}{8}\right\}$인

함수 $y=\log_a\left|\dfrac{8}{3}x-1\right|+1$의 치역이 $Y=\{y\,|\,b\leq y\leq 3\}$일 때,

a^b의 값은? (단, $a>0$, $a\neq 1$)

① $\dfrac{11}{27}$ ② $\dfrac{13}{27}$ ③ $\dfrac{5}{9}$

✓④ $\dfrac{17}{27}$ ⑤ $\dfrac{19}{27}$

풀이전략

진수 부분에 절댓값 기호를 포함한 로그함수의 그래프를 그려 정의역과 치역을 구한다.

문제풀이

step 1 로그의 밑의 값의 범위에 따라 $y=\log_a\left|\dfrac{8}{3}x-1\right|+1$의 그래프를 그린다.

$f(x)=\log_a\left|\dfrac{8}{3}x-1\right|+1$이라 하자.

$a>1$인 경우 함수 $y=\log_a\left|\dfrac{8}{3}x-1\right|+1$의 그래프는 다음 그림과 같으므로 이 함수의 치역은 $\{y\,|\,y\leq f(-a)\}$이므로 주어진 조건을 만족시키지 못한다.

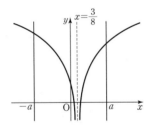

$0<a<1$인 경우 함수 $y=\log_a\left|\dfrac{8}{3}x-1\right|+1$의 그래프는 다음 그림과 같다.

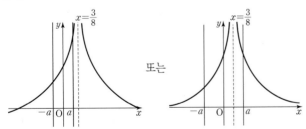

또는

step 2 a의 값의 범위에 따라 함수 $f(x)$의 치역을 구한다.

$\dfrac{3}{8}\leq a<1$이면 함수 $f(x)$의 치역은 $Y=\{y\,|\,f(-a)\leq y\}$이므로 주어진 조건을 만족시키지 못한다.

→ 함수 $y=f(x)$의 그래프의 점근선이 $x=\dfrac{3}{8}$이므로 a의 값이 $\dfrac{3}{8}$보다 큰지 작은지에 따라 치역이 달라진다. 즉, $-a\leq\dfrac{3}{8}\leq a$이면 함수 $f(x)$의 치역의 최댓값이 존재하지 않는다.

$0<a<\dfrac{3}{8}$이면 이 함수의 치역이 $Y=\{y\,|\,f(-a)\leq y\leq f(a)\}$이므로 주어진 조건을 만족시킨다.

step 3 치역 Y를 이용하여 a, b의 값을 구한다.

$f(a)=\log_a\left(1-\dfrac{8}{3}a\right)+1=3$이어야 하므로 $a^2=1-\dfrac{8}{3}a$, $a=\dfrac{1}{3}$

$b=f(-a)=f\left(-\dfrac{1}{3}\right)=\log_{\frac{1}{3}}\dfrac{17}{9}+1=3-\log_3 17$

따라서

$a^b=\left(\dfrac{1}{3}\right)^{3-\log_3 17}$

$=\dfrac{1}{27}\times 17$

$=\dfrac{17}{27}$

답 ④

53

좌표평면 위의 점 $(n,\,n)$을 대각선의 교점으로 하는 한 변의 길이가 2인 정사각형과 곡선 $y=\log_2(ax+8)$이 만나도록 하는 상수 a의 최댓값을 $f(n)$이라 하고 최솟값을 $g(n)$이라 할 때, $f(6)+g(3)$의 값은?

(단, 정사각형의 각 변은 x축 또는 y축과 평행하다.)

① 20   ✓② 22   ③ 24

④ 26   ⑤ 28

풀이전략

로그함수의 그래프의 평행이동을 이용한다.

문제풀이

step 1 함수 $y=\log_2(ax+8)$의 그래프와 함수 $y=\log_2 ax$의 그래프의 위치 관계를 생각한다.

$y=\log_2(ax+8)=\log_2 a\left(x+\dfrac{8}{a}\right)$이므로 곡선 $y=\log_2(ax+8)$은 곡선 $y=\log_2 ax$를 x축의 방향으로 $-\dfrac{8}{a}$만큼 평행이동한 곡선이다.

step 2 a의 값이 최대가 되기 위하여 지나는 점을 찾는다.

점 $(6,\,6)$을 대각선의 교점으로 하고 한 변의 길이가 2인 정사각형의 네 꼭짓점의 좌표는 $(5,\,5)$, $(5,\,7)$, $(7,\,5)$, $(7,\,7)$이므로 $a>0$이면 점 $(5,\,7)$을 지날 때 a는 최대이다.

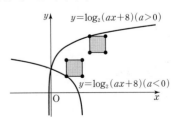

$7=\log_2(5a+8)$

$2^7=5a+8$

$a=24$이므로 $f(6)=24$

step 3 a의 값이 최소가 되기 위하여 지나는 점을 찾는다.

점 $(3, 3)$을 대각선의 교점으로 하고 한 변의 길이가 2인 정사각형의 네 꼭짓점의 좌표는 $(2, 2)$, $(2, 4)$, $(4, 2)$, $(4, 4)$이므로 $a<0$이면 점 $(2, 2)$를 지날 때 a는 최소이다.

$2=\log_2(2a+8)$ $\longrightarrow$ $a>0$일 때와 그래프 개형이 달라진다. 즉, $x_1<x_2$일
$2^2=2a+8$ 때 $f(x_1)>f(x_2)$이므로 점 $(4, 2)$를 지날 때가 최소
$a=-2$이므로 $g(3)=-2$ 인 것으로 생각하지 않도록 주의한다.

step 4 $f(6)$, $g(3)$의 합을 구한다.

따라서 $f(6)+g(3)=24+(-2)=22$

달 ②

54

오른쪽 그림과 같이 두 곡선 $y=\log_2 x$, $y=3^x$이 직선 $y=-x+2$와 만나는 점을 각각 $\mathrm{A}(x_1, y_1)$, $\mathrm{B}(x_2, y_2)$라 할 때, 〈보기〉에서 옳은 것만을 있는 대로 고른 것은?

$\longrightarrow$ 기울기가 -1이므로 두 점 A, B를 직선 $y=x$에 대해 각각 대칭이동한 두 점도 직선 $y=-x+2$ 위에 있다.

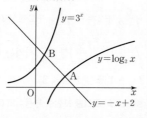

┤ 보기 ├

ㄱ. $x_1<y_2$

ㄴ. $x_2(x_1-1)<y_1(y_2-1)$

ㄷ. $(x_2+y_1)+(2^{y_1}+2^{x_2})<4$

① ㄱ   ② ㄷ   ③ ㄱ, ㄴ
④ ㄴ, ㄷ   ✓⑤ ㄱ, ㄴ, ㄷ

풀이전략

로그함수와 지수함수의 관계를 이용한다.

문제풀이

step 1 $y=\log_2 x$의 역함수는 $y=2^x$이므로 점 A를 곡선 $y=2^x$ 위의 점으로 대칭이동해 본다.

ㄱ. 점 A를 직선 $y=x$에 대하여 대칭 이동한 점을 C라 하면 $\mathrm{C}(y_1, x_1)$ 이고 점 C는 곡선 $y=2^x$ 위의 점 이다. 점 B의 y좌표가 점 C의 y 좌표보다 크므로 $x_1<y_2$ (참)

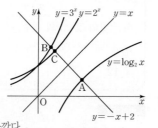

$\longrightarrow$ $a>b>1$이면 곡선 $y=a^x$가 곡선 $y=b^x$보다 좌표축에 더 가깝다.

step 2 주어진 부등식을 점 $(0, 1)$을 지나는 직선의 기울기로 이해한다.

$\longrightarrow$ 두 곡선 $y=2^x$, $y=3^x$가 y축과 만나는 점이다.

ㄴ. $x_2(x_1-1)<y_1(y_2-1)$의 양변을 $x_2 y_1$로 나누면

$$\frac{x_1-1}{y_1}<\frac{y_2-1}{x_2}$$

$\dfrac{x_1-1}{y_1}$은 점 $(0, 1)$과 점 $\mathrm{C}(y_1, x_1)$을 지나는 직선의 기울기이고

$\dfrac{y_2-1}{x_2}$은 점 $(0, 1)$과 점 $\mathrm{B}(x_2, y_2)$를 지나는 직선의 기울기이므

로 $\dfrac{x_1-1}{y_1}<\dfrac{y_2-1}{x_2}$이 성립한다. (참)

step 3 두 점 B, C는 직선 $y=-x+2$ 위의 점이므로 x_1과 y_1, x_2와 y_2 사이의 관계를 생각한다.

ㄷ. 점 B는 곡선 $y=3^x$과 직선 $y=-x+2$의 교점이므로
$y_2=3^{x_2}$, $x_2+y_2=2$이고 $x_2+3^{x_2}=2$
점 C는 곡선 $y=2^x$과 직선 $y=-x+2$의 교점이므로
$x_1=2^{y_1}$, $x_1+y_1=2$이고 $y_1+2^{y_1}=2$
$(y_1+x_2)+(3^{x_2}+2^{y_1})=4$이고 $2^{x_2}<3^{x_2}$이므로
$(x_2+y_1)+(2^{y_1}+2^{x_2})<4$ (참)

따라서 옳은 것은 ㄱ, ㄴ, ㄷ이다.

달 ⑤

55

$\longrightarrow$ 두 곡선 $y=f(x)$, $y=f^{-1}(x)$는 직선 $y=x$에 대해 대칭이다.

함수 $f(x)=\log_2(x+k)$와 그 역함수 $f^{-1}(x)$에 대하여 두 곡선 $y=f(x)$, $y=f^{-1}(x)$가 서로 다른 두 점 A, B에서 만나고 $\overline{\mathrm{AB}}=n\sqrt{2}$일 때, 점 A의 x좌표를 $g(n)$이라 하자. $g(n)-g(2n)>8$을 만족시키는 자연수 n의 최솟값을 구하시오.

9 (단, k는 상수이고, 점 A의 x좌표는 점 B의 x좌표보다 작다.)

풀이전략

$\longrightarrow$ 직선 AB의 기울기는 1이고 두 점 A, B의 x좌표의 차는 n이다.

로그함수와 지수함수의 관계를 이용한다.

문제풀이

step 1 두 곡선 $y=f(x)$, $y=f^{-1}(x)$의 교점은 곡선 $y=f(x)$와 직선 $y=x$의 교점과 일치한다는 성질을 이용하여 두 점 A, B의 좌표를 생각한다.

$f^{-1}(x)$는 함수 $f(x)$의 역함수이므로 두 곡선 $y=f(x)$, $y=f^{-1}(x)$의 교점은 곡선 $y=f(x)$와 직선 $y=x$의 교점과 일치한다.

점 A의 x좌표를 t라 하면 $\overline{\mathrm{AB}}=n\sqrt{2}$이고 두 점 A, B는 직선 $y=x$ 위의 점이므로 점 B의 x좌표는 $t+n$이다.

$\longrightarrow$ 선분 AB를 빗변으로 하는 직각이등변삼각형의 직각을 낀 두 변의 길이는 모두 n이다.

즉, $x=t$, $x=n+t$는 방정식 $\log_2(x+k)=x$의 실근이다.

$\log_2(t+k)=t$이므로   …… ㉠

$k=2^t-t$ …… ㉡

$\log_2(t+n+k)=t+n$ …… ㉢

step 2 문자 k를 소거하고 t를 n에 대한 함수로 생각하여 함수 $g(n)$을 구한다.

㉢-㉠을 하면

$$\log_2\left(1+\frac{n}{t+k}\right)=n$$

$$t+k=\frac{n}{2^n-1}$$

㉡에서 $k=2^t-t$이므로 $2^t=\dfrac{n}{2^n-1}$

$$t=\log_2\left(\frac{n}{2^n-1}\right)$$

따라서 $g(n)=\log_2\left(\dfrac{n}{2^n-1}\right)$

step 3 $g(n)-g(2n)>8$이기 위한 n의 값의 범위를 구한다.

$g(n)-g(2n)$

$=\log_2\left(\dfrac{n}{2^n-1}\right)-\log_2\left(\dfrac{2n}{2^{2n}-1}\right)$

$=\log_2\dfrac{\dfrac{n}{2^n-1}}{\dfrac{2n}{(2^n-1)(2^n+1)}}$

$=\log_2\dfrac{2^n+1}{2}>8$

$\dfrac{2^n+1}{2}>2^8$

$2^n>2^9-1$이므로 자연수 n의 최솟값은 9이다.

답 9

56

함수 $f(x)=\dfrac{\log_2 x+1}{\log_4 x-1}$에 대하여 부등식 $f\left(\dfrac{a}{2}\right)\leq f\left(\dfrac{2}{a}\right)$를 만족

시키는 모든 정수 a의 값의 합을 구하시오. (단, $a>0$) 27

→ 로그의 밑을 변환하여 밑이 2인 로그로 나타낸다.

풀이전략

로그의 진수에 미지수가 있는 부등식을 치환을 통하여 해를 구한다.

문제풀이

step 1 두 함수 $f\left(\dfrac{a}{2}\right),f\left(\dfrac{2}{a}\right)$의 식을 간단히 나타낸다.

$f(x)=\dfrac{\log_2 x+1}{\log_4 x-1}$

$=\dfrac{\log_2 x+1}{\dfrac{1}{2}\log_2 x-1}$ → 밑이 2인 로그로 나타낸다.

$=\dfrac{2\log_2 x+2}{\log_2 x-2}$

$=\dfrac{6}{\log_2 x-2}+2$

$f\left(\dfrac{a}{2}\right)=\dfrac{6}{\log_2\dfrac{a}{2}-2}+2$

$=\dfrac{6}{\log_2 a-3}+2$

$f\left(\dfrac{2}{a}\right)=\dfrac{6}{\log_2\dfrac{2}{a}-2}+2$

$=\dfrac{6}{-\log_2 a-1}+2$

$=-\dfrac{6}{\log_2 a+1}+2$

step 2 $\log_2 a=t$로 치환하여 $f\left(\dfrac{a}{2}\right)\leq f\left(\dfrac{2}{a}\right)$를 만족시키는 t의 값의 범위를 구한다.

$\log_2 a=t$라 하고, $f\left(\dfrac{a}{2}\right)=g(t)$, $f\left(\dfrac{2}{a}\right)=h(t)$라 하면

$g(t)=\dfrac{6}{t-3}+2$, $h(t)=-\dfrac{6}{t+1}+2$

두 함수 $y=\dfrac{6}{t-3}+2$, $y=-\dfrac{6}{t+1}+2$의 그래프는 다음 그림과 같다.

→ $y=\dfrac{6}{t-3}+2$의 점근선은 $t=3$, $y=2$이고

$y=-\dfrac{6}{t+1}+2$의 점근선은 $t=-1$, $y=2$이다.

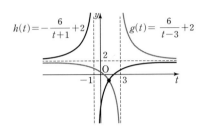

$\dfrac{6}{t-3}+2=-\dfrac{6}{t+1}+2$에서 $t-3=-(t+1)$, $t=1$이므로

$f\left(\dfrac{a}{2}\right)\leq f\left(\dfrac{2}{a}\right)$를 만족시키는 t의 값의 범위는

$t<-1$ 또는 $1\leq t<3$

step 3 로그를 포함한 부등식의 해를 구한다.

$t<-1$에서 $\log_2 a<-1$이므로 $a<\dfrac{1}{2}$

$1\leq t<3$에서 $1\leq \log_2 a<3$이므로 $2\leq a<8$

$a>0$이므로 주어진 부등식을 만족시키는 모든 a의 값의 범위는

$0<a<\dfrac{1}{2}$ 또는 $2\leq a<8$

따라서 정수 a의 값의 합은 $2+3+4+5+6+7=27$

답 27

57

두 함수 $f(x)=\log_2\dfrac{x}{4}$, $g(x)=x^2-x$에 대하여

연립부등식 $\begin{cases} g(f(x))<0 \\ f(g(x)+c)<3 \end{cases}$ 의 정수인 해의 개수가 1이 되도록

하는 양의 정수 c의 개수는?

① 6   ② 8   √③ 10

④ 12   ⑤ 14

→ $g(f(x))<0$을 만족하는 x의 값의 범위를 먼저 구한 후에 정수인 해의 개수가 1이 되도록 $f(g(x)+c)<3$에서 c의 값의 범위를 정한다.

풀이전략

로그의 진수에 미지수가 있는 연립부등식의 해를 구한다.

문제풀이

step 1 부등식 $g(f(x))<0$의 해를 구한다.

$f(x)=\log_2\dfrac{x}{4}=\log_2 x-2$이므로

$g(f(x))=(\log_2 x-2)^2-(\log_2 x-2)$

$=(\log_2 x)^2-5\log_2 x+6$

$=(\log_2 x-2)(\log_2 x-3)<0$

$2<\log_2 x<3$이므로 $4<x<8$ ······ ㉠

step 2 함수 $y=f(g(x)+c)$의 그래프를 생각한다.

$f(g(x)+c)=\log_2 (x^2-x+c)-2<3$

$x^2-x+c<32$이므로 $x^2-x+c-32<0$

$h(x)=x^2-x+c-32=\left(x-\dfrac{1}{2}\right)^2+c-\dfrac{129}{4}$라 하면

곡선 $y=h(x)$의 대칭축은 $x=\dfrac{1}{2}$이므로 $x^2-x+c-32<0$의 해와

㉠의 공통인 정수인 해가 1개만 존재하기 위해서는 정수인 해가 $x=5$

가 되어야 한다.

step 3 부등식 $f(g(x)+c)<0$의 정수인 해가 5만 존재하기 위한 c의 값의

범위를 구한다.

즉, $h(5)<0$, $h(6)\geq 0$이어야 한다.

$h(5)=25-5+c-32=c-12<0$에서 $c<12$

$h(6)=36-6+c-32=c-2\geq 0$에서 $c\geq 2$

따라서 $2\leq c<12$이므로 정수 c의 개수는 10이다.

답 ③

58

오른쪽 그림과 같이 곡선

$y=\dfrac{n}{x}$ $(x>0)$ 위의 점 P에

대하여 점 P를 지나고 x축에

평행한 직선이 곡선 $y=n^x$과

만나는 점을 A라 하고 점 P

를 지나고 y축에 평행한 직선

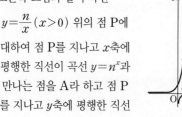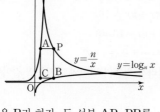

이 곡선 $y=\log_n x$와 만나는 점을 B라 하자. 두 선분 AP, PB를

두 변으로 하고 각 변이 좌표축에 평행한 직사각형 ACBP의 둘레

의 길이의 최솟값이 10이 되도록 하는 n에 대하여 다음 조건을 만

족시키는 모든 점 (a, b)의 개수를 구하시오.

20   (단, n은 1이 아닌 양수이다.)

> (가) a, b는 정수이다.
> (나) 점 (a, b)는 세 곡선 $y=\dfrac{n}{x}$, $y=n^x$, $y=\log_n x$와 x축 및 y축
> 으로 둘러싸인 도형의 내부의 점이다. (단, 경계는 제외한다.)
>
>   → 두 곡선은 서로 직선 $y=x$에 대하여 대칭이다.
>   → 직선 $y=x$에 대하여 대칭이다.

문항 파헤치기
지수함수와 로그함수의 관계 구하기

실수 point 찾기
주어진 두 곡선 $y=n^x$, $y=\log_n x$는 직선 $y=x$에 대하여 서로 대칭이고, 곡

선 $y=\dfrac{n}{x}$도 직선 $y=x$에 대칭인 곡선임에 유의한다.

풀이전략

지수함수와 로그함수의 그래프는 직선 $y=x$에 대하여 대칭이라는 성질을 이

용한다.

문제풀이

step 1 사각형 ACBP의 둘레의 길이를 구한다.

점 P의 좌표를 (p, q)라 하면 점 P는 곡선 $y=\dfrac{n}{x}$ 위의 점이므로

$q=\dfrac{n}{p}$, $pq=n$

점 A의 y좌표는 q이므로 $q=n^x$에서 $x=\log_n q$이므로

$A(\log_n q, q)$

점 B의 x좌표는 p이므로 $y=\log_n p$에서

$B(p, \log_n p)$

그러므로 직사각형 ACBP의 둘레의 길이는

$2\times(\overline{AP}+\overline{PB})$

$=2\times\{(p-\log_n q)+(q-\log_n p)\}$

$=2\times(p+q-\log_n pq)$

$=2\times(p+q-1)$

step 2 상수 n의 값을 구한다.

$p>0$, $q>0$이므로 산술평균과 기하평균의 관계에 의하여

$p+q\geq 2\sqrt{pq}=2\sqrt{n}$ (단, 등호는 $p=q$일 때 성립)

즉, 직사각형 ACBP의 둘레의 길이의 최솟값은 $2\times(2\sqrt{n}-1)$이다.

$2\times(2\sqrt{n}-1)=10$에서 $n=9$

step 3 조건을 만족시키는 점 (a, b)의 개수를 구한다.

두 곡선 $y=9^x$, $y=\log_9 x$는 직선 $y=x$에 대하여 서로 대칭이고, 곡선

$y=\dfrac{9}{x}$도 직선 $y=x$에 대하여 대칭이다. 또 직선 $y=x$와 곡선 $y=\dfrac{9}{x}$

가 만나는 점의 좌표는 $(3, 3)$이다.

직선 $y=x$, 곡선 $y=\dfrac{9}{x}$, $y=\log_9 x$와 x축 및 y축으로 둘러싸인 도형

의 경계를 제외한 점의 개수를 구하면

$\dfrac{9}{x}=2$에서 $x=\dfrac{9}{2}$이므로 y좌표가 2이고 직선 $y=x$의 아래쪽에 있는

점은 $(3, 2)$, $(4, 2)$ 직선 $y=x$와 곡선 $y=\dfrac{9}{x}$가 만나는 점의 좌표가

                      $(3, 3)$이므로 구하는 y좌표는 3보다 작다.

$\dfrac{9}{x}=1$에서 $x=9$이고 점 $(9, 1)$은 곡선 $y=\log_9 x$ 위의 점이므로 y좌

표가 1이고 직선 $y=x$의 아래쪽에 있는 점은 $(2, 1)$, $(3, 1)$, $(4, 1)$,

$\cdots$, $(8, 1)$

그러므로 주어진 도형의 내부 중 직선 $y=x$의 아래쪽에 있는 점의 개

수는 $2+7=9$

마찬가지로 직선 $y=x$의 위쪽에 있는 점의 개수는 9

직선 $y=x$ 위의 점은 $(1, 1)$, $(2, 2)$이므로 2

따라서 구하는 점의 개수는 $9+9+2=20$

답 20

03 삼각함수의 뜻과 그래프

본문 36~39쪽

01 ④	02 ③	03 ③	04 ③	05 ③
06 ③	07 ①	08 ⑤	09 ⑤	10 ⑤
11 ②	12 ②	13 ②	14 ③	15 ⑤
16 ⑤	17 ④	18 ③	19 ②	20 ③
21 ③	22 $2\sqrt{6}$	23 4		

01 ㄱ. π 라디안$=180°$이므로

$1°=\dfrac{\pi}{180}$ 라디안 (참)

ㄴ. $\dfrac{25}{7}\pi=2\pi+\dfrac{11}{7}\pi$이고

$\dfrac{11}{7}\pi=\pi+\dfrac{4}{7}\pi>\pi+\dfrac{\pi}{2}$이므로

$\dfrac{25}{7}\pi$는 제4사분면의 각이다. (거짓)

ㄷ. 부채꼴의 반지름의 길이를 r라 하고 호의 길이를 l이라 하면 부채꼴의 둘레의 길이는 $2r+l=2l$

$l=2r$이므로 부채꼴의 중심각의 크기는 $\dfrac{l}{r}=\dfrac{2r}{r}=2$라디안이다. (참)

따라서 옳은 것은 ㄱ, ㄷ이다.

답 ④

02 θ를 나타내는 동경과 4θ를 나타내는 동경이 서로 일치하므로 정수 n에 대하여

$4\theta=2n\pi+\theta$

$\theta=\dfrac{2n\pi}{3}$

$0<\theta<\pi$이므로 $n=1$일 때, $\theta=\dfrac{2}{3}\pi$

답 ③

03 θ가 나타내는 동경과 5θ가 나타내는 동경이 원점에 대하여 대칭이므로 $5\theta-\theta=2n\pi+\pi$ (단, n은 정수)

$\theta=\dfrac{n}{2}\pi+\dfrac{\pi}{4}$

점 P는 제1사분면의 위의 점이므로

$0<\theta<\dfrac{\pi}{2}$, $\theta=\dfrac{\pi}{4}$

그러므로 직선 OP의 기울기는 $\tan\dfrac{\pi}{4}=1$

따라서 $\dfrac{1}{a}=1$이므로 $a=1$

답 ③

04 부채꼴의 중심각의 크기를 θ, 반지름의 길이를 r라 하면 호의 길이 l은 $l=r\theta$이므로 부채꼴의 둘레의 길이는

$2r+l=2r+r\theta=12$

$r\theta=12-2r$이므로

부채꼴의 넓이는 $\dfrac{1}{2}r^2\theta=\dfrac{r}{2}\times r\theta=\dfrac{r}{2}(12-2r)=4$

$r^2-6r+4=0$

부채꼴의 반지름의 길이를 r_1, r_2라 하면 이차방정식의 근과 계수의 관계에 의하여 $r_1+r_2=6$

따라서 반지름의 길이의 합은 6이다.

답 ③

05 중심각의 크기가 θ_1, θ_2인 두 부채꼴의 반지름의 길이를 각각 $2r$, $3r$라 하면 두 부채꼴의 넓이는 각각 $\dfrac{1}{2}(2r)^2\theta_1$, $\dfrac{1}{2}(3r)^2\theta_2$이므로

$2r^2\theta_1 : \dfrac{9}{2}r^2\theta_2=5:6$

$12r^2\theta_1=\dfrac{45}{2}r^2\theta_2$

따라서 $\dfrac{\theta_2}{\theta_1}=\dfrac{8}{15}$

답 ③

06 원뿔의 밑면의 반지름의 길이를 r라 하면 전개도에서 부채꼴의 반지름의 길이는 6이고 부채꼴의 호의 길이는 밑면의 둘레의 길이인 $2\pi r$와 같으므로 부채꼴의 넓이는

$\dfrac{1}{2}\times6\times2\pi r=6\pi r$

밑면의 넓이는 πr^2이므로 전개도의 넓이는

$6\pi r+\pi r^2=16\pi$

$r^2+6r-16=0$

$r=-8$ 또는 $r=2$

따라서 원뿔의 밑면의 반지름의 길이는 2이다.

답 ③

07 $\overline{\text{OP}}=\sqrt{(-2)^2+1^2}=\sqrt{5}$이므로

$\sin\theta=\dfrac{1}{\sqrt{5}}$, $\cos\theta=-\dfrac{2}{\sqrt{5}}$, $\tan\theta=-\dfrac{1}{2}$

따라서

$\dfrac{\tan\theta}{\sin\theta-\cos\theta}=\dfrac{-\dfrac{1}{2}}{\dfrac{1}{\sqrt{5}}-\left(-\dfrac{2}{\sqrt{5}}\right)}$

$=-\dfrac{\sqrt{5}}{6}$

답 ①

08 반지름의 길이가 13인 원 위의 점 $P(a, b)$에 대하여 동경 OP가 나타내는 각의 크기가 θ일 때, $\sin\theta=\dfrac{5}{13}$이므로

$b=5$이고 $a=-\sqrt{13^2-5^2}=-12$

그러므로 $\cos\theta=-\dfrac{12}{13}$, $\tan\theta=-\dfrac{5}{12}$

따라서
$$\tan \theta - \frac{5}{\cos \theta} = -\frac{5}{12} - \frac{5}{-\frac{12}{13}}$$
$$= \frac{-5 + 65}{12}$$
$$= 5$$

답 ⑤

09 $\dfrac{\sqrt{\cos \theta}}{\sqrt{\sin \theta}} = -\sqrt{\dfrac{\cos \theta}{\sin \theta}}$ 에서 $\cos \theta > 0$, $\sin \theta < 0$이므로 θ는 제4
사분면의 각이다.

$k = 4$이므로 $\tan \theta < 0$
$$\sqrt{(\tan \theta - k \cos \theta)^2} - |k \tan \theta|$$
$$= \sqrt{(\tan \theta - 4 \cos \theta)^2} - |4 \tan \theta|$$
$$= |\tan \theta - 4 \cos \theta| - |4 \tan \theta|$$
$$= (4 \cos \theta - \tan \theta) - (-4 \tan \theta)$$
$$= 4 \cos \theta + 3 \tan \theta$$

답 ⑤

10 $\sin \theta \cos \theta > 0$이므로 $\sin \theta$와 $\cos \theta$의 부호는 서로 같고,
$\dfrac{\cos \theta}{\tan \theta} < 0$이므로 $\cos \theta$와 $\tan \theta$의 부호는 서로 다르다.

즉, $\sin \theta$, $\cos \theta$, $\tan \theta$ 중 $\tan \theta$의 부호만 다르므로 θ는 제3사분면의
각이다.

$(2n-1)\pi < \theta < (2n-1)\pi + \dfrac{\pi}{2}$ (단, n은 정수) $\cdots\cdots$ ㉠

ㄱ. θ는 제3사분면의 각이므로 $\cos \theta < 0$ (거짓)

ㄴ. ㉠에서 $n\pi - \dfrac{\pi}{2} < \dfrac{\theta}{2} < n\pi - \dfrac{\pi}{4}$이므로 $\dfrac{\theta}{2}$는 제2사분면 또는 제4사
분면의 각이다. 그러므로 $\tan \dfrac{\theta}{2} < 0$ (참)

ㄷ. ㉠에서 $(4n-2)\pi < 2\theta < (4n-2)\pi + \pi$
즉, 2θ는 제1사분면 또는 제2사분면의 각이므로 $\sin 2\theta > 0$ (참)
따라서 옳은 것은 ㄴ, ㄷ이다.

답 ⑤

11 $\dfrac{1 + 3 \sin \theta}{1 + \sin \theta} - \dfrac{2}{1 - \sin \theta}$
$$= \frac{(1 + 3 \sin \theta)(1 - \sin \theta) - 2(1 + \sin \theta)}{(1 + \sin \theta)(1 - \sin \theta)}$$
$$= \frac{-3 \sin^2 \theta - 1}{\cos^2 \theta}$$
$$= \frac{-3(1 - \cos^2 \theta) - 1}{\cos^2 \theta}$$
$$= \frac{3 \cos^2 \theta - 4}{\cos^2 \theta}$$
$$= 3 - \frac{4}{\cos^2 \theta}$$
따라서 $a + b = 3 + 4 = 7$

답 ②

12 이차방정식의 근과 계수의 관계에 의하여
$$\sin \theta + \cos \theta = -a$$
$$\sin \theta \cos \theta = -4a^2$$
$$(\sin \theta + \cos \theta)^2$$
$$= \sin^2 \theta + \cos^2 \theta + 2 \sin \theta \cos \theta$$
$$= 1 + 2 \sin \theta \cos \theta$$
이므로 $a^2 = 1 - 8a^2$

a는 양수이므로 $a = \dfrac{1}{3}$

답 ②

13 $(1 + \sin \theta)(1 - \sin \theta)(1 - \tan^2 \theta)$
$$= (1 - \sin^2 \theta)(1 - \tan^2 \theta)$$
$$= \cos^2 \theta(1 - \tan^2 \theta)$$
$$= \cos^2 \theta - \sin^2 \theta$$
$$= (\cos \theta + \sin \theta)(\cos \theta - \sin \theta)$$
$(\cos \theta + \sin \theta)^2$
$$= \cos^2 \theta + \sin^2 \theta + 2 \cos \theta \sin \theta$$
$$= 1 + \frac{1}{2} = \frac{3}{2}$$
이므로 $\cos \theta + \sin \theta = \dfrac{\sqrt{6}}{2}$

$(\cos \theta - \sin \theta)^2$
$$= \cos^2 \theta + \sin^2 \theta - 2 \cos \theta \sin \theta$$
$$= 1 - \frac{1}{2} = \frac{1}{2}$$
이므로 $\cos \theta - \sin \theta = \dfrac{\sqrt{2}}{2}$

따라서 주어진 식의 값은 $\dfrac{\sqrt{6}}{2} \times \dfrac{\sqrt{2}}{2} = \dfrac{\sqrt{3}}{2}$

답 ②

14 주어진 함수의 그래프의 주기는
$2 \times \left(\dfrac{3}{4}\pi - \dfrac{\pi}{4} \right) = \pi$이므로 $\dfrac{2\pi}{b} = \pi$, $b = 2$
최댓값이 3, 최솟값이 -1이므로 $a + c = 3$, $-a + c = -1$
$a = 2$, $c = 1$
따라서 $abc = 2 \times 2 \times 1 = 4$

답 ③

15 함수 $y = 4 \cos(2x + \pi) + 3$의 그래프는 함수 $y = 4 \cos 2x$의 그
래프를 x축의 방향으로 $-\dfrac{\pi}{2}$만큼, y축의 방향으로 3만큼 평행이동한 것
이다.

그러므로 최댓값은 $M = 4 + 3 = 7$, 최솟값은 $m = -4 + 3 = -1$이고 주
기는 $\dfrac{2\pi}{2} = \pi$

따라서 $p(M + m) = \pi \times \{7 + (-1)\} = 6\pi$

답 ⑤

16 $f(x)=\sin\left(\dfrac{x}{2}+\pi\right)=\sin\dfrac{1}{2}(x+2\pi)$이므로 곡선 $y=f(x)$는 곡선 $y=\sin\dfrac{x}{2}$를 x축의 방향으로 -2π만큼 평행이동한 곡선과 같으므로 다음 그림과 같다.

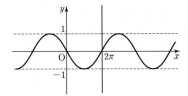

ㄱ. 곡선 $y=f(x)$는 원점에 대하여 대칭이므로 $f(x)=-f(-x)$
   즉, $f(x)+f(-x)=0$ (참)

ㄴ. 함수 $f(x)$의 주기는 $\dfrac{2\pi}{\frac{1}{2}}=4\pi$이므로
   $f(x)=f(x+4\pi)$ (참)

ㄷ. 곡선 $y=f(x)$를 x축의 방향으로 π만큼 평행이동하면 다음 그림과 같으므로 곡선 $y=\cos\dfrac{x}{2}$와 겹쳐진다. (참)

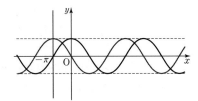

따라서 옳은 것은 ㄱ, ㄴ, ㄷ이다.

답 ⑤

17 (가)에서 주기가 2π이므로
$\dfrac{\pi}{b}=2\pi,\ b=\dfrac{1}{2}$

(나)에서 $f(\pi)=a\tan\left(\dfrac{\pi}{2}-c\right)=0$이므로
$c=\dfrac{\pi}{2},\ \dfrac{3}{2}\pi,\ \dfrac{5}{2}\pi,\ \cdots$

(다)에서 $f(x)=a\tan\left(\dfrac{x}{2}-\dfrac{\pi}{2}\right)=a\tan\dfrac{1}{2}(x-\pi)$이고

함수 $y=f(x)$의 그래프는 다음 그림과 같으므로 $x=\dfrac{3}{2}\pi$에서 최댓값을 갖는다.

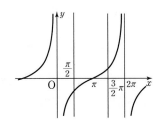

$f\left(\dfrac{3}{2}\pi\right)=a\tan\left(\dfrac{3}{4}\pi-\dfrac{\pi}{2}\right)=a\tan\dfrac{\pi}{4}=a=6$
따라서 abc의 최솟값은
$abc=6\times\dfrac{1}{2}\times\dfrac{\pi}{2}=\dfrac{3}{2}\pi$

답 ④

18 함수 $y=2\cos\left(2x-\dfrac{\pi}{3}\right)=2\cos 2\left(x-\dfrac{\pi}{6}\right)$의 그래프는 함수 $y=2\cos 2x$의 그래프를 x축의 방향으로 $\dfrac{\pi}{6}$만큼 평행이동한 것과 같으므로 다음 그림과 같다.

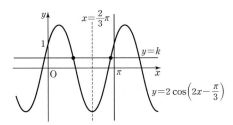

직선 $y=k$와 서로 다른 두 점에서 만나고, 이 두 점은 직선 $x=\dfrac{2}{3}\pi$에 대하여 서로 대칭이므로 두 교점의 x좌표는 각각 $\dfrac{2}{3}\pi-\alpha,\ \dfrac{2}{3}\pi+\alpha$ (α는 실수)이다.

따라서 두 교점의 x좌표의 합은 $\left(\dfrac{2}{3}\pi-\alpha\right)+\left(\dfrac{2}{3}\pi+\alpha\right)=\dfrac{4}{3}\pi$

답 ③

19 $\dfrac{\sin(\pi-\theta)}{1+\sin\left(\dfrac{\pi}{2}+\theta\right)}+\dfrac{\cos\left(\dfrac{\pi}{2}-\theta\right)}{1+\cos(\pi+\theta)}$

$=\dfrac{\sin\theta}{1+\cos\theta}+\dfrac{\sin\theta}{1-\cos\theta}$

$=\dfrac{\sin\theta(1-\cos\theta)+\sin\theta(1+\cos\theta)}{(1+\cos\theta)(1-\cos\theta)}$

$=\dfrac{2\sin\theta}{1-\cos^2\theta}$

$=\dfrac{2\sin\theta}{\sin^2\theta}$

$=\dfrac{2}{\sin\theta}$

답 ②

20 $f(x)=2\sin(-x)-\cos\left(x-\dfrac{\pi}{2}\right)+1$
$\qquad\quad =-2\sin x-\sin x+1$
$\qquad\quad =-3\sin x+1$
이므로 함수 $f(x)$의 최댓값은 $M=3+1=4$이고
최솟값은 $m=-3+1=-2$
따라서 $2M-m=8-(-2)=10$

답 ③

21 $\sin(90°-\theta°)=\cos\theta°$이므로
$\tan 1°\times\tan 2°\times\tan 3°\times\cdots\times\tan 89°$

$=\dfrac{\sin 1°}{\cos 1°}\times\dfrac{\sin 2°}{\cos 2°}\times\dfrac{\sin 3°}{\cos 3°}\times\cdots\times\dfrac{\sin 89°}{\cos 89°}$

$=\dfrac{\cos 89°}{\cos 1°}\times\dfrac{\cos 88°}{\cos 2°}\times\dfrac{\cos 87°}{\cos 3°}\times\cdots\times\dfrac{\cos 1°}{\cos 89°}$

$=1$

답 ③

22 $\dfrac{1}{\tan\theta}+\tan\theta$

$\quad=\dfrac{\cos\theta}{\sin\theta}+\dfrac{\sin\theta}{\cos\theta}$

$\quad=\dfrac{\cos^2\theta+\sin^2\theta}{\sin\theta\cos\theta}$

$\quad=\dfrac{1}{\sin\theta\cos\theta}$

이므로 $\sin\theta\cos\theta=\dfrac{1}{4}$

.... (가)

$(\sin\theta+\cos\theta)^2$

$=\sin^2\theta+\cos^2\theta+2\sin\theta\cos\theta$

$=1+2\times\dfrac{1}{4}$

$=\dfrac{3}{2}$

$\sin\theta+\cos\theta=\dfrac{\sqrt{6}}{2}$

.... (나)

$\dfrac{1}{\sin\theta}+\dfrac{1}{\cos\theta}$

$=\dfrac{\sin\theta+\cos\theta}{\sin\theta\cos\theta}$

$=2\sqrt{6}$

.... (다)

답 $2\sqrt{6}$

단계	채점 기준	비율
(가)	$\sin\theta\cos\theta$의 값을 구한 경우	30 %
(나)	$\sin\theta+\cos\theta$의 값을 구한 경우	40 %
(다)	$\dfrac{1}{\sin\theta}+\dfrac{1}{\cos\theta}$의 값을 구한 경우	30 %

23 $\cos\left(\dfrac{\pi}{2}+x\right)=-\sin x$

$\cos(2\pi-x)=\cos x$이므로

.... (가)

$f(x)=4-3\sin^2 x-2\cos x$

$\quad=4-3(1-\cos^2 x)-2\cos x$

$\quad=3\cos^2 x-2\cos x+1$

$\quad=3\left(\cos x-\dfrac{1}{3}\right)^2+\dfrac{2}{3}$

.... (나)

$-1\le\cos x\le 1$이므로

$\cos x=\dfrac{1}{3}$일 때, 최솟값 $m=\dfrac{2}{3}$를 갖고,

$\cos x=-1$일 때, 최댓값 $M=3\left(-1-\dfrac{1}{3}\right)^2+\dfrac{2}{3}=6$을 갖는다.

따라서 $Mm=6\times\dfrac{2}{3}=4$

.... (다)

답 4

단계	채점 기준	비율
(가)	삼각함수의 각의 변환을 이용하여 식을 변형한 경우	20 %
(나)	$f(x)$를 완전제곱식을 포함한 식으로 변형한 경우	40 %
(다)	Mm의 값을 구한 경우	40 %

내신 상위 7% 고득점 문항 본문 40~43쪽

24 ⑤	**25** ③	**26** ③	**27** ④	**28** ②
29 ②	**30** ④	**31** ①	**32** 3	**33** ④
34 ②	**35** ⑤	**36** 39	**37** ⑤	**38** ⑤
39 ②	**40** 21	**41** ②	**42** ②	**43** ③
44 ③	**45** $\dfrac{7}{4}$	**46** 1		

24 두 각 2θ, 9θ를 나타내는 동경이 이루는 예각의 크기가 $\dfrac{\pi}{3}$이므로

$9\theta-2\theta=2n\pi\pm\dfrac{\pi}{3}$ (단, n은 정수)

$\theta=\dfrac{6n\pi+\pi}{21}$ 또는 $\theta=\dfrac{6n\pi-\pi}{21}$

$0\le\theta\le 2\pi$이므로

$\theta=\dfrac{6n\pi+\pi}{21}$일 때, $0\le n\le 6$

$\theta=\dfrac{6n\pi-\pi}{21}$일 때, $1\le n\le 7$

각각의 경우 일치하는 값이 없으므로 θ의 개수는 $7+7=14$

답 ⑤

25 두 동경 OP, OQ가 나타내는 각의 크기가 각각 θ, 5θ이고 두 동경 OP, OQ는 y축에 대하여 서로 대칭이므로

$5\theta+\theta=2n\pi+\pi$ (단, n은 정수)

즉, $\theta=\dfrac{n}{3}\pi+\dfrac{\pi}{6}$

$0<\theta<2\pi$이므로 θ의 최댓값은 $n=5$일 때 $\theta=\dfrac{11}{6}\pi$이다.

답 ③

26 3θ가 제1사분면의 각이므로

$2n\pi<3\theta<2n\pi+\dfrac{\pi}{2}$ (단, n은 정수)

$\dfrac{2n}{3}\pi<\theta<\dfrac{2n}{3}\pi+\dfrac{\pi}{6}$이고 θ를 좌표평면에 나타내면 다음 그림과 같다.

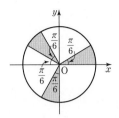

4θ는 제3사분면의 각이므로

$(2m-1)\pi < 4\theta < (2m-1)\pi + \dfrac{\pi}{2}$ (단, m은 정수)

$\dfrac{m}{2}\pi - \dfrac{\pi}{4} < \theta < \dfrac{m}{2}\pi - \dfrac{\pi}{8}$이고 θ를 좌표평면에 나타내면 다음 그림과 같다.

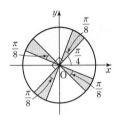

그러므로 3θ가 제1사분면의 각이고 4θ가 제3사분면의 각이기 위한 θ는

$2l\pi + \dfrac{3}{4}\pi < \theta < 2l\pi + \dfrac{5}{6}\pi$ 또는 $2l\pi + \dfrac{4}{3}\pi < \theta < 2l\pi + \dfrac{11}{8}\pi$

(단, l은 정수)

따라서 θ는 제2사분면 또는 제3사분면의 각이므로 모든 k의 값의 합은

$2+3=5$

답 ③

27 부채꼴 AOB의 호의 길이 l은

$l = 6 \times \dfrac{\pi}{3} = 2\pi$

원의 둘레의 길이가 $l=2\pi$이므로 원의 반지름의 길이는 1이다.

원의 중심을 C라 하면 삼각형 COP는

$\angle POC = \dfrac{\pi}{6}$, $\angle OPC = \dfrac{\pi}{2}$인 직각삼각형이므로

$\tan \dfrac{\pi}{6} = \dfrac{\overline{CP}}{\overline{OP}} = \dfrac{1}{\overline{OP}}$, $\overline{OP} = \sqrt{3}$

그러므로 삼각형 OPC의 넓이는 $\dfrac{1}{2} \times \sqrt{3} \times 1 = \dfrac{\sqrt{3}}{2}$

$\angle POQ = \dfrac{\pi}{3}$이므로 중심각의 크기가 큰 쪽의 부채꼴 PCQ의 중심각의 크기는 $\dfrac{4}{3}\pi$이고 넓이는 $\dfrac{1}{2} \times 1^2 \times \dfrac{4}{3}\pi = \dfrac{2}{3}\pi$

부채꼴 AOB의 넓이는 $\dfrac{1}{2} \times 6^2 \times \dfrac{\pi}{3} = 6\pi$

따라서 두 선분 AP, BQ와 두 호 AB, PQ로 둘러싸인 어두운 부분의 넓이는

$6\pi - 2 \times \dfrac{\sqrt{3}}{2} - \dfrac{2}{3}\pi = \dfrac{16}{3}\pi - \sqrt{3}$

답 ④

28 부채꼴 AOB의 반지름의 길이를 $2r$라 하자.

호 AB의 길이는 $2r\theta$이고 변 OA를 지름으로 하는 반원의 호 OA의 길이는 πr이고 마찬가지로 호 OB의 길이도 πr이다. 그러므로 주어진 도형의 둘레의 길이는

$2r\theta + 2\pi r = 12\pi$ ...... ㉠

부채꼴 AOB의 넓이는 $\dfrac{1}{2}(2r)^2\theta = 2r^2\theta$이고 반원의 한 개의 넓이는 $\dfrac{1}{2}\pi r^2$이므로 이 도형의 넓이를 S라 하면

$S = 2r^2\theta + \pi r^2$

㉠에서 $r\theta = 6\pi - \pi r$이므로

$S = 2r(r\theta) + \pi r^2$

$\quad = 2r(6\pi - \pi r) + \pi r^2$

$\quad = \pi(-r^2 + 12r)$

$\quad = 35\pi$

$r^2 - 12r + 35 = 0$

$r = 5$ 또는 $r = 7$

도형의 둘레의 길이가 12π이므로 $r < 6$

그러므로 $r = 5$

㉠에서 $\theta = \dfrac{6\pi - \pi r}{r}$이므로

부채꼴 AOB의 중심각 θ의 크기는 $\dfrac{\pi}{5}$이다.

답 ②

29 선분 OA의 길이를 r라 하고 $\angle AOB = \theta$라 하자.

호 AB의 길이는 $r\theta$이고, 부채꼴 MON의 반지름의 길이는 $\dfrac{r}{2}$이고 중심각의 크기는 θ이므로 호 MN의 길이는 $\dfrac{r\theta}{2}$이다.

그러므로 도형 S의 둘레의 길이는

$r\theta + \dfrac{r\theta}{2} + r = \dfrac{3}{2}r\theta + r = 6$

$r\theta = \dfrac{2}{3}(6 - r)$

$\quad = 4 - \dfrac{2}{3}r$

도형 S의 넓이는

$\dfrac{1}{2}r^2\theta - \dfrac{1}{2}\left(\dfrac{r}{2}\right)^2\theta$

$= \dfrac{3}{8}r \times r\theta$

$= \dfrac{3}{8}r\left(4 - \dfrac{2}{3}r\right)$

$= -\dfrac{1}{4}r^2 + \dfrac{3}{2}r$

$= -\dfrac{1}{4}(r^2 - 6r)$

$= -\dfrac{1}{4}(r-3)^2 + \dfrac{9}{4}$

이므로 넓이는 $r=3$일 때 최댓값 $\dfrac{9}{4}$를 갖는다.

답 ②

30 직선 l이 x축의 양의 방향과 이루는 각의 크기 α에 대하여

$\tan \alpha = \dfrac{a}{2}$이므로

$\sin \alpha = \dfrac{a}{\sqrt{a^2+4}}$, $\cos \alpha = \dfrac{2}{\sqrt{a^2+4}}$

직선 l과 수직인 직선이 x축의 양의 방향과 이루는 각의 크기 β에 대하여 $\tan \beta = -\dfrac{2}{a}$이므로

$\sin \beta = \dfrac{2}{\sqrt{a^2+4}}$, $\cos \beta = \dfrac{-a}{\sqrt{a^2+4}}$

$\sin \alpha \cos \beta = \dfrac{-a^2}{a^2+4}$

$\qquad\qquad = -\dfrac{9}{10}$

$10a^2 = 9a^2 + 36$, $a^2 = 36$

따라서 $a = 6$

답 ④

31 직선 $y = mx$와 x축의 양의 방향이 이루는 각의 크기를 θ라 하면 점 P_1의 좌표는 $(\cos \theta, \sin \theta)$이다.

$a = \cos \theta$, $b = \sin \theta$

점 H의 좌표는 $(\cos \theta, 0)$이고 직선 $y = mx$와 직선 $y = -\dfrac{x}{m}$는 수직이므로 $\angle P_1 O P_2 = \dfrac{\pi}{2}$

점 P_2의 x좌표는 $a\cos\left(\dfrac{\pi}{2}+\theta\right) = -a\sin\theta$이고

y좌표는 $a\sin\left(\dfrac{\pi}{2}+\theta\right) = a\cos\theta$이다.

즉, 점 P_2의 좌표는 $(-a\sin\theta, a\cos\theta)$

$x = -ab$, $y = a^2$

따라서

$x+y = (-ab) + a^2$

$\qquad = a(a-b)$

답 ①

32 직사각형 $ABCD$의 가로와 세로의 길이의 비가 $2:1$이므로

직선 OA의 방정식은 $y = -\dfrac{1}{2}x$

점 A의 x좌표는 $x^2 + \left(-\dfrac{x}{2}\right)^2 = 5$에서 $x = -2$

$A(-2, 1)$이므로

$\cos \alpha = \dfrac{-2}{\sqrt{5}} = -\dfrac{2\sqrt{5}}{5}$, $\tan \alpha = -\dfrac{1}{2}$

$\overline{EF} = t$라 하면 점 E의 좌표는 $(-t, 1+t)$

$(-t)^2 + (1+t)^2 = 5$에서 $2t^2 + 2t - 4 = 0$

$t = 1$이므로 점 E의 좌표는 $(-1, 2)$이다.

그러므로 $\sin \beta = \dfrac{2}{\sqrt{5}} = \dfrac{2\sqrt{5}}{5}$, $\tan \beta = \dfrac{2}{-1} = -2$

따라서

$\dfrac{\sin \beta}{\cos \alpha} + \dfrac{\tan \beta}{\tan \alpha}$

$= \dfrac{\dfrac{2\sqrt{5}}{5}}{-\dfrac{2\sqrt{5}}{5}} + \dfrac{-2}{-\dfrac{1}{2}}$

$= -1 + 4$

$= 3$

답 3

33 ㄱ. 함수 $f(x)$는 $\dfrac{x}{2} \neq \dfrac{2n-1}{2}\pi$($n$은 정수)인 모든 실수 x에서 정의되므로 함수 $f(x)$의 정의역은 $\{x \mid x \neq (2n-1)\pi,\ n$은 정수$\}$이다. (거짓)

ㄴ. 함수 $y = 2\tan\dfrac{x}{2} + 2$의 주기는 $\dfrac{\pi}{\frac{1}{2}} = 2\pi$이고 함수 $y = f(x)$의 그래프는 다음 그림과 같다.

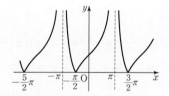

함수 $y = f(x)$의 주기도 2π이므로 $f(x+2\pi) = f(x)$ (참)

ㄷ. 함수 $y = f(x)$의 그래프는 $x = -\dfrac{\pi}{2}$, $x = \dfrac{3}{2}\pi$에서 x축과 만나므로 교점의 x좌표의 합은 $-\dfrac{\pi}{2} + \dfrac{3}{2}\pi = \pi$이다. (참)

따라서 옳은 것은 ㄴ, ㄷ이다.

답 ④

34 함수 $y = 2\sin\pi x$의 주기는 $\dfrac{2\pi}{\pi} = 2$이고 최댓값과 최솟값은 각각 2, -2이다.

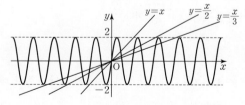

위의 그림에서 $y = 2\sin\pi x$의 그래프와 직선 $y = \dfrac{x}{n}$의 교점의 개수는 다음과 같다.

$n = 1$일 때, 3개

$n = 2$일 때, 7개

$n = 3$일 때, 11개

따라서 $f(1) + f(2) + f(3) = 3 + 7 + 11 = 21$

답 ②

35 ㄱ. 두 함수 $y=\sin x$, $y=\cos x$의 그래프는 다음 그림과 같으므로 $\sin x>\cos x$인 x의 값의 범위는 $\dfrac{\pi}{4}<x<\dfrac{5}{4}\pi$이다.

그러므로 $\beta-\alpha\leq\dfrac{5}{4}\pi-\dfrac{\pi}{4}=\pi$ (참)

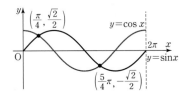

ㄴ. 두 함수 $y=|\sin x|$, $y=\cos x$의 그래프는 다음 그림과 같으므로 $|\sin x|>\cos x$인 x의 값의 범위는 $\dfrac{\pi}{4}<x<\dfrac{7}{4}\pi$이다.

그러므로 $\beta-\alpha\leq\dfrac{7}{4}\pi-\dfrac{\pi}{4}=\dfrac{3}{2}\pi$ (참)

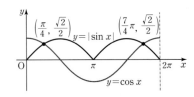

ㄷ. $x=\dfrac{\pi}{4}$에서 $|\sin x|-|\cos x|=0$이고 $|\sin x|-|\cos x|$의 값이 증가하여 $x=\dfrac{\pi}{2}$에서 $|\sin x|-|\cos x|=1$이다.

다시 $|\sin x|-|\cos x|$의 값이 감소하여 $x=\dfrac{3}{4}\pi$에서 $|\sin x|-|\cos x|=0$이므로 $|\sin x|-|\cos x|=\dfrac{1}{2}$인 x의 값은 $\dfrac{\pi}{4}<x<\dfrac{3}{4}\pi$에서 2개 존재한다.

마찬가지로 $\dfrac{5}{4}\pi<x<\dfrac{7}{4}\pi$에서도 2개 존재하므로 $|\sin \alpha|-|\cos \alpha|=\dfrac{1}{2}$인 α의 개수는 4이다. (참)

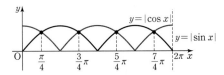

따라서 옳은 것은 ㄱ, ㄴ, ㄷ이다.

답 ⑤

36 함수 $y=\cos x$의 그래프와 직선 $y=\dfrac{x}{2}$가 만나는 점의 x좌표가 a이므로 $\cos a=\dfrac{a}{2}$

함수 $f(x)$의 주기는 $\dfrac{2\pi}{\frac{\pi}{a}}=2a$이므로

$f(a)+f(2a)+f(3a)+\cdots+f(19a)$
$=\{f(a)+f(2a)\}+\{f(a)+f(2a)\}+\cdots+f(a)$
$=9\{f(a)+f(2a)\}+f(a)$

$f(a)=\cos(a+\pi)+a=-\cos a+a$
$f(2a)=\cos(a+2\pi)+a=\cos a+a$
$9\{f(a)+f(2a)\}+f(a)$
$=9\times 2a+(-\cos a+a)$
$=18a+\left(-\dfrac{a}{2}+a\right)$
$=\dfrac{37}{2}a$
따라서 $p+q=2+37=39$

답 39

37 ㄱ. $A+B+C=\pi$이므로 $A=\pi-(B+C)$
$\tan A=\tan\{\pi-(B+C)\}=-\tan(B+C)$ (거짓)

ㄴ. $\dfrac{A+B+C}{2}=\dfrac{\pi}{2}$이므로

$\dfrac{A+B}{2}=\dfrac{\pi}{2}-\dfrac{C}{2}$

$\cos\dfrac{A+B}{2}=\cos\left(\dfrac{\pi}{2}-\dfrac{C}{2}\right)$

$=\sin\dfrac{C}{2}$ (참)

ㄷ. $B=\dfrac{\pi}{2}$이므로 $A+C=\dfrac{\pi}{2}$이므로

$\sin A=\sin\left(\dfrac{\pi}{2}-C\right)=\cos C$

$\cos B=\cos\dfrac{\pi}{2}=0$이므로

$\sin A=\cos B+\cos C$ (참)

따라서 옳은 것은 ㄴ, ㄷ이다.

답 ⑤

38 직선 $y=\dfrac{2}{3}x$가 x축의 양의 방향과 이루는 각의 크기를 θ라 하면

$\tan\theta=\dfrac{2}{3}$이므로 $\sin\theta=\dfrac{2\sqrt{13}}{13}$, $\cos\theta=\dfrac{3\sqrt{13}}{13}$

$\angle AOC=\dfrac{\pi}{2}-\theta$이고 $\angle ABC$는 호 AC에 대한 원주각이므로

$\alpha=\dfrac{1}{2}\times\angle AOC$

$2\alpha=\angle AOC=\dfrac{\pi}{2}-\theta$

$\angle AOD=\dfrac{\pi}{2}+\theta$이고 $\angle ACD$는 호 AD에 대한 원주각이므로

$\beta=\dfrac{1}{2}\times\angle AOD$

$2\beta=\angle AOD=\dfrac{\pi}{2}+\theta$

$\sin 2\alpha+\sin 2\beta$
$=\sin\left(\dfrac{\pi}{2}-\theta\right)+\sin\left(\dfrac{\pi}{2}+\theta\right)$
$=\cos\theta+\cos\theta$
$=2\cos\theta$
$=\dfrac{6\sqrt{13}}{13}$

답 ⑤

39 $\dfrac{2}{\cos^2\theta}+\tan^2\theta=\dfrac{2+\sin^2\theta}{\cos^2\theta}=8$

$2+\sin^2\theta=8\cos^2\theta$

$2+(1-\cos^2\theta)=8\cos^2\theta$

$\cos^2\theta=\dfrac{1}{3}$

$\dfrac{\pi}{2}<\theta<\pi$이므로 $\cos\theta=-\dfrac{\sqrt{3}}{3}$

$\sin\theta=\dfrac{\sqrt{2}}{\sqrt{3}}=\dfrac{\sqrt{6}}{3}$, $\tan\theta=-\sqrt{2}$이므로

$\dfrac{\tan\theta}{\sin\theta+\cos\theta}$

$=\dfrac{-3\sqrt{2}}{\sqrt{6}-\sqrt{3}}$

$=-\sqrt{2}(\sqrt{6}+\sqrt{3})$

$=-2\sqrt{3}-\sqrt{6}$

답 ②

40 $\sqrt{1-2\sin\theta\cos\theta}$

$=\sqrt{(\sin^2\theta+\cos^2\theta)-2\sin\theta\cos\theta}$

$=\sqrt{(\sin\theta-\cos\theta)^2}$

$=|\sin\theta-\cos\theta|$

$\sqrt{1-\sin^2\theta}=\sqrt{\cos^2\theta}=|\cos\theta|$이므로

$\sqrt{1-2\sin\theta\cos\theta}-\sqrt{1-\sin^2\theta}$

$=|\sin\theta-\cos\theta|-|\cos\theta|$

$=\sin\theta$

이므로 $|\sin\theta-\cos\theta|=\sin\theta-\cos\theta$, $|\cos\theta|=-\cos\theta$

이어야 한다.

즉, $\sin\theta\geq\cos\theta$, $\cos\theta\leq0$

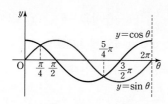

두 함수 $y=\sin x$, $y=\cos x$의 그래프에서 두 조건을 만족시키는 모든 θ의 값의 범위는 $\dfrac{\pi}{2}\leq\theta\leq\dfrac{5}{4}\pi$이므로

$12(a+b)=12\left(\dfrac{1}{2}+\dfrac{5}{4}\right)=21$

답 21

41 이차방정식의 판별식을 D라 하면

$\dfrac{D}{4}=\sin^2\theta-\cos\theta+2$

$=(1-\cos^2\theta)-\cos\theta+2$

$=-\cos^2\theta-\cos\theta+3$

$=-\left(\cos\theta+\dfrac{1}{2}\right)^2+\dfrac{13}{4}>0$

이므로 θ의 값에 관계없이 주어진 이차방정식은 서로 다른 두 실근을 갖는다.

이차방정식의 근과 계수의 관계에 의하여

$\alpha+\beta=2\sin\theta$

$\alpha\beta=\cos\theta-2$

$(\alpha-\beta)^2=(\alpha+\beta)^2-4\alpha\beta$

$\qquad=4\sin^2\theta-4\cos\theta+8$

$\qquad=4(1-\cos^2\theta)-4\cos\theta+8$

$\qquad=-4\cos^2\theta-4\cos\theta+12$

$\qquad=-4\left(\cos\theta+\dfrac{1}{2}\right)^2+13$

따라서 $\alpha-\beta$의 최댓값은 $\cos\theta=-\dfrac{1}{2}$일 때, $\sqrt{13}$이다.

답 ②

42 $f(x)=\dfrac{1}{\cos^2 x}+\dfrac{4}{\sin^2 x}$

$=\dfrac{\sin^2 x+\cos^2 x}{\cos^2 x}+\dfrac{4\sin^2 x+4\cos^2 x}{\sin^2 x}$

$=\dfrac{\sin^2 x}{\cos^2 x}+\dfrac{4\cos^2 x}{\sin^2 x}+5$

$\geq2\sqrt{\dfrac{\sin^2 x}{\cos^2 x}\times\dfrac{4\cos^2 x}{\sin^2 x}}+5$

$=2\times2+5=9$

$\left(\text{단, 등호는 } \dfrac{\sin^2 x}{\cos^2 x}=\dfrac{4\cos^2 x}{\sin^2 x}\text{일 때 성립}\right)$

따라서 함수 $f(x)$는 최솟값 9를 갖는다.

답 ②

43 $(\cos^2\theta+\sin\theta)^2+(\sin^2\theta-\sin\theta)$

$\quad=(1-\sin^2\theta+\sin\theta)^2+(\sin^2\theta-\sin\theta)$

$\sin^2\theta-\sin\theta=t$라 하면

$t=\left(\sin\theta-\dfrac{1}{2}\right)^2-\dfrac{1}{4}$이고 $-1\leq\sin\theta\leq1$이므로

$-\dfrac{1}{4}\leq t\leq2$

그러므로 주어진 식은

$(1-t)^2+t=t^2-t+1$

$\qquad\qquad=\left(t-\dfrac{1}{2}\right)^2+\dfrac{3}{4}$

이므로 $t=\dfrac{1}{2}$일 때 최솟값 $m=\dfrac{3}{4}$을 갖고, $t=2$일 때 최댓값 $M=3$을 갖는다.

따라서 $M+m=3+\dfrac{3}{4}=\dfrac{15}{4}$

답 ③

44 $\sin x=t$라 하면 $-1\leq t\leq1$

$f(x)=y$라 하면

$$y=\dfrac{1+at}{2-t}$$

$$=-a+\dfrac{-2a-1}{t-2}$$

(i) $-2a-1>0$인 경우, 즉 $a<-\dfrac{1}{2}$인 경우

함수 $y=-a+\dfrac{-2a-1}{t-2}$의 그래프는 다음 그림과 같다.

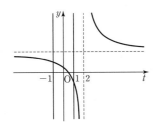

$t=1$에서 최솟값을 가지므로

$$-a+\dfrac{-2a-1}{1-2}=a+1>-1$$

따라서 $-2<a<-\dfrac{1}{2}$

(ii) $-2a-1<0$인 경우, 즉 $a>-\dfrac{1}{2}$인 경우

함수 $y=-a+\dfrac{-2a-1}{t-2}$의 그래프는 다음 그림과 같다.

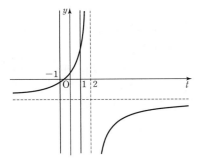

$t=-1$에서 최솟값을 가지므로

$$-a+\dfrac{-2a-1}{-3}=-\dfrac{a}{3}+\dfrac{1}{3}>-1$$

따라서 $-\dfrac{1}{2}<a<4$

(iii) $-2a-1=0$인 경우, 즉 $a=-\dfrac{1}{2}$인 경우

$y=\dfrac{1}{2}$이므로 최솟값이 -1보다 크다.

(i), (ii), (iii)에서 모든 a의 값의 범위는 $-2<a<4$이므로

$\beta-\alpha=4-(-2)=6$

답 ③

45 $\sin\theta+\cos\theta=\dfrac{1}{3}$의 양변을 제곱하면

$$\sin^2\theta+2\sin\theta\cos\theta+\cos^2\theta=\dfrac{1}{9}$$

$$1+2\sin\theta\cos\theta=\dfrac{1}{9}$$

$$\sin\theta\cos\theta=-\dfrac{4}{9}$$

·· (가)

$$\tan\theta+\dfrac{1}{\tan\theta}$$

$$=\dfrac{\sin\theta}{\cos\theta}+\dfrac{\cos\theta}{\sin\theta}$$

$$=\dfrac{\sin^2\theta+\cos^2\theta}{\sin\theta\cos\theta}$$

$$=\dfrac{1}{\sin\theta\cos\theta}$$

$$=-\dfrac{9}{4}$$

·· (나)

$$\tan^2\theta+\dfrac{1}{\tan^2\theta}$$

$$=\left(\tan\theta+\dfrac{1}{\tan\theta}\right)^2-2$$

$$=\left(-\dfrac{9}{4}\right)^2-2$$

$$=\dfrac{49}{16}$$

따라서 $\sqrt{\tan^2\theta+\dfrac{1}{\tan^2\theta}}=\sqrt{\dfrac{49}{16}}=\dfrac{7}{4}$

·· (다)

답 $\dfrac{7}{4}$

단계	채점 기준	비율
(가)	$\sin\theta\cos\theta$의 값을 구한 경우	30 %
(나)	$\tan\theta+\dfrac{1}{\tan\theta}$의 값을 구한 경우	40 %
(다)	$\sqrt{\tan^2\theta+\dfrac{1}{\tan^2\theta}}$의 값을 구한 경우	30 %

46 $f(x)=\left(x+\dfrac{1}{2}\right)^2+a-\dfrac{1}{4}$이고 $-b\le g(x)\le b$이므로

함수 $(f\circ g)(x)$는 $\cos x=1$일 때 최댓값

$\left(b+\dfrac{1}{2}\right)^2+a-\dfrac{1}{4}=b^2+b+a$를 갖는다.

·· (가)

$f(x)\ge a-\dfrac{1}{4}$이므로 함수 $(g\circ f)(x)$의 최솟값은 $-b$이다.

·· (나)

$(f\circ g)(x)$의 최댓값과 $(g\circ f)(x)$의 최솟값의 합이 0이므로

$(b^2+b+a)+(-b)=b^2+a=0$

즉, $a=-b^2$이므로

$a+b=-b^2+b$

$\qquad =-\left(b-\dfrac{1}{2}\right)^2+\dfrac{1}{4}$

따라서 $b=\dfrac{1}{2}$일 때 최댓값 $\tan(a+b)\pi=\tan\dfrac{\pi}{4}=1$을 갖는다.

·· (다)

답 1

단계	채점 기준	비율
(가)	$(f \circ g)(x)$의 최댓값을 구한 경우	30 %
(나)	$(g \circ f)(x)$의 최솟값을 구한 경우	30 %
(다)	$\tan(a+b)\pi$의 최댓값을 구한 경우	40 %

내신 상위 4% 변별력 문항
본문 44~46쪽

47 ①	48 ①	49 ①	50 ③	51 $\frac{7}{3}$
52 34	53 ③	54 ②	55 ③	56 26
57 ①				

47

오른쪽 그림과 같이 길이가 4인 선분 AB를 지름으로 하는 반원의 호 AB 위의 점 P에 대하여 $\angle PAB = \frac{\pi}{3}$이다. 점 B를 중심으로 하고 선분 PB를 반지름으로 하는 원이 선분 AB와 만나는 점을 C라 할 때, 부채꼴 CBD의 중심각의 크기는 $\frac{\pi}{2}$이다. 두 호 PB, PD로 선분 BD로 둘러싸인 부분의 넓이는?

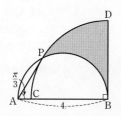

↳ 부채꼴 PBD에서 선분 PB와 호 PB로 둘러싸인 활꼴의 넓이를 뺀다.

✓① $\frac{2}{3}\pi + \sqrt{3}$　　② $\frac{2}{3}\pi + 2\sqrt{3}$　　③ $\frac{5}{3}\pi + \sqrt{3}$

④ $\frac{5}{3}\pi + 2\sqrt{3}$　　⑤ $\frac{8}{3}\pi + \sqrt{3}$

풀이전략

부채꼴의 중심각의 크기와 넓이 사이의 관계를 이용한다.

문제풀이

step 1 부채꼴 PBD의 넓이를 구한다.

점 P는 선분 AB를 지름으로 하는 원 위의 점이므로 $\angle APB = \frac{\pi}{2}$

↳ 원의 지름을 한변으로 하는 원에 내접하는 삼각형은 직각삼각형이다.

직각삼각형 ABP에서

$\overline{BP} = \overline{AB} \sin\frac{\pi}{3} = 4 \times \frac{\sqrt{3}}{2} = 2\sqrt{3}$

$\angle PBA = \frac{\pi}{2} - \frac{\pi}{3} = \frac{\pi}{6}$이므로

$\angle PBD = \frac{\pi}{2} - \frac{\pi}{6} = \frac{\pi}{3}$

따라서 부채꼴 PBD의 넓이는 $\frac{1}{2} \times (2\sqrt{3})^2 \times \frac{\pi}{3} = 2\pi$

↳ 반지름의 길이가 $\overline{BP} = 2\sqrt{3}$이고 중심각의 크기가 $\frac{\pi}{3}$이다.

step 2 선분 PB와 호 PB로 둘러싸인 활꼴의 넓이를 구한다.

선분 AB의 중점을 M이라 하면 부채꼴 PMB의 중심각의 크기는 $\frac{2}{3}\pi$이고 반지름의 길이는 2이므로

↳ 중심각의 크기는 원주각의 크기의 2배이다.

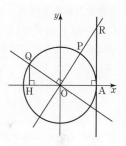

부채꼴 PMB의 넓이는

$\frac{1}{2} \times 2^2 \times \frac{2}{3}\pi = \frac{4}{3}\pi$

삼각형 PMB의 넓이는

$\frac{1}{2} \times 2\sqrt{3} \times 1 = \sqrt{3}$

그러므로 선분 PB와 호 PB로 둘러싸인 활꼴의 넓이는

$\frac{4}{3}\pi - \sqrt{3}$

step 3 주어진 도형의 넓이를 구한다.

따라서 두 호 PB, PD와 선분 BD로 둘러싸인 부분의 넓이는

$2\pi - \left(\frac{4}{3}\pi - \sqrt{3}\right) = \frac{2}{3}\pi + \sqrt{3}$

답 ①

48

오른쪽 그림과 같이 중심이 원점 O인 원이 x축과 만나는 점을 A라 하자. 원 위의 두 점 P, Q에 대하여 점 A를 지나고 x축에 수직인 직선이 직선 OP와 만나는 점을 R라 하고, 점 Q에서 x축에 내린 수선의 발을 H라 하자.

$\angle POQ = \frac{\pi}{2}$이고 $\overline{AR} = 3\overline{HQ}$일 때,

↳ $\angle AOQ = \angle AOP + \frac{\pi}{2}$

$\cos(\angle AOQ)$의 값은? (단, 점 P는 제1사분면 위의 점이다.)

✓① $\frac{1-\sqrt{37}}{6}$　　② $\frac{2-\sqrt{37}}{6}$　　③ $\frac{3-\sqrt{37}}{6}$

④ $\frac{4-\sqrt{37}}{6}$　　⑤ $\frac{5-\sqrt{37}}{6}$

풀이전략

직선 OP와 x축의 양의 방향이 이루는 각의 크기를 이용하여 각 선분의 길이를 나타낸다.

문제풀이

step 1 두 선분 RA, QH의 길이를 $\angle POA$로 나타낸다.

원의 반지름의 길이를 r라 하고 $\angle POA = \alpha$라 하면 $\overline{RA} = r \tan\alpha$

$\overline{QH} = r \sin\left(\frac{\pi}{2} + \alpha\right) = r \cos\alpha$

$\overline{RA} = 3\overline{QH}$이므로

$\dfrac{\overline{RA}}{\overline{QH}} = \dfrac{r \tan\alpha}{r \cos\alpha} = 3$

$\tan\alpha = 3\cos\alpha$

$\dfrac{\sin\alpha}{\cos\alpha} = 3\cos\alpha$

$\sin\alpha = 3\cos^2\alpha$

step 2 삼각함수 사이의 관계를 이용하여 α의 삼각함수의 값을 구한다.

$\sin \alpha = 3(1 - \sin^2 \alpha)$
↳ $\sin^2 \alpha + \cos^2 \alpha = 1$

$3 \sin^2 \alpha + \sin \alpha - 3 = 0$

$\sin \alpha = \dfrac{-1 \pm \sqrt{37}}{6}$

$\sin \alpha > 0$이어야 하므로
↳ 점 P는 제1사분면 위의 점이므로 $0 < \alpha < \dfrac{\pi}{2}$

$\sin \alpha = \dfrac{-1 + \sqrt{37}}{6}$

step 3 $\dfrac{\pi}{2} + \alpha$의 삼각함수의 값을 이용하여 $\cos(\angle AOQ)$의 값을 구한다.

$\cos(\angle AOQ) = \cos\left(\dfrac{\pi}{2} + \alpha\right)$

$= -\sin \alpha$

$= \dfrac{1 - \sqrt{37}}{6}$

답 ①

49

오른쪽 그림과 같이 원 $C : x^2 + (y-1)^2 = 1$을 x축 위에서 오른쪽으로 굴려 θ만큼 이동시킨 후의 원을 C'이라 하자. → 회전할 때 x축 위에 닿은 원의 둘레의 길이가 θ이다.
원 C 위의 점 A$(0, 2)$가 원

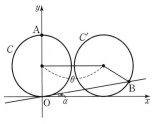

C' 위의 점 B로 이동하였을 때, 직선 OB가 x축의 양의 방향과 이루는 각의 크기 α에 대하여 $\tan \alpha$의 값은?

√① $\dfrac{1 + \cos \theta}{\theta + \sin \theta}$ ② $\dfrac{2 + \cos \theta}{\theta + \sin \theta}$ ③ $\dfrac{1 + \sin \theta}{\theta + \cos \theta}$

④ $\dfrac{2 + \sin \theta}{\theta + \cos \theta}$ ⑤ $\dfrac{\theta + \sin \theta}{2 + \cos \theta}$

풀이전략

회전한 각의 크기와 호의 길이를 구한다.

문제풀이

step 1 원 C가 회전한 각의 크기 θ의 값을 구한다.

원 C를 x축 위에서 오른쪽으로 굴려 θ만큼 이동했으므로 원 C'의 중심 P를 지나고 x축에 수직인 직선이 원 C'과 x축이 아닌 점에서 만나는 점을 A$'$이라 하면 $\theta = 1 \times \angle A'PB$

$\angle A'PB = \theta$

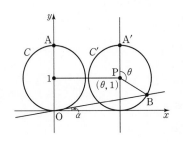

step 2 점 B의 좌표를 구한다.

점 B의 좌표를 (a, b)라 하면, → 원 C'의 중심의 좌표가 $(\theta, 1)$이고 직선 $x = \theta$를 x축이라 생각하고 삼각함수의 정의를 활용한다.
$a - \theta = \sin \theta$, $b - 1 = \cos \theta$

그러므로 점 B의 좌표는 $(\theta + \sin \theta, 1 + \cos \theta)$

step 3 $\tan \alpha$의 값을 구한다.

따라서 직선 OB가 x축의 양의 방향과 이루는 각의 크기 α에 대하여

$\tan \alpha = \dfrac{1 + \cos \theta}{\theta + \sin \theta}$

답 ①

50

오른쪽 그림과 같이 원 $x^2 + y^2 = 1$ 위의 점 P와 A$(0, 1)$을 지나는 직선이 x축과 이루는 예각의 크기를 α라 하자. 점 P를 원점 O에 대하여 대칭이동시킨 점을 Q라 할 때, 동경 OQ가 나타내는 각을 θ라 하자. → 선분 PQ의 중점이 점 O이다.

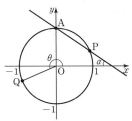

$\tan \alpha = \dfrac{2}{3}$일 때, $\tan \theta + \dfrac{1}{\cos \theta}$의 값은?

(단, 점 P는 제1사분면 위의 점이다.)

① $-\dfrac{5}{6}$ ② $-\dfrac{3}{4}$ √③ $-\dfrac{2}{3}$

④ $-\dfrac{7}{12}$ ⑤ $-\dfrac{1}{2}$

풀이전략

점 Q의 좌표를 구한다.

문제풀이

step 1 직선 AQ의 방정식을 구한다.

$\tan \alpha = \dfrac{2}{3}$이므로 두 점 A, P를 지나는 직선의 방정식은 $y = -\dfrac{2}{3}x + 1$

점 P를 원점 O에 대하여 대칭이동시킨 점이 Q이므로 선분 PQ의 중점은 O이다. 즉, 선분 PQ는 원 $x^2 + y^2 = 1$의 지름이므로 삼각형 PAQ는 $\angle A = \dfrac{\pi}{2}$인 직각삼각형이다.

직선 AQ와 직선 AP는 서로 수직이므로 직선 AQ의 기울기는 $\dfrac{3}{2}$이다.

그러므로 직선 AQ의 방정식은 → 두 직선 AQ, AP의 기울기의 곱은 -1이다.
$y = \dfrac{3}{2}x + 1$

step 2 점 Q의 좌표를 구한다.

직선 AQ와 원의 교점의 좌표는 $x^2 + \left(\dfrac{3}{2}x + 1\right)^2 = 1$

$\dfrac{13}{4}x^2 + 3x = 0$에서 점 Q의 x좌표는 $x = -\dfrac{12}{13}$이고

y좌표는 $y = \dfrac{3}{2} \times \left(-\dfrac{12}{13}\right) + 1 = -\dfrac{5}{13}$

↳ 점 Q는 직선 $y = \dfrac{3}{2}x + 1$ 위의 점이므로 직선의 방정식에 $x = -\dfrac{12}{13}$를 대입한다.

step 3 삼각함수의 정의를 이용하여 $\tan\theta + \dfrac{1}{\cos\theta}$의 값을 구한다.

이때 동경 OQ가 나타내는 각 θ에 대하여

$$\tan\theta = \dfrac{-\dfrac{5}{13}}{-\dfrac{12}{13}} = \dfrac{5}{12}, \quad \dfrac{1}{\cos\theta} = -\dfrac{13}{12}$$

따라서

$$\tan\theta + \dfrac{1}{\cos\theta} = \dfrac{5}{12} + \left(-\dfrac{13}{12}\right)$$
$$= -\dfrac{8}{12}$$
$$= -\dfrac{2}{3}$$

目 ③

51

오른쪽 그림과 같이 직각삼각형 ABC의 변 AC 위의 점 D에 대하여 $\overline{AD} = \overline{BC}$이고 선분 AB를 5 : 2로 내분하는 점을 E라 할 때, $\overline{DE} = \overline{CE}$이다.

    ↳ 점 E를 지나고 직선 BC에 평행한 직선을 그려 닮음비가 5 : 7인 두 삼각형을 찾는다.

$\angle ABC = \theta$라 할 때, $\tan\theta$의 값을 구하시오.   5

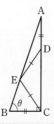

풀이전략

닮음비를 이용하여 직각삼각형의 변의 길이를 구한다.

문제풀이

step 1 세 선분 AD, CD, BC의 길이를 θ를 이용하여 나타낸다.

$\overline{BC} = a$라 하면 $\overline{AC} = a\tan\theta$

$\overline{AD} = \overline{BC}$이므로 $\overline{CD} = a\tan\theta - a$

점 E에서 선분 AC에 내린 수선의 발을 H라 하면 두 직각삼각형 AEH, ABC는 서로 닮은 삼각형이고 닮음비는 5 : 7이다.

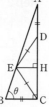

step 2 점 E에서 선분 AC에 내린 수선의 길이를 구한다.

$\overline{EH} = \dfrac{5}{7}a$이고

$\overline{AH} = \overline{AD} + \overline{DH}$

  ↳ $\overline{DH} = \dfrac{1}{2}\overline{DC}$

$= a + \dfrac{1}{2}(a\tan\theta - a)$

step 3 $\tan\theta$의 값을 구한다.

$\angle AEH = \theta$이므로

$$\tan\theta = \dfrac{\overline{AH}}{\overline{EH}} = \dfrac{a + \dfrac{1}{2}(a\tan\theta - a)}{\dfrac{5}{7}a}$$

$$= \dfrac{7}{5} \times \left(\dfrac{1}{2} + \dfrac{1}{2}\tan\theta\right)$$

$$\tan\theta = \dfrac{7}{10} + \dfrac{7}{10}\tan\theta, \quad \dfrac{3}{10}\tan\theta = \dfrac{7}{10}$$

따라서 $\tan\theta = \dfrac{7}{3}$

目 $\dfrac{7}{3}$

52

두 함수 $f(x) = a\cos bx + c$와 $g(x) = \sin x$가 다음 조건을 만족시킬 때, $36(a^2 + b^2 + c^2)$의 값을 구하시오.   34

   (단, $a > 0$, $b > 0$이고, a, b, c는 상수이다.)

(가) $0 \le x \le 3\pi$에서 $f(x) \le g(x)$이다.
    ↳ 주어진 범위에서 곡선 $y = f(x)$는 곡선 $y = g(x)$의 아래쪽에 있다.

(나) $f(0) = g(0)$, $f\left(\dfrac{3}{2}\pi\right) = g\left(\dfrac{3}{2}\pi\right)$
    ↳ 두 곡선 $y = f(x)$, $y = g(x)$는 $x = 0$, $x = \dfrac{3}{2}\pi$에서 만난다.

풀이전략

두 조건을 만족시키도록 하는 함수 $y = f(x)$의 그래프의 개형을 찾는다.

문제풀이

step 1 함수 $y = f(x)$의 그래프의 개형을 찾는다.

(가)에서 $0 \le x \le 3\pi$일 때, $f(x) \le g(x)$이어야 하므로 함수 $y = f(x)$의 그래프가 함수 $y = g(x)$의 그래프보다 같거나 아래쪽에 있어야 한다.

(나)에서 두 함수 $y = f(x)$, $y = g(x)$의 그래프는 $x = 0$, $x = \dfrac{3}{2}\pi$일 때 만나야 하므로 두 함수 $y = f(x)$, $y = g(x)$의 그래프는 다음 그림과 같아야 한다.

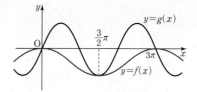

step 2 함수 $f(x)$의 주기, 최댓값과 최솟값을 이용하여 세 상수 a, b, c의 값을 구한다.

함수 $f(x)$의 주기는 3π이므로

$\dfrac{2\pi}{b} = 3\pi$, $b = \dfrac{2}{3}$

함수 $f(x)$의 최댓값은 0, 최솟값은 -1이므로

$(|a| + c) + (-|a| + c) = 2c = -1$

$c = -\dfrac{1}{2}$ ↳ $y = a\cos bx + c$의 최댓값과 최솟값의 합은 $2c$이다.

$|a| + c = |a| - \dfrac{1}{2} = 0$이므로 $a = \dfrac{1}{2}$

따라서

$36(a^2 + b^2 + c^2) = 36\left(\dfrac{1}{4} + \dfrac{4}{9} + \dfrac{1}{4}\right)$
$= 34$

目 34

53

두 함수 $f(x)=\dfrac{2\sin x-\cos x}{2\tan x-1}$, $g(x)=\sqrt{1-\sin^2 x}$가

$f(x+m)=f(x)$, $g(x)=g(n-x)$를 만족시킬 때,

↳ $f(x)$의 주기가 p일 때, m은 p의 배수이다.

함수 $y=g(x)$의 그래프는 직선 $x=\dfrac{n}{2}$에 대하여 대칭이다.

$m+n$의 최솟값은? (단, $m>0$, $n>0$)

① 2π　　　② $\dfrac{5}{2}\pi$　　　✓③ 3π

④ $\dfrac{7}{2}\pi$　　　⑤ 4π

두 함수 $y=f(x)$, $y=g(x)$의 그래프를 통하여 주기와 대칭성을 조사한다.

문제풀이

step 1 함수 $f(x)$의 식을 간단히 하여 함수 $f(x)$의 주기를 구한다.

$f(x)=\dfrac{2\sin x-\cos x}{2\tan x-1}$

$=\dfrac{2\sin x-\cos x}{\dfrac{2\sin x}{\cos x}-1}$

$=\cos x$

따라서 함수 $f(x)$의 주기는 2π이다.

$f(x+m)=f(x)$를 만족시키는 m의 값은 $m=2k\pi$ (단, k는 정수)

step 2 함수 $y=g(x)$의 식을 간단히 하여 함수 $g(x)$의 대칭성을 조사한다.

$g(x)=\sqrt{1-\sin^2 x}=\sqrt{\cos^2 x}=|\cos x|$이므로 함수 $g(x)$의 주기는 π이고 함수 $y=g(x)$의 그래프는 직선 $x=0$에 대하여 대칭이다.

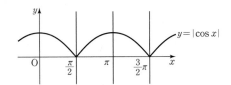

한편, $g(x)=g(n-x)$에 $x=\dfrac{n}{2}+t$를 대입하면

$g\left(\dfrac{n}{2}+t\right)=g\left(\dfrac{n}{2}-t\right)$ → $x=\dfrac{n}{2}$에서부터 t만큼 떨어진 점에서의 함수 $g(x)$의 함숫값이 서로 같다.

이므로 함수 $y=g(x)$의 그래프는 $x=\dfrac{n}{2}$에 대하여 대칭이어야 한다.

$n>0$이므로 함수 $y=g(x)$의 그래프가 대칭이 되도록 하는 x축에 수직인 직선은 $x=\dfrac{k}{2}\pi$ (k는 정수)이다.

그러므로 $g(x)=g(n-x)$를 만족시키는 n의 값은 $n=k\pi$ (k는 정수)이다.

step 3 $m+n$의 값을 구한다.

따라서 $m+n$의 값은 $m=2\pi$, $n=\pi$일 때 최솟값 $2\pi+\pi=3\pi$를 갖는다.

답 ③

54

두 함수 $y=\sin x$, $y=\cos x$의 그래프가 $0<x<t$에서 직선

$y=k\left(\dfrac{\sqrt{2}}{2}<k<1\right)$와 만나는 점의 개수를 각각 $f(t)$, $g(t)$라 하자. $f(t)>g(t)$를 만족시키는 모든 t의 값의 범위가 $a<t\leq b$일 때, $a+b$의 값은? (단, $0<t<2\pi$)

① 2π　　　✓② $\dfrac{5}{2}\pi$　　　③ 3π

④ $\dfrac{7}{2}\pi$　　　⑤ 4π

두 함수 $y=\sin x$, $y=\cos x$의 그래프와 x축에 평행한 직선의 교점의 개수를 구한다.

문제풀이

step 1 함수 $g(t)$를 구한다.

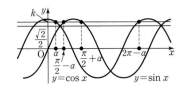

직선 $y=k$가 함수 $y=\cos x$의 그래프와 만나는 점의 x좌표 중 가장 작은 양수의 값을 α라 하면 $0<\alpha<\dfrac{\pi}{4}$이고, $0\leq x\leq 2\pi$일 때,

$x=\alpha$, $x=2\pi-\alpha$에서 직선 $y=k$가 함수 $y=\cos x$의 그래프와 만난다.

$g(t)=\begin{cases} 0 & (0<t\leq\alpha) \\ 1 & (\alpha<t\leq 2\pi-\alpha) \\ 2 & (2\pi-\alpha<t<2\pi) \end{cases}$

→ 함수 $y=\cos x$의 그래프는 주기가 2π이고 직선 $x=0$, $x=2\pi$에 대하여 대칭이다.

step 2 함수 $f(t)$를 구한다.

마찬가지로 직선 $y=k$는 함수 $y=\sin x$의 그래프와

$x=\dfrac{\pi}{2}-\alpha$, $x=\dfrac{\pi}{2}+\alpha$에서 만나므로

$f(t)=\begin{cases} 0 & \left(0<t\leq\dfrac{\pi}{2}-\alpha\right) \\ 1 & \left(\dfrac{\pi}{2}-\alpha<t\leq\dfrac{\pi}{2}+\alpha\right) \\ 2 & \left(\dfrac{\pi}{2}+\alpha<t<2\pi\right) \end{cases}$

→ 함수 $y=\sin x$의 그래프는 주기가 2π이고 직선 $x=\dfrac{\pi}{2}$에 대하여 대칭이다.

step 3 $f(t)>g(t)$를 만족시키는 모든 t의 값의 범위를 구한다.

$f(t)>g(t)$를 만족시키는 모든 t의 값의 범위는

$\dfrac{\pi}{2}+\alpha<t\leq 2\pi-\alpha$이다. → $\alpha<\dfrac{\pi}{4}$이므로 $t\leq\dfrac{\pi}{2}+\alpha$에서 $f(t)\leq g(t)$이다.

따라서 $a+b=\left(\dfrac{\pi}{2}+\alpha\right)+(2\pi-\alpha)=\dfrac{5}{2}\pi$

답 ②

55

자연수 n에 대하여 두 함수 $f(n)$, $g(n)$을

$$f(n)=2\sin\left\{n\pi+(-1)^n\frac{\pi}{6}\right\},\ g(n)=2\tan\left(\frac{n}{2}\pi+\frac{\pi}{4}\right)-1$$

이라 하자. $h(n)=f(n)-g(n+1)$일 때,
$h(1)+h(2)+h(3)+\cdots+h(15)$의 값은?

① 20   ② 24   ✓③ 28

④ 32   ⑤ 36

풀이전략

사인함수와 탄젠트함수의 주기를 이용하여 함숫값의 규칙을 알아본다.

문제풀이

step 1 함수 $f(n)$의 규칙을 알아본다.

함수 $f(n)$에 $n=1, 2, 3, \cdots$을 대입하면

$$f(1)=2\sin\left(\pi-\frac{\pi}{6}\right)=2\sin\frac{\pi}{6}=1$$

↳ $\sin(\pi-x)=\sin x$임을 이용한다. ※ $\sin(\pi+x)=-\sin x$

$$f(2)=2\sin\left(2\pi+\frac{\pi}{6}\right)=2\sin\frac{\pi}{6}=1$$

↳ $\sin x$의 주기는 2π이므로 $\sin(2\pi+x)=\sin x$이다.

$$f(3)=2\sin\left(3\pi-\frac{\pi}{6}\right)=2\sin\frac{\pi}{6}=1$$

$\vdots$

이므로 $f(n)=1$

step 2 함수 $g(n)$의 규칙을 알아본다.

함수 $g(n)$에 $n=1, 2, 3, \cdots$을 대입하면

$$g(1)=2\tan\left(\frac{\pi}{2}+\frac{\pi}{4}\right)-1=\frac{-2}{\tan\frac{\pi}{4}}-1=-3$$

↳ $\tan\left(\frac{\pi}{2}+x\right)=-\frac{1}{\tan x}$임을 이용한다. ※ $\tan\left(\frac{\pi}{2}-x\right)=\frac{1}{\tan x}$

$$g(2)=2\tan\left(\pi+\frac{\pi}{4}\right)-1=2\tan\frac{\pi}{4}-1=1$$

↳ $\tan x$의 주기는 π이므로 $\tan(\pi+x)=\tan x$이다.

$$g(3)=2\tan\left(\frac{3}{2}\pi+\frac{\pi}{4}\right)-1=\frac{-2}{\tan\frac{\pi}{4}}-1=-3$$

$\vdots$

이므로 $g(2k-1)=-3$, $g(2k)=1$ (단, k는 자연수)

step 3 함수 $h(n)$의 함숫값을 구한다.

그러므로 $h(2k-1)=f(2k-1)-g(2k)=1-1=0$,
$h(2k)=f(2k)-g(2k+1)=1-(-3)=4$ (단, k는 자연수)

↳ 함수 $g(n)$은 n의 값이 홀수인지 짝수인지에 따라 값이 달라지므로
함수 $h(n)$도 n이 홀수인지 짝수인지에 따라 나누어 생각한다.

따라서

$h(1)+h(2)+h(3)+\cdots+h(15)$
$=0+4+0+4+\cdots+0$
$=7\times(0+4)+0$
$=28$

답 ③

56

오른쪽 그림과 같이 길이가 2인 선분 AB를 지름으로 하는 반원 AB의 호를 $2n$등분한 점을 각각 P_1, P_2, $P_3, \cdots$, P_{2n-1}할 때,
$\overline{BP_1}^2+\overline{BP_2}^2+\overline{BP_3}^2+\cdots+\overline{BP_{2n-1}}^2\geq100$을 만족시키는 자연수 n의 최솟값을 구하시오.

26

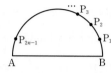

풀이전략

$\overline{BP_k}$의 값을 삼각함수로 표현한다.

문제풀이

step 1 $\overline{BP_k}$의 값을 원주각을 이용하여 삼각함수로 표현한다.

선분 AB의 중점을 O라 하면

$$\angle P_1OB=\frac{\pi}{2n}$$ → $\angle AOB=\pi$이고 호를 $2n$등분했으므로 부채꼴 $P_{k+1}OP_k$의 중심각의 크기는 $\frac{\pi}{2n}$이다.

$\angle P_1AB=\frac{\pi}{4n}$이고 $\overline{AB}=2$이므로 → 원주각의 크기는 중심각의 크기의 $\frac{1}{2}$배이다.

$$\overline{BP_1}^2=\left(2\sin\frac{\pi}{4n}\right)^2=4\sin^2\frac{\pi}{4n}$$

$$\angle P_2OB=\frac{2\pi}{2n}$$

$\angle P_2AB=\frac{2\pi}{4n}$이므로

$$\overline{BP_2}^2=\left(2\sin\frac{2\pi}{4n}\right)^2=4\sin^2\frac{2\pi}{4n}$$

마찬가지로 $\angle P_kAB=\frac{k\pi}{4n}$이므로

$$\overline{BP_k}^2=\left(2\sin\frac{k\pi}{4n}\right)^2=4\sin^2\frac{k\pi}{4n}$$

step 2 각 $\frac{\pi}{2}-x$의 삼각함수의 값을 이용하여 식의 값을 계산한다.

$\overline{BP_1}^2+\overline{BP_2}^2+\overline{BP_3}^2+\cdots+\overline{BP_{2n-1}}^2$

$=4\sin^2\frac{\pi}{4n}+4\sin^2\frac{2\pi}{4n}+4\sin^2\frac{3\pi}{4n}+$

$\quad\cdots+4\sin^2\frac{n\pi}{4n}+4\sin^2\frac{(n+1)\pi}{4n}+\cdots+4\sin^2\frac{(2n-1)\pi}{4n}$

$=4\sin^2\frac{\pi}{4n}+4\sin^2\frac{2\pi}{4n}+4\sin^2\frac{3\pi}{4n}+\cdots$

$\quad+4\sin^2\frac{n\pi}{4n}+4\sin^2\left\{\frac{\pi}{2}-\frac{(n-1)\pi}{4n}\right\}+\cdots+4\sin^2\left(\frac{\pi}{2}-\frac{\pi}{4n}\right)$

$=4\sin^2\frac{\pi}{4n}+4\sin^2\frac{2\pi}{4n}+4\sin^2\frac{3\pi}{4n}+\cdots$

$\quad+4\sin^2\frac{n\pi}{4n}+4\cos^2\frac{(n-1)\pi}{4n}+\cdots+4\cos^2\frac{\pi}{4n}$ → $\sin\left(\frac{\pi}{2}-x\right)=\cos x$

$=4(n-1)+4\times\left(\frac{\sqrt{2}}{2}\right)^2$ → $\sin^2\frac{n\pi}{4n}=\left(\frac{\sqrt{2}}{2}\right)^2$

↳ $\sin^2 x+\cos^2 x=1$

$=4n-2\geq100$

step 3 자연수 n의 최솟값을 구한다.

$n\geq\frac{102}{4}=\frac{51}{2}$이므로 자연수 n의 최솟값은 26이다.

답 26

57

$0<x<\dfrac{\pi}{2}$, $0<y<\dfrac{\pi}{2}$에서 $\cos x+3\sin x=3$일 때, $\sin x\cos y+\sin y\cos x$의 최댓값은?

✓① 1   ② $\dfrac{2}{3}$ ③ $\dfrac{\sqrt{3}}{3}$

④ $\dfrac{\sqrt{2}}{3}$ ⑤ $\dfrac{1}{3}$

풀이전략

조건을 만족시키는 x의 삼각함수의 값을 구하고, 삼각함수 사이의 관계를 이용하여 $\sin x\cos y+\sin y\cos x$의 최댓값을 구한다.

문제풀이

step 1 $\cos x+3\sin x=3$을 만족시키는 x의 삼각함수의 값을 구한다.

$\cos x+3\sin x=3$에서 $\cos x=3-3\sin x$

양변을 제곱하면

$\cos^2 x=9-18\sin x+9\sin^2 x$

$1-\sin^2 x=9-18\sin x+9\sin^2 x$

$10\sin^2 x-18\sin x+8=0$

$5\sin^2 x-9\sin x+4=0$

$(5\sin x-4)(\sin x-1)=0 \rightarrow 0<x<\dfrac{\pi}{2}$이므로 $0<\sin x<1$이다.

$\sin x=\dfrac{4}{5}$, $\cos x=\dfrac{3}{5}$

step 2 $\sin y$, $\cos y$를 치환하여 $\sin x\cos y+\sin y\cos x$의 값을 좌표평면에 나타낸다.

$\sin y=a$, $\cos y=b$라 하면 $0<a<1$, $0<b<1$이고

$a^2+b^2=\sin^2 y+\cos^2 y=1$ ...... ㉠

$\sin x\cos y+\sin y\cos x$

$=\dfrac{4}{5}\cos y+\dfrac{3}{5}\sin y$

$=\dfrac{3}{5}a+\dfrac{4}{5}b$

$\dfrac{3}{5}a+\dfrac{4}{5}b=k$($k$는 상수)라 하면

$3a+4b=5k$ ...... ㉡

㉠, ㉡에서 점 (a, b)가 나타내는 도형을 좌표평면에 나타내면 다음 그림과 같다.

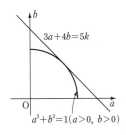

step 3 $3a+4b$의 값이 최대가 될 때의 k의 값을 구한다.

k의 값은 그림과 같이 직선 $3a+4b=5k$가 사분원 $a^2+b^2=1$($a>0$, $b>0$)에 접할 때 최대가 된다.

$\dfrac{|5k|}{\sqrt{3^2+4^2}}=1$에서 $k=1$이므로 $\dfrac{3}{5}a+\dfrac{4}{5}b$의 최댓값은 1이다.

↳ 사분원 $x^2+y^2=1$ ($x>0$, $y>0$)의 중심과   **답** ①
직선 $3x+4y=5k$ 사이의 거리가 사분원의 반지름의 길이와 같다.

내신 상위 4% of 4%   본문 47쪽

58

두 점 P, Q는 각각 반지름의 길이가 1, r인 원의 둘레를 회전하고, 같은 속력으로 이동하므로 같은 시간 동안 회전한 각의 크기는 P가 Q보다 더 크다. ←

오른쪽 그림과 같이 중심이 원점 O이고 반지름의 길이가 각각 1, r인 두 원 C_1, C_2가 있다. 두 점 P, Q는 각각 $(1, 0)$, $(r, 0)$에서 출발하여 같은 속력으로 각각 원 C_1과 원 C_2의 둘레를 따라 시계 반대 방향으로 이동한다. 점 Q가 원 C_2의 둘레를 2바퀴 도는 동안 두 점 P, Q 사이의 거리가 최소가 되는 횟수가 4가 되도록 하는 모든 r의 값의 범위는 $a\le r<b$이다. $10ab$의 값을 구하시오.

    105   (단, $r>1$이고 출발하는 순간은 횟수에서 제외한다.)

↳ 두 점 P, Q 사이의 거리가 최소이기 위해서는 두 점 P, Q가 시작점이 점 O인 반직선 위에 있어야 한다.

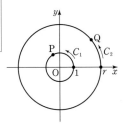

문항 파헤치기

부채꼴의 중심각의 크기와 호의 길이 구하기

실수 point 찾기

① 부채꼴의 중심각의 크기와 호의 길이는 정비례함을 이용한다.

② 부채꼴의 반지름의 길이와 호의 길이는 정비례함을 이용한다.

③ 호도법의 뜻에 주의한다.

풀이전략

두 점 P, Q의 위치를 중심각 θ를 이용하여 나타내고, 두 점 P, Q 사이의 거리가 최소가 되기 위한 조건을 찾는다.

문제풀이

step 1 두 점 P, Q의 속력이 같기 위한 두 부채꼴 POA, QOB의 중심각의 크기 사이의 관계를 조사한다.

두 점 $(1, 0)$, $(r, 0)$을 각각 A, B라 하고 $\angle AOP=\theta$라 하면 호 AP의 길이는 θ이다. 두 점 P, Q는 같은 속력으로 이동하므로 호 BQ의 길이가 θ이어야 하고 $\angle BOQ=\theta_1$이라 하면 $r\theta_1=\theta$이므로

$\theta_1=\dfrac{\theta}{r}$, 즉 $\angle BOQ=\dfrac{\theta}{r}$이다.

점 Q가 원 C_2의 둘레를 2바퀴 도는 동안 $\angle BOQ$의 크기는

$0\le\dfrac{\theta}{r}\le 4\pi$, $0\le\theta\le 4\pi r$ ...... ㉠

step 2 두 점 P, Q 사이의 거리가 최소가 되기 위한 θ의 조건을 찾는다.

두 점 P, Q 사이의 거리가 최소가 되기 위해서는 두 동경 OP, OQ가 일치해야 하므로 두 동경이 나타내는

↳ 두 점 P, Q 사이의 거리가 최소이기 위해서는 두 점 P, Q가 시작점이 점 O인 반직선 위에 있어야 한다.

각 θ, $\dfrac{\theta}{r}$에 대하여 $\theta - \dfrac{\theta}{r} = 2n\pi$ (단, n은 정수)

$\theta = \dfrac{2n\pi r}{r-1}$

↳ 두 각 θ, $\dfrac{\theta}{r}$를 나타내는 동경이 서로 일치하기 위한 조건

㉠에서 $0 \le \dfrac{2n\pi r}{r-1} \le 4\pi r$

$0 \le \dfrac{n}{r-1} \le 2$

그러므로 $0 \le n \le 2(r-1)$

step 3 두 점 P, Q 사이의 거리가 최소가 되는 횟수가 4이기 위한 모든 r의 값의 범위를 구한다.

두 점 P, Q 사이의 거리가 최소가 되는 횟수가 4이므로 $n=4$일 때는 이 부등식을 만족시키지만 $n=5$일 때는 만족시키지 못한다.

즉, $4 \le 2(r-1)$이고 $5 > 2(r-1)$이어야 한다.

$4 \le 2(r-1)$에서 $r \ge 3$

$5 > 2(r-1)$에서 $0 < r < \dfrac{7}{2}$

따라서 $3 \le r < \dfrac{7}{2}$이므로

$10ab = 10 \times 3 \times \dfrac{7}{2}$

$\qquad = 105$

달 105

---

04 삼각함수의 활용

내신 기출 우수 문항

01 ④	**02** ④	**03** ③	**04** ④	**05** ②
06 ③	**07** ②	**08** ②	**09** ③	**10** ④
11 ⑤	**12** ④	**13** ②	**14** ⑤	**15** ⑤

16 $0 \le \theta < \dfrac{\pi}{4}$ 또는 $\dfrac{3}{4}\pi < \theta < \dfrac{5}{4}\pi$ 또는 $\dfrac{7}{4}\pi < \theta < 2\pi$

17 $\dfrac{67\sqrt{3}}{2}$

---

01 $2\cos\left(x + \dfrac{\pi}{2}\right) = -\sqrt{3}$

$2\sin x = \sqrt{3}$

$\sin x = \dfrac{\sqrt{3}}{2}$

$x = \dfrac{\pi}{3}$ 또는 $x = \dfrac{2}{3}\pi$

따라서 모든 실근의 곱은 $\dfrac{\pi}{3} \times \dfrac{2}{3}\pi = \dfrac{2}{9}\pi^2$

달 ④

02 $2\cos^2 x - \sin x - 1 = 0$

$2(1 - \sin^2 x) - \sin x - 1 = 0$

$2\sin^2 x + \sin x - 1 = 0$

$(2\sin x - 1)(\sin x + 1) = 0$

$\sin x = \dfrac{1}{2}$ 또는 $\sin x = -1$

$x = \dfrac{\pi}{6}$ 또는 $x = \dfrac{5}{6}\pi$ 또는 $x = \dfrac{3}{2}\pi$

따라서 모든 실근의 합은

$\dfrac{\pi}{6} + \dfrac{5}{6}\pi + \dfrac{3}{2}\pi$

$= \dfrac{5}{2}\pi$

달 ④

03 $\tan x + \dfrac{1}{\tan x} = \dfrac{4\sqrt{3}}{3}$

$3\tan^2 x - 4\sqrt{3}\tan x + 3 = 0$

$\tan x = \dfrac{2\sqrt{3} \pm \sqrt{12-9}}{3}$

$\tan x = \dfrac{\sqrt{3}}{3}$ 또는 $\tan x = \sqrt{3}$

$x = \dfrac{\pi}{6}$ 또는 $x = \dfrac{\pi}{3}$

따라서 모든 실근의 합은

$\dfrac{\pi}{6} + \dfrac{\pi}{3} = \dfrac{\pi}{2}$

달 ③

04

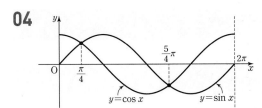

$0 \leq x < 2\pi$일 때, $\sin x - \cos x = 0$을 만족시키는 x의 값은

$x = \dfrac{\pi}{4}$ 또는 $x = \dfrac{5}{4}\pi$

따라서 부등식 $\sin x - \cos x \geq 0$의 해는

$\dfrac{\pi}{4} \leq x \leq \dfrac{5}{4}\pi$

따라서 $\alpha = \dfrac{\pi}{4}$, $\beta = \dfrac{5}{4}\pi$이므로 $\beta - \alpha = \pi$

답 ④

05

$2\cos^2 x - \cos x - 1 \geq 0$

$(2\cos x + 1)(\cos x - 1) \geq 0$

$\cos x \leq -\dfrac{1}{2}$ 또는 $\cos x \geq 1$ ······ ㉠

$0 \leq x < 2\pi$에서 $\cos x = -\dfrac{1}{2}$을 만족시키는 x의 값은

$x = \dfrac{2}{3}\pi$ 또는 $x = \dfrac{4}{3}\pi$

따라서 ㉠의 해는 $\dfrac{2}{3}\pi \leq x \leq \dfrac{4}{3}\pi$ 또는 $x = 0$

답 ②

06

$\tan\left(\dfrac{1}{2}x + \dfrac{\pi}{6}\right) \geq \sqrt{3}$에서

$\dfrac{1}{2}x + \dfrac{\pi}{6} = t$라 하면,

$\tan t \geq \sqrt{3}$ $\left(\text{단, } -\dfrac{\pi}{12} < t < \dfrac{5}{12}\pi\right)$

$\tan t = \sqrt{3}$을 만족시키는 t의 값은 $t = \dfrac{\pi}{3}$

따라서 부등식 $\tan t \geq \sqrt{3}$의 해는

$\dfrac{\pi}{3} \leq t < \dfrac{5}{12}\pi$

$\dfrac{1}{2}x + \dfrac{\pi}{6} = t$이므로

부등식 $\tan\left(\dfrac{1}{2}x + \dfrac{\pi}{6}\right) \geq \sqrt{3}$의 해는 $\dfrac{\pi}{3} \leq x < \dfrac{\pi}{2}$

따라서 $\alpha = \dfrac{\pi}{3}$, $\beta = \dfrac{\pi}{2}$이므로 $\alpha + \beta = \dfrac{5}{6}\pi$

답 ③

07

삼각형 ABC의 외접원의 반지름의 길이를 R라 하면

$\angle ABC = 60°$이므로 사인법칙 $\dfrac{b}{\sin B} = 2R$에서

$\dfrac{3}{\sin 60°} = 2R$, $\dfrac{3}{\dfrac{\sqrt{3}}{2}} = 2R$

$R = \sqrt{3}$

답 ②

08

사인법칙 $\dfrac{a}{\sin A} = \dfrac{b}{\sin B}$에서

$\dfrac{\sqrt{3}}{\sin \dfrac{2}{3}\pi} = \dfrac{\sqrt{2}}{\sin B}$

$\sin B = \dfrac{\sqrt{2}}{2}$, $\angle ABC = \dfrac{\pi}{4}$

따라서 $\angle ACB = \pi - \dfrac{2}{3}\pi - \dfrac{\pi}{4} = \dfrac{\pi}{12}$

답 ②

09

ㄱ. 사인법칙에서 $\dfrac{a}{\sin A} = \dfrac{b}{\sin B}$

$\sin A = \sin B$이면 $a = b$

그러므로 삼각형 ABC는 $a = b$인 이등변삼각형이다.

ㄴ. 사인법칙에서 $\dfrac{a}{\sin A} = \dfrac{b}{\sin B} = 2R$

(단, R는 삼각형 ABC의 외접원의 반지름의 길이이다.)

$a \sin A = b \sin B$이면 $a \times \dfrac{a}{2R} = b \times \dfrac{b}{2R}$, $a^2 = b^2$

$a = b$이므로 삼각형 ABC는 이등변삼각형이다.

ㄷ. 사인법칙 $\dfrac{a}{\sin A} = \dfrac{b}{\sin B} = \dfrac{c}{\sin C} = 2R$

$a \sin A = b \sin B + c \sin C$이면

$a \times \dfrac{a}{2R} = b \times \dfrac{b}{2R} + c \times \dfrac{c}{2R}$, $a^2 = b^2 + c^2$

그러므로 삼각형 ABC는 빗변의 길이가 a인 직각삼각형이다.

따라서 이등변삼각형은 ㄱ, ㄴ이다.

답 ③

10

코사인법칙에서

$\overline{BC}^2 = 5^2 + 3^2 - 2 \times 5 \times 3 \times \cos\dfrac{2}{3}\pi$

$= 34 + 15$

$= 49$

$\overline{BC} > 0$이므로 $\overline{BC} = 7$

답 ④

11

코사인법칙에서

$c^2 = 4^2 + (\sqrt{2})^2 - 2 \times 4 \times \sqrt{2} \times \cos\dfrac{\pi}{4} = 10$, $c = \sqrt{10}$

$\cos(\angle ABC) = \dfrac{c^2 + a^2 - b^2}{2ca}$

$= \dfrac{(\sqrt{10})^2 + 4^2 - (\sqrt{2})^2}{2 \times \sqrt{10} \times 4}$

$= \dfrac{3}{\sqrt{10}}$

따라서 $\cos^2(\angle ABC) = \dfrac{9}{10}$

답 ⑤

12 ㄱ. 삼각형 ABC의 외접원의 반지름의 길이를 R라 하면

사인법칙에서 $\sin A = \dfrac{a}{2R}$, $\sin B = \dfrac{b}{2R}$ 이고

코사인법칙에서 $\cos C = \dfrac{a^2+b^2-c^2}{2ab}$ 이므로

$\dfrac{\sin A}{\sin B} = 2\cos C$ 이면

$\dfrac{a}{b} = \dfrac{a^2+b^2-c^2}{ab}$

$b^2 = c^2$ 이므로 $b = c$ 인 이등변삼각형이다.

ㄴ. 코사인법칙에서 $\cos A = \dfrac{b^2+c^2-a^2}{2bc}$, $\cos B = \dfrac{c^2+a^2-b^2}{2ca}$ 이므로

$a\cos A = b\cos B$ 이면

$a \times \dfrac{b^2+c^2-a^2}{2bc} = b \times \dfrac{c^2+a^2-b^2}{2ca}$

$a^2(b^2+c^2-a^2) = b^2(c^2+a^2-b^2)$

$a^2c^2 - a^4 = b^2c^2 - b^4$

$c^2(a^2-b^2) = (a^2+b^2)(a^2-b^2)$

$a \neq b$ 이므로 $c^2 = a^2+b^2$

그러므로 삼각형 ABC는 $\angle C = \dfrac{\pi}{2}$ 인 직각삼각형이다.

ㄷ. 코사인법칙에서

$\cos A = \dfrac{b^2+c^2-a^2}{2bc}$, $\cos B = \dfrac{c^2+a^2-b^2}{2ca}$, $\cos C = \dfrac{a^2+b^2-c^2}{2ab}$

이므로

$a\cos A = b\cos B + c\cos C$ 이면

$a \times \dfrac{b^2+c^2-a^2}{2bc} = b \times \dfrac{c^2+a^2-b^2}{2ca} + c \times \dfrac{a^2+b^2-c^2}{2ab}$

$a^2(b^2+c^2-a^2) = b^2(c^2+a^2-b^2) + c^2(a^2+b^2-c^2)$

$a^4 = b^4 - 2b^2c^2 + c^4$, $a^4 = (b^2-c^2)^2$

$a^2 = b^2-c^2$ 또는 $a^2 = -(b^2-c^2)$

$b^2 = a^2+c^2$ 또는 $c^2 = a^2+b^2$

$b < c$ 이므로 $c^2 = a^2+b^2$

그러므로 삼각형 ABC는 $\angle C = \dfrac{\pi}{2}$ 인 직각삼각형이다.

따라서 직각삼각형은 ㄴ, ㄷ이다.

🅰 ④

13 코사인법칙에서 $\cos C = \dfrac{a^2+b^2-c^2}{2ab}$ 이므로

$\cos C = \dfrac{2^2+3^2-\sqrt{7}^2}{2\times2\times3} = \dfrac{1}{2}$, $\angle C = \dfrac{\pi}{3}$

따라서 삼각형 ABC의 넓이 S는

$S = \dfrac{1}{2}ab\sin C = \dfrac{1}{2}\times2\times3\times\sin\dfrac{\pi}{3} = \dfrac{3\sqrt{3}}{2}$

🅰 ②

14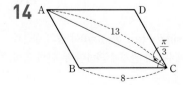

$\angle ABC = \pi - \angle BCD = \dfrac{2}{3}\pi$

삼각형 ABC에서 코사인법칙에 의하여

$b^2 = c^2 + a^2 - 2ca\cos B$, $13^2 = c^2 + 8^2 + 8c$

$c^2 + 8c - 105 = 0$, $(c-7)(c+15) = 0$

$c > 0$ 이므로 $c = 7$

삼각형 ABC의 넓이 S는

$S = \dfrac{1}{2}ca\sin B$

$= \dfrac{1}{2}\times7\times8\times\sin\dfrac{2}{3}\pi$

$= 14\sqrt{3}$

따라서 평행사변형 ABCD의 넓이는 삼각형 ABC의 넓이의 2배이므로 $28\sqrt{3}$이다.

🅰 ⑤

15 삼각형 ABC의 넓이 S는

$S = \dfrac{1}{2}bc\sin A = \dfrac{1}{2}\times3\times4\times\sin A = 3\sqrt{3}$에서

$\sin A = \dfrac{\sqrt{3}}{2}$

$\angle BAC$는 예각이므로 $\angle BAC = \dfrac{\pi}{3}$이고 $\cos A = \dfrac{1}{2}$

코사인법칙에서 $a^2 = b^2 + c^2 - 2bc\cos A$

$a^2 = 3^2 + 4^2 - 2\times3\times4\times\dfrac{1}{2} = 13$, $a = \sqrt{13}$

삼각형 ABC의 넓이 S는

$S = \dfrac{1}{2}ca\sin B = \dfrac{1}{2}\times4\times\sqrt{13}\times\sin B = 3\sqrt{3}$에서

$\sin B = \dfrac{3\sqrt{3}}{2\sqrt{13}} = \dfrac{3\sqrt{39}}{26}$

즉, $\sin(\angle ABC) = \dfrac{3\sqrt{39}}{26}$이므로 $p = 26$, $q = 3$

따라서 $p + q = 29$

🅰 ⑤

16 x에 대한 이차방정식 $2x^2 + 4x\cos\theta + 1 = 0$이 서로 다른 두 실근을 가지므로 판별식을 D라 할 때, $\dfrac{D}{4} = (2\cos\theta)^2 - 2 > 0$이어야 한다.

·· (가)

$2\cos^2\theta - 1 > 0$, $\cos^2\theta > \dfrac{1}{2}$

$\cos\theta > \dfrac{\sqrt{2}}{2}$ 또는 $\cos\theta < -\dfrac{\sqrt{2}}{2}$

·· (나)

따라서 $0 \leq \theta < \dfrac{\pi}{4}$ 또는 $\dfrac{3}{4}\pi < \theta < \dfrac{5}{4}\pi$ 또는 $\dfrac{7}{4}\pi < \theta < 2\pi$

·· (다)

🅰 $0 \leq \theta < \dfrac{\pi}{4}$ 또는 $\dfrac{3}{4}\pi < \theta < \dfrac{5}{4}\pi$ 또는 $\dfrac{7}{4}\pi < \theta < 2\pi$

단계	채점 기준	비율
(가)	판별식 D가 $D>0$임을 이용한 경우	40 %
(나)	$\cos\theta$의 값의 범위를 구한 경우	30 %
(다)	모든 θ의 값의 범위를 구한 경우	30 %

17 삼각형 ACD에서 코사인법칙에 의하여

$$\overline{AC}^2=7^2+8^2-2\times7\times8\times\cos\frac{2}{3}\pi=169$$

$\overline{AC}>0$이므로 $\overline{AC}=13$

·· (가)

삼각형 ACD의 넓이를 S_1이라 하면

$$S_1=\frac{1}{2}ac\sin D$$
$$=\frac{1}{2}\times8\times7\times\sin\frac{2}{3}\pi$$
$$=14\sqrt{3}$$

삼각형 ABC의 넓이를 S_2라 하면

$$S_2=\frac{1}{2}bc\sin A$$
$$=\frac{1}{2}\times13\times6\times\sin\frac{2}{3}\pi$$
$$=\frac{39\sqrt{3}}{2}$$

·· (나)

따라서 사각형 ABCD의 넓이 S는

$$S=S_1+S_2$$
$$=14\sqrt{3}+\frac{39\sqrt{3}}{2}$$
$$=\frac{67\sqrt{3}}{2}$$

·· (다)

답 $\dfrac{67\sqrt{3}}{2}$

단계	채점 기준	비율
(가)	코사인법칙을 이용하여 $\overline{AC}$를 구한 경우	30 %
(나)	삼각형 ACD, 삼각형 ABC의 넓이를 구한 경우	60 %
(다)	사각형 ABCD의 넓이를 구한 경우	10 %

내신 상위 7% 고득점 문항

본문 53~55쪽

18 ④	**19** ⑤	**20** ①	**21** ⑤	**22** ②
23 ①	**24** ①	**25** ④	**26** ③	**27** ①
28 ④	**29** ②	**30** ②	**31** ③	**32** ⑤
33 $\frac{3}{4}$	**34** $\frac{49}{3}\pi$			

18 $\cos\frac{\pi}{2}x=\frac{1}{2}$에서 $\frac{\pi}{2}x=t$라 하면 $\cos t=\frac{1}{2}$ (단, $0\le t<2\pi$)

이를 만족시키는 $t=\frac{\pi}{3}$ 또는 $t=\frac{5}{3}\pi$

이때 $x=\frac{2}{3}$ 또는 $x=\frac{10}{3}$

따라서 모든 실근의 합은 $\frac{2}{3}+\frac{10}{3}=4$

답 ④

19 $\tan x=3\sin x$에서

$$\frac{\sin x}{\cos x}=3\sin x$$

(ⅰ) $\sin x=0$인 경우

$x=0$ 또는 $x=\pi$

(ⅱ) $\sin x\ne0$인 경우

$$\cos x=\frac{1}{3}$$

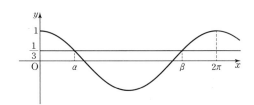

$0\le x<2\pi$일 때, 방정식 $\cos x=\frac{1}{3}$의 해는 함수 $y=\cos x$의 그래프와 직선 $y=\frac{1}{3}$의 교점의 x좌표이다.

두 교점의 x좌표를 각각 α, β $(\alpha<\beta)$라 하면

$y=\cos x$의 그래프는 직선 $x=\pi$에 대하여 대칭이므로 $\alpha=2\pi-\beta$이다.

따라서 $\alpha+\beta=2\pi$

(ⅰ), (ⅱ)에 의하여 모든 실근의 합은

$$0+\pi+\alpha+\beta=\pi+2\pi=3\pi$$

답 ⑤

20 $y=x^2-6x\sin\theta+9-7\cos^2\theta$
$$=(x-3\sin\theta)^2-9\sin^2\theta+9-7(1-\sin^2\theta)$$
$$=(x-3\sin\theta)^2+2-2\sin^2\theta$$

직선 $y=x$가 꼭짓점 $(3\sin\theta,\ 2-2\sin^2\theta)$를 지나므로

$$2-2\sin^2\theta=3\sin\theta$$
$$2\sin^2\theta+3\sin\theta-2=0$$
$$(2\sin\theta-1)(\sin\theta+2)=0$$

$-1\le\sin\theta\le1$이므로 $\sin\theta=\frac{1}{2}$

이를 만족시키는 양수 θ의 최솟값은 $\theta=\frac{\pi}{6}$

답 ①

21 x에 대한 이차방정식 $x^2+x\sin\theta+\tan^2\theta-3=0$이 양의 실근과 음의 실근을 모두 가지려면 근과 계수와의 관계에 의하여 두 근의 곱이 음수이어야 한다.

즉, $\tan^2 \theta - 3 < 0$
$-\sqrt{3} < \tan \theta < \sqrt{3}$
따라서 $-\dfrac{\pi}{3} < \theta < \dfrac{\pi}{3}$이고 $\alpha = -\dfrac{\pi}{3}$, $\beta = \dfrac{\pi}{3}$이므로
$\beta - \alpha = \dfrac{2}{3}\pi$

답 ⑤

22 임의의 실수 x에 대하여
부등식 $x^2 + 2\sqrt{3}x \cos \theta + 1 + 5 \sin \theta > 0$이 항상 성립하므로
방정식 $x^2 + 2\sqrt{3}x \cos \theta + 1 + 5 \sin \theta = 0$의 판별식을 D라 할 때,
$\dfrac{D}{4} = (\sqrt{3} \cos \theta)^2 - (1 + 5 \sin \theta) < 0$
$3 \cos^2 \theta - 5 \sin \theta - 1 < 0$
$3(1 - \sin^2 \theta) - 5 \sin \theta - 1 < 0$
$3 \sin^2 \theta + 5 \sin \theta - 2 > 0$
$(3 \sin \theta - 1)(\sin \theta + 2) > 0$
$\sin \theta > \dfrac{1}{3}$

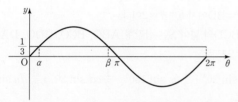

$0 \le \theta < 2\pi$일 때, 함수 $y = \sin \theta$의 그래프와 직선 $y = \dfrac{1}{3}$의 교점의 θ좌표를 각각 α, β $(\alpha < \beta)$라 하면 $\sin \theta > \dfrac{1}{3}$을 만족시키는 모든 θ의 값의 범위는 $\alpha < \theta < \beta$이고, $\beta = \pi - \alpha$이므로 $\alpha + \beta = \pi$이다.

답 ②

23 $\sin^2 x + 4 \cos x - 6 \le a$
$1 - \cos^2 x + 4 \cos x - 6 \le a$
$-\cos^2 x + 4 \cos x - 5 \le a$
$\cos x = t \, (-1 \le t \le 1)$라 하면
$-(t-2)^2 - 1 \le a$이고
$-(t-2)^2 - 1$은 $t = 1$일 때 최댓값 -2를 가지므로
실수 a의 최솟값은 -2이다.

답 ①

24 $6 \sin A = 10 \sin B = 5\sqrt{3} \sin C$에서 각 변을 30으로 나누면
$\dfrac{\sin A}{5} = \dfrac{\sin B}{3} = \dfrac{\sin C}{2\sqrt{3}}$
즉, $\dfrac{5}{\sin A} = \dfrac{3}{\sin B} = \dfrac{2\sqrt{3}}{\sin C}$
사인법칙 $\dfrac{a}{\sin A} = \dfrac{b}{\sin B} = \dfrac{c}{\sin C}$에 의하여
$a : b : c = 5 : 3 : 2\sqrt{3}$
$a = 5k$, $b = 3k$, $c = 2\sqrt{3}k \, (k > 0)$라 하면,
코사인법칙에 의하여

$\cos A = \dfrac{b^2 + c^2 - a^2}{2bc}$
$= \dfrac{9k^2 + 12k^2 - 25k^2}{2 \times 3k \times 2\sqrt{3}k}$
$= -\dfrac{1}{3\sqrt{3}}$
$= -\dfrac{\sqrt{3}}{9}$

답 ①

25 $\cos^2 A + \cos^2 B + \cos^2 C = 1$에서
$1 - \sin^2 A + 1 - \sin^2 B + 1 - \sin^2 C = 1$
$\sin^2 A + \sin^2 B + \sin^2 C = 2$ ······ ㉠
사인법칙에서 $\dfrac{a}{\sin A} = \dfrac{b}{\sin B} = \dfrac{c}{\sin C} = 4$
$\sin A = \dfrac{a}{4}$, $\sin B = \dfrac{b}{4}$, $\sin C = \dfrac{c}{4}$이므로
이것을 ㉠에 대입하면 $\dfrac{a^2 + b^2 + c^2}{16} = 2$
따라서 $\overline{AB}^2 + \overline{BC}^2 + \overline{CA}^2 = a^2 + b^2 + c^2 = 32$

답 ④

26 두 원 C_1, C_2의 반지름의 길이를 각각 r_1, r_2라 하자.
삼각형 ABC에서 사인법칙에 의하여 $\dfrac{\overline{AB}}{\sin C} = 2r_1$
즉, $\dfrac{\overline{AB}}{\sin \frac{\pi}{3}} = 2r_1$에서 $r_1 = \dfrac{\overline{AB}}{\sqrt{3}}$
원 C_2에서 호 AB에 대한 중심각은 $\angle AO_2B = \dfrac{\pi}{3}$이므로 다음 그림과 같이 원 C_2 위의 한 점 D를 잡으면 호 AB에 대한 원주각은
$\angle ADB = \dfrac{1}{2}\angle AO_2B = \dfrac{\pi}{6}$이다.

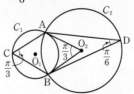

삼각형 ABD에서 사인법칙에 의하여 $\dfrac{\overline{AB}}{\sin D} = 2r_2$
즉, $\dfrac{\overline{AB}}{\sin \frac{\pi}{6}} = 2r_2$에서 $r_2 = \overline{AB}$
$\dfrac{S_2}{S_1} = \dfrac{\pi (r_2)^2}{\pi (r_1)^2} = \dfrac{(\overline{AB})^2}{\left(\dfrac{\overline{AB}}{\sqrt{3}}\right)^2} = 3$

답 ③

27 점 D가 $\overline{BC}$를 $1 : 2$로 내분하므로
$\overline{BD} = 1$, $\overline{CD} = 2$
$\overline{AB} : \overline{AC} = \overline{BD} : \overline{CD} = 1 : 2$이므로
$\overline{AD}$는 $\angle BAC$의 이등분선이다.

$\overline{\text{AD}}=x$라 하면
코사인법칙에 의하여

$$\cos(\angle \text{BAD})=\frac{2^2+x^2-1^2}{2\times 2\times x}=\frac{x^2+3}{4x}$$

$$\cos(\angle \text{CAD})=\frac{4^2+x^2-2^2}{2\times 4\times x}=\frac{x^2+12}{8x}$$

$\angle \text{BAD}=\angle \text{CAD}$에서 $\dfrac{x^2+3}{4x}=\dfrac{x^2+12}{8x}$

$2x^2+6=x^2+12$, $x^2=6$

$x>0$이므로 $x=\sqrt{6}$

답 ①

다른풀이 점 D가 $\overline{\text{BC}}$를 $1:2$로 내분하므로 $\overline{\text{BD}}=1$, $\overline{\text{CD}}=2$

$\overline{\text{AD}}=x$라 하면

삼각형 ABD에서 코사인법칙에 의하여

$$\cos(\angle \text{ABC})=\frac{2^2+1^2-x^2}{2\times 2\times 1}=\frac{5-x^2}{4}$$

삼각형 ABC에서 코사인법칙에 의하여

$$\cos(\angle \text{ABC})=\frac{2^2+3^2-4^2}{2\times 2\times 3}=-\frac{1}{4}$$

$\dfrac{5-x^2}{4}=-\dfrac{1}{4}$에서 $x^2=6$

$x>0$이므로 $x=\sqrt{6}$

28 $\cos(\angle \text{BAC})=-\dfrac{5}{16}<0$에서 $\angle \text{BAC}>\dfrac{\pi}{2}$이므로

x, y, z 중 y가 가장 크다.

$(y-x):(y-z):(x-z)=1:3:2$에서

$y-x=k$라 하면, $y-z=3k$, $x-z=2k$이다. (단, $k>0$)

즉, $y=z+3k$, $x=z+2k$이므로 코사인법칙에 의하여

$(z+3k)^2=(z+2k)^2+z^2-2z(z+2k)\times \cos(\angle \text{BAC})$

$z^2+6kz+9k^2=z^2+4kz+4k^2+z^2+\dfrac{5}{8}(z^2+2kz)$

$\dfrac{13}{8}z^2-\dfrac{3}{4}kz-5k^2=0$

$13z^2-6kz-40k^2=0$

$(13z+20k)(z-2k)=0$

$z>0$, $k>0$이므로 $z=2k$

따라서 $x=4k$, $y=5k$

$$\frac{x^3+y^3+z^3}{xyz}=\frac{(4k)^3+(5k)^3+(2k)^3}{4k\times 5k\times 2k}=\frac{197}{40}$$

답 ④

29 삼각형 ABD에서 코사인법칙에 의하여

$$\overline{\text{BD}}^2=2^2+5^2-2\times 2\times 5\times \cos\frac{2}{3}\pi=39$$

따라서 $\overline{\text{BD}}=\sqrt{39}$

점 A와 점 D에서 선분 BC에 내린 수선의 발을 각각 E, F라 하자.

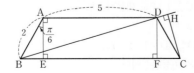

$\angle \text{BAE}=\dfrac{\pi}{6}$이고 $\dfrac{\overline{\text{BE}}}{\overline{\text{AB}}}=\sin\dfrac{\pi}{6}$에서 $\overline{\text{BE}}=1$

$\overline{\text{CF}}=\overline{\text{BE}}=1$, $\overline{\text{EF}}=\overline{\text{AD}}=5$이므로 $\overline{\text{BC}}=7$

$\dfrac{\overline{\text{AE}}}{\overline{\text{AB}}}=\cos\dfrac{\pi}{6}$에서 $\overline{\text{AE}}=\sqrt{3}$, $\overline{\text{DF}}=\overline{\text{AE}}=\sqrt{3}$

삼각형 BCD의 넓이는 $\dfrac{1}{2}\times \overline{\text{BD}}\times \overline{\text{CH}}=\dfrac{1}{2}\times \overline{\text{BC}}\times \overline{\text{DF}}$이므로

$\sqrt{39}\times \overline{\text{CH}}=7\sqrt{3}$

따라서 $\overline{\text{CH}}=\dfrac{7\sqrt{13}}{13}$

답 ②

30 사각형 ABCD에서 두 대각선 AC, BD의 교점을 O라 하자.

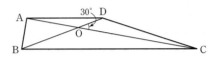

$\overline{\text{AO}}=a$, $\overline{\text{BO}}=b$, $\overline{\text{CO}}=c$, $\overline{\text{DO}}=d$라 하면

$\overline{\text{AO}}+\overline{\text{CO}}=\overline{\text{AC}}$에서 $a+c=4$이고

$\overline{\text{BO}}+\overline{\text{DO}}=\overline{\text{BD}}$에서 $b+d=2$이다.

사각형 ABCD의 넓이 S는 삼각형 ABO, BCO, CDO, DAO의 넓이의 합과 같으므로

$S=\dfrac{1}{2}ab\sin 30°+\dfrac{1}{2}bc\sin 150°+\dfrac{1}{2}cd\sin 30°+\dfrac{1}{2}da\sin 150°$

$=\dfrac{1}{2}\times \dfrac{1}{2}(ab+bc+cd+da)$

$=\dfrac{1}{4}\{b(a+c)+d(a+c)\}$

$=\dfrac{1}{4}(a+c)(b+d)$

$=2$

답 ②

참고 두 대각선의 길이가 각각 a, b이고 두 대각선이 이루는 각의 크기가 θ인 사각형의 넓이 S는 $S=\dfrac{1}{2}ab\sin\theta$

31 $\overline{\text{BD}}$가 원 O의 지름이므로 $\angle \text{BCD}=\dfrac{\pi}{2}$

따라서 $\angle \text{ODC}=\dfrac{\pi}{3}$이고 $\overline{\text{OC}}=\overline{\text{OD}}$이므로 삼각형 OCD는 정삼각형이다.

$\overline{\text{CD}}=3$에서 $\overline{\text{OC}}=\overline{\text{OD}}=3$

삼각형 OCD의 넓이는 $\dfrac{1}{2}\times 3\times 3\times \sin\dfrac{\pi}{3}=\dfrac{9\sqrt{3}}{4}$

호 AD에 대한 원주각의 크기가 $\dfrac{\pi}{8}$이므로 호 AD에 대한 중심각의 크기는 $\dfrac{\pi}{4}$이다.

즉, $\angle \text{AOD}=\dfrac{\pi}{4}$

삼각형 AOD의 넓이는

$\dfrac{1}{2}\times 3\times 3\times \sin\dfrac{\pi}{4}=\dfrac{9\sqrt{2}}{4}$

따라서 사각형 AOCD의 넓이는

$$\frac{9\sqrt{3}}{4}+\frac{9\sqrt{2}}{4}=\frac{9}{4}(\sqrt{3}+\sqrt{2})$$

답 ③

단계	채점 기준	비율
(가)	$\sin^2 x+\cos^2 x=1$을 이용한 경우	30 %
(나)	삼각함수가 포함된 방정식을 푼 경우	50 %
(다)	$\tan\alpha$의 값을 구한 경우	20 %

32 삼각형 ABD에서 $\overline{\rm BD}=x$라 하면
코사인법칙에 의하여

$$x^2=6^2+5^2-2\times6\times5\times\cos\frac{\pi}{3}$$

$$x^2=31$$

$x>0$이므로 $x=\sqrt{31}$

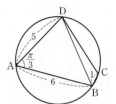

원에 내접하는 사각형의 대각의 크기의 합은 π이므로 $\angle{\rm BCD}=\frac{2}{3}\pi$

삼각형 BCD에서 $\overline{\rm CD}=y$라 하면 코사인법칙에 의하여

$$(\sqrt{31})^2=1^2+y^2-2\times1\times y\times\cos\frac{2}{3}\pi$$

$$y^2+y-30=0$$

$$(y+6)(y-5)=0$$

$y>0$이므로 $y=5$

따라서 사각형 ABCD의 넓이는 삼각형 ABD의 넓이와 삼각형 BCD의
넓이의 합과 같으므로

$$\frac{1}{2}\times6\times5\times\sin\frac{\pi}{3}+\frac{1}{2}\times1\times5\times\sin\frac{2}{3}\pi=\frac{35\sqrt{3}}{4}$$

답 ⑤

33 $\sin^2 x+\cos^2 x=1$ ...... ㉠

$2\cos x-\sin x=1$에서

$\sin x=2\cos x-1$이므로 ㉠에 대입하면

$$(2\cos x-1)^2+\cos^2 x=1$$

------------------------------------ (가)

$$5\cos^2 x-4\cos x=0$$

$$\cos x(5\cos x-4)=0$$

$\cos x=0$ 또는 $\cos x=\frac{4}{5}$

$0\le x<\frac{\pi}{2}$일 때, $0<\cos x\le1$이므로

$$\cos x=\frac{4}{5}$$

------------------------------------ (나)

$\cos x=\frac{4}{5}$를 $2\cos x-\sin x=1$에 대입하면

$$\sin x=\frac{3}{5}$$

따라서 $\cos\alpha=\frac{4}{5}$, $\sin\alpha=\frac{3}{5}$이므로

$$\tan\alpha=\frac{\sin\alpha}{\cos\alpha}=\frac{3}{4}$$

------------------------------------ (다)

답 $\dfrac{3}{4}$

34 삼각형 ABC에서 코사인법칙에 의하여 $b^2=c^2+a^2-2ca\cos B$

$$b^2=5^2+8^2-2\times5\times8\times\frac{1}{2}=49$$

$b>0$이므로 $b=7$

------------------------------------ (가)

삼각형 ABC의 외접원의 반지름의 길이를 R라 하면

사인법칙에서 $\dfrac{b}{\sin B}=2R$

$$\frac{7}{\frac{\sqrt{3}}{2}}=2R,\ R=\frac{7}{\sqrt{3}}$$

------------------------------------ (나)

따라서 원의 넓이는 $\pi R^2=\dfrac{49}{3}\pi$

------------------------------------ (다)

답 $\dfrac{49}{3}\pi$

단계	채점 기준	비율
(가)	코사인법칙을 이용하여 $\overline{\rm AC}$를 구한 경우	40 %
(나)	사인법칙을 이용하여 원의 반지름의 길이를 구한 경우	50 %
(다)	원의 넓이를 구한 경우	10 %

내신 상위 4% 변별력 문항 본문 56~58쪽

35 ⑤	**36** ②	**37** ③	**38** ③	**39** ①
40 ③	**41** ④	**42** ④	**43** ③	**44** ②
45 ②				

35

x에 대한 이차방정식 $3x^2+\sqrt{3}x\cos\theta-3\sin^2\theta=0$의 두 근의

$\sin^2\theta=1-\cos^2\theta$↵

차가 $\dfrac{5}{3}$일 때, 이를 만족시키는 θ의 값을 작은 것부터 차례대로 a,

b, c, d라 하자. $\sin\left(a+\dfrac{b-2c+d}{4}\right)$의 값은? (단, $0\le\theta<2\pi$)

① $-\dfrac{\sqrt{2}}{2}$　　② $-\dfrac{1}{2}$　　③ 0

④ $\dfrac{1}{2}$　　√⑤ $\dfrac{\sqrt{2}}{2}$

이차방정식의 근과 계수의 관계를 이용한다.

문제풀이

step 1 이차방정식의 근과 계수의 관계를 이용하여 식을 세운다.

이차방정식 $3x^2+\sqrt{3}x\cos\theta-3\sin^2\theta=0$의 두 근을 α, β라 하면 근과 계수의 관계에 의하여

$$\alpha+\beta=-\frac{\sqrt{3}\cos\theta}{3},\ \alpha\beta=-\sin^2\theta$$

→ 이차방정식 $ax^2+bx+c=0\,(a\neq0)$의 두 근을 α, β라 하면

$$(\alpha-\beta)^2=(\alpha+\beta)^2-4\alpha\beta$$

$$\alpha+\beta=-\frac{b}{a},\ \alpha\beta=\frac{c}{a}$$

$$=\frac{\cos^2\theta}{3}+4\sin^2\theta$$

$$=\frac{\cos^2\theta}{3}+4(1-\cos^2\theta)$$

$$=4-\frac{11}{3}\cos^2\theta$$

$|\alpha-\beta|=\frac{5}{3}$에서 $(\alpha-\beta)^2=\frac{25}{9}$이므로

$$4-\frac{11}{3}\cos^2\theta=\frac{25}{9}$$ → 차는 큰 수에서 작은 수를 뺀 값이므로 절댓값을 씌운다.

$$\frac{11}{3}\cos^2\theta=\frac{11}{9}$$

$$\cos^2\theta=\frac{1}{3}$$

$$\cos\theta=\frac{\sqrt{3}}{3}\ 또는\ \cos\theta=-\frac{\sqrt{3}}{3}$$

step 2 $y=\cos\theta$의 그래프를 이용하여 삼각함수가 포함된 방정식을 해결한다.

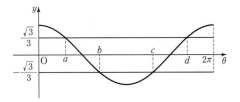

$0\leq\theta<2\pi$일 때, 방정식 $\cos\theta=\frac{\sqrt{3}}{3}$ 또는 $\cos\theta=-\frac{\sqrt{3}}{3}$의 해는

함수 $y=\cos\theta$의 그래프와 직선 $y=\frac{\sqrt{3}}{3}$, $y=-\frac{\sqrt{3}}{3}$의 교점의 θ 좌표이다.

→ 함수의 대칭성을 이용한다.

$b=\pi-a$, $c=\pi+a$, $d=2\pi-a$이므로

$$a+\frac{b-2c+d}{4}$$

$$=a+\frac{\pi-a-2(\pi+a)+2\pi-a}{4}$$

$$=\frac{\pi}{4}$$

따라서

$$\sin\left(a+\frac{b-2c+d}{4}\right)=\sin\frac{\pi}{4}$$

$$=\frac{\sqrt{2}}{2}$$

답 ⑤

36

$0\leq x\leq\theta$에서 방정식 $\sin x=\cos x$를 만족시키는 서로 다른 x의 값이 4개 존재한다. $f(\theta)=\sin\theta+\cos\theta$, $g(\theta)=\sin\theta-\cos\theta$라 할 때,

→ $0\leq x<2\pi$일 때, $x=\frac{\pi}{4}$ 또는 $x=\frac{5}{4}\pi$

$$\left|\frac{g(\theta)+1}{f(\theta)-1}+\frac{f(\theta)-1}{g(\theta)+1}-\frac{g(\theta)-1}{f(\theta)+1}-\frac{f(\theta)+1}{g(\theta)-1}\right|=4\sqrt{2}$$

를 만족시키는 모든 θ의 값의 합은?

① $\frac{25}{4}\pi$　　　　✓② 7π　　　　③ $\frac{31}{4}\pi$

④ $\frac{17}{2}\pi$　　　　⑤ $\frac{37}{4}\pi$

삼각함수가 포함된 방정식의 해의 개수를 통하여 θ의 값의 범위를 찾아낸 후, 주어진 식을 만족시키는 모든 θ의 값을 구한다.

문제풀이

step 1 θ의 값의 범위를 구한다.

$0\leq x<2\pi$일 때, 방정식 $\sin x=\cos x$를 만족시키는 서로 다른 x는

$x=\frac{\pi}{4}$ 또는 $x=\frac{5}{4}\pi$

방정식 $\sin x=\cos x$를 만족시키는 서로 다른 x의 값이 4개 존재하기 위해서는 $2\pi+\frac{5}{4}\pi\leq\theta<4\pi+\frac{\pi}{4}$이어야 한다.

즉, $\frac{13}{4}\pi\leq\theta<\frac{17}{4}\pi$

step 2 주어진 식을 간단히 하여 모든 θ의 값의 합을 구한다.

$$\left|\frac{g(\theta)+1}{f(\theta)-1}+\frac{f(\theta)-1}{g(\theta)+1}-\frac{g(\theta)-1}{f(\theta)+1}-\frac{f(\theta)+1}{g(\theta)-1}\right|$$

$$=\left|\frac{g(\theta)+1}{f(\theta)-1}-\frac{g(\theta)-1}{f(\theta)+1}+\frac{f(\theta)-1}{g(\theta)+1}-\frac{f(\theta)+1}{g(\theta)-1}\right|$$

$$=\left|\frac{2\{f(\theta)+g(\theta)\}}{\{f(\theta)\}^2-1}-\frac{2\{f(\theta)+g(\theta)\}}{\{g(\theta)\}^2-1}\right|$$

→ $\{f(\theta)\}^2=\sin^2\theta+\cos^2\theta+2\sin\theta\cos\theta=1+2\sin\theta\cos\theta,$

$$=\left|\frac{4\sin\theta}{2\sin\theta\cos\theta}-\frac{4\sin\theta}{-2\sin\theta\cos\theta}\right|$$

$\{g(\theta)\}^2=\sin^2\theta+\cos^2\theta-2\sin\theta\cos\theta=1-2\sin\theta\cos\theta$

$$=\left|\frac{4\sin\theta}{\sin\theta\cos\theta}\right|$$

$$=\frac{4}{|\cos\theta|}$$

$$=4\sqrt{2}$$

$$|\cos\theta|=\frac{\sqrt{2}}{2}$$

$\frac{13}{4}\pi\leq\theta<\frac{17}{4}\pi$일 때,

$\cos\theta=\frac{\sqrt{2}}{2}$를 만족시키는 $\theta=\frac{15}{4}\pi$,

$\cos\theta=-\frac{\sqrt{2}}{2}$를 만족시키는 $\theta=\frac{13}{4}\pi$

이다.

따라서 모든 θ의 값의 합은

$$\frac{15}{4}\pi + \frac{13}{4}\pi = 7\pi$$

답 ②

37

→ $2\sin\theta - 1 = 0$이면 $f(x)$는 일차함수이고,
$2\sin\theta - 1 \neq 0$이면 $f(x)$는 이차함수이다.

함수 $f(x) = (2\sin\theta - 1)x^2 + 2(\cos\theta - \sin\theta)x - \cos\theta$의 그래프가 x축과 오직 한 점에서만 만날 때, θ의 최댓값을 M, 최솟값을 m이라 하자. $\theta = M$일 때의 $y = f(x)$의 그래프와 x축과의 교점의 x좌표를 α, $\theta = m$일 때의 $y = f(x)$의 그래프와 x축과의 교점의 x좌표를 β라 할 때, $\alpha + \beta$의 값은? (단, $0 \leq \theta < 2\pi$)

① $\dfrac{3-\sqrt{3}}{4}$ ② $\dfrac{3+\sqrt{3}}{4}$ ✓③ $\dfrac{7-\sqrt{3}}{4}$

④ $\dfrac{3}{2}$ ⑤ $\dfrac{7+\sqrt{3}}{4}$

풀이전략

$f(x)$가 일차함수일 때와 이차함수일 때의 경우를 나누어 생각한다.

문제풀이

step 1 $f(x)$가 일차함수일 때, $y = f(x)$의 그래프와 x축과의 교점의 x좌표를 구한다.

(i) $2\sin\theta - 1 = 0$, $\sin\theta = \dfrac{1}{2}$

$\theta = \dfrac{\pi}{6}$ 또는 $\theta = \dfrac{5}{6}\pi$

① $\theta = \dfrac{\pi}{6}$이면 $\cos\theta = \dfrac{\sqrt{3}}{2}$이므로

$$f(x) = (\sqrt{3} - 1)x - \frac{\sqrt{3}}{2}$$

$y = f(x)$의 그래프와 x축과의 교점의 x좌표는

$$x = \frac{\sqrt{3}}{2(\sqrt{3}-1)} = \frac{3+\sqrt{3}}{4}$$

② $\theta = \dfrac{5}{6}\pi$이면 $\cos\theta = -\dfrac{\sqrt{3}}{2}$이므로

$$f(x) = (-\sqrt{3} - 1)x + \frac{\sqrt{3}}{2}$$

$y = f(x)$의 그래프와 x축과의 교점의 x좌표는

$$x = \frac{\sqrt{3}}{2(\sqrt{3}+1)} = \frac{3-\sqrt{3}}{4}$$

step 2 $f(x)$가 이차함수일 때, $y = f(x)$의 그래프와 x축과의 교점의 x좌표를 구한다.

(ii) $2\sin\theta - 1 \neq 0$

$(2\sin\theta - 1)x^2 + 2(\cos\theta - \sin\theta)x - \cos\theta = 0$의 판별식을 D라 하면

$$\frac{D}{4} = (\cos\theta - \sin\theta)^2 + (2\sin\theta - 1)\cos\theta = 0$$

$\cos^2\theta + \sin^2\theta - 2\cos\theta\sin\theta + 2\sin\theta\cos\theta - \cos\theta = 0$

$1 - \cos\theta = 0$ → 함수 $f(x)$의 그래프가 x축과 오직 한 점에서

$\cos\theta = 1$, $\theta = 0$ 만나기 위해서는 $D = 0$이어야 한다.

이때 $f(x) = -x^2 + 2x - 1 = -(x-1)^2$

$y = f(x)$의 그래프와 x축과의 교점의 x좌표는 $x = 1$

step 3 $\alpha + \beta$의 값을 구한다.

(i), (ii)에서 최댓값 $M = \dfrac{5}{6}\pi$, 최솟값 $m = 0$이고

$\theta = \dfrac{5}{6}\pi$일 때 $\alpha = \dfrac{3-\sqrt{3}}{4}$, $\theta = 0$일 때 $\beta = 1$이다.

따라서 $\alpha + \beta = \dfrac{3-\sqrt{3}}{4} + 1 = \dfrac{7-\sqrt{3}}{4}$

답 ③

38

a, b는 정수이고 $0 \leq a \leq 12$, $0 \leq b \leq 12$일 때, 부등식

$\sin\dfrac{a}{6}\pi < \cos\dfrac{b}{6}\pi$를 만족시키는 모든 순서쌍 (a, b)의 개수는?

～～～ → a의 값에 따른 b의 값을 찾는다.

① 72   ② 75   ✓③ 78

④ 81   ⑤ 84

풀이전략

삼각함수가 포함된 부등식을 경우를 나누어 해결한다.

문제풀이

step 1 a의 값에 따른 $\sin\dfrac{a}{6}\pi$와 b의 값에 따른 $\cos\dfrac{b}{6}\pi$의 값을 구한다.

a의 값에 따른 $\sin\dfrac{a}{6}\pi$와 b의 값에 따른 $\cos\dfrac{b}{6}\pi$의 값을 표로 나타내면 다음과 같다.

a	$\sin\dfrac{a}{6}\pi$	b	$\cos\dfrac{b}{6}\pi$
0, 6, 12	0	0, 12	1
1, 5	$\dfrac{1}{2}$	1, 11	$\dfrac{\sqrt{3}}{2}$
2, 4	$\dfrac{\sqrt{3}}{2}$	2, 10	$\dfrac{1}{2}$
3	1	3, 9	0
7, 11	$-\dfrac{1}{2}$	4, 8	$-\dfrac{1}{2}$
8, 10	$-\dfrac{\sqrt{3}}{2}$	5, 7	$-\dfrac{\sqrt{3}}{2}$
9	-1	6	-1

step 2 a의 값에 따른 b의 값을 찾아서 순서쌍 (a, b)의 개수를 구한다.

(i) $a = 0$, 6, 12일 때,

부등식 $\sin\dfrac{a}{6}\pi < \cos\dfrac{b}{6}\pi$가 성립하기 위해서는

$b = 0$, 1, 2, 10, 11, 12이어야 하므로

순서쌍 (a, b)의 개수는 $3 \times 6 = 18$

(ii) $a = 1$, 5일 때,

부등식 $\sin\dfrac{a}{6}\pi < \cos\dfrac{b}{6}\pi$가 성립하기 위해서는

$b=0, 1, 11, 12$이어야 하므로

순서쌍 (a, b)의 개수는 $2 \times 4=8$

(iii) $a=2, 4$일 때,

부등식 $\sin \dfrac{a}{6}\pi < \cos \dfrac{b}{6}\pi$가 성립하기 위해서는

$b=0, 12$이어야 하므로

순서쌍 (a, b)의 개수는 $2 \times 2=4$

(iv) $a=7, 11$일 때,

부등식 $\sin \dfrac{a}{6}\pi < \cos \dfrac{b}{6}\pi$가 성립하기 위해서는

$b=0, 1, 2, 3, 9, 10, 11, 12$이어야 하므로

순서쌍 (a, b)의 개수는 $2 \times 8=16$

(v) $a=8, 10$일 때,

부등식 $\sin \dfrac{a}{6}\pi < \cos \dfrac{b}{6}\pi$가 성립하기 위해서는

$b=0, 1, 2, 3, 4, 8, 9, 10, 11, 12$이어야 하므로

순서쌍 (a, b)의 개수는 $2 \times 10=20$

(vi) $a=9$일 때,

부등식 $\sin \dfrac{a}{6}\pi < \cos \dfrac{b}{6}\pi$가 성립하기 위해서는

$b=0, 1, 2, 3, 4, 5, 7, 8, 9, 10, 11, 12$이어야 하므로

순서쌍 (a, b)의 개수는 $1 \times 12=12$

(i)~(vi)에 의하여 모든 순서쌍 (a, b)의 개수는

$18+8+4+16+20+12=78$

답 ③

39

다음은 $\sin^2 \dfrac{\pi}{12}$의 값을 구하는 과정이다.

오른쪽 그림과 같이 중심이 O인 원에 내접하는 삼각형 ACB가 있다. 선분 AC는 원의 지름이고 $\angle BAC=\dfrac{\pi}{12}$이다.

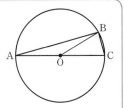

원의 반지름의 길이를 r, $\overline{BC}=x$라 하자.

$\angle BOC=\boxed{\text{(가)}}$ → 하나의 호에 대한 중심각의 크기는 원주각의 크기의 2배이다.

코사인법칙에 의하여 $x^2=r^2+r^2-2r^2 \cos (\boxed{\text{(가)}})$

$x^2=r^2 \times (\boxed{\text{(나)}})$

$\angle ABC=\boxed{\text{(다)}}$이므로 → $\overline{AC}$가 원의 지름이므로

$\sin^2 \dfrac{\pi}{12}=\left(\dfrac{x}{2r}\right)^2=\boxed{\text{(라)}}$ $\angle ABC=\dfrac{\pi}{2}$

위의 (가), (나), (다), (라)에 알맞은 수를 각각 a, b, c, d라 할 때, $\dfrac{4}{\pi}(c-a)(b-d)$의 값은?

✓① $2-\sqrt{3}$ ② $2-\sqrt{2}$ ③ $2(2-\sqrt{3})$

④ $2(2-\sqrt{2})$ ⑤ 2

풀이전략

주어진 과정을 살펴보고 빈 칸을 채운다.

문제풀이

step 1 원주각과 중심각 사이의 관계를 이용한다.

원의 반지름의 길이를 r, $\overline{BC}=x$라 하자.

하나의 호에 대한 중심각의 크기는 원주각의 크기의 2배이므로

$\angle BOC=2\angle BAC=\boxed{\dfrac{\pi}{6}}$

step 2 코사인법칙을 이용한다.

삼각형 BOC에서 코사인법칙에 의하여 $x^2=r^2+r^2-2r^2 \cos \boxed{\dfrac{\pi}{6}}$

$x^2=r^2 \times (\boxed{2-\sqrt{3}})$

$\angle ABC=\boxed{\dfrac{\pi}{2}}$이므로

$\sin^2 \dfrac{\pi}{12}=\left(\dfrac{\overline{BC}}{\overline{AC}}\right)^2=\left(\dfrac{x}{2r}\right)^2=\dfrac{(2-\sqrt{3})r^2}{4r^2}=\boxed{\dfrac{2-\sqrt{3}}{4}}$

따라서 $a=\dfrac{\pi}{6}$, $b=2-\sqrt{3}$, $c=\dfrac{\pi}{2}$, $d=\dfrac{2-\sqrt{3}}{4}$

$\dfrac{4}{\pi}(c-a)(b-d)=\dfrac{4}{\pi} \times \dfrac{\pi}{3} \times \dfrac{3(2-\sqrt{3})}{4}$

$=2-\sqrt{3}$

답 ①

40

오른쪽 그림과 같이 밑면의 반지름의 길이가 4, 모선의 길이가 12인 원뿔에 대하여 모선 AB를 $m:n$으로 내분하는 점을 C라 하자. 점 B에서 출발하여 원뿔의 표면을 따라 한 바퀴를 돈 후 점 C까지 가는 최단거리가 $3\sqrt{37}$일 때, $m+n$의 값은? (단, m, n은 서로소인 자연수이다.) → 원뿔의 전개도를 통하여 확인한다.

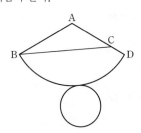

① 2 ② 3 ✓③ 4

④ 6 ⑤ 12

풀이전략

원뿔의 전개도를 그린 후, 코사인법칙을 이용한다.

문제풀이

step 1 원뿔의 전개도를 그린다.

원뿔의 전개도는 다음과 같다.

밑면인 원의 둘레의 길이와 호 BD의 길이가 같으므로 호 BD의 길이
는 8π이다.

반지름의 길이가 12인 원의 둘레의 길이는 24π

이므로 $\angle \mathrm{BAD} = 2\pi \times \dfrac{8\pi}{24\pi} = \dfrac{2}{3}\pi$

step 2 코사인법칙을 이용하여 $\overline{\mathrm{AC}}$를 구한다.

코사인법칙에 의하여

$\overline{\mathrm{BC}}^2 = \overline{\mathrm{AB}}^2 + \overline{\mathrm{AC}}^2 - 2 \times \overline{\mathrm{AB}} \times \overline{\mathrm{AC}} \times \cos\dfrac{2}{3}\pi$

$(3\sqrt{37})^2 = 12^2 + \overline{\mathrm{AC}}^2 + 12\,\overline{\mathrm{AC}}$

$\overline{\mathrm{AC}}^2 + 12\,\overline{\mathrm{AC}} - 189 = 0$

$(\overline{\mathrm{AC}} + 21)(\overline{\mathrm{AC}} - 9) = 0 \rightarrow \overline{\mathrm{AC}} > 0$

따라서 $\overline{\mathrm{AC}} = 9$이고 $\overline{\mathrm{AC}} : \overline{\mathrm{CD}} = 9 : 3 = 3 : 1$이므로

$m = 3$, $n = 1$이고 $m + n = 4$

답 ③

---

41 $\dfrac{1}{2} \times \overline{\mathrm{OA}} \times \overline{\mathrm{OD}} \times \sin(\angle \mathrm{AOD})$

오른쪽 그림과 같이 한 변의 길이가 2인
정팔각형 ABCDEFGH에 대하여 대각
선의 교점을 O라 하자. 삼각형 OAD의
넓이는?

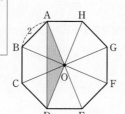

① $\sqrt{2} - 1$ ② $\sqrt{3} - 1$

③ 2   ✓④ $\sqrt{2} + 1$

⑤ $\sqrt{3} + 1$

풀이전략

삼각형 OAD의 넓이는 $\dfrac{1}{2} \times \overline{\mathrm{OA}} \times \overline{\mathrm{OD}} \times \sin(\angle \mathrm{AOD})$이다.

문제풀이

step 1 코사인법칙을 이용하여 $\overline{\mathrm{OA}}$를 구한다.

삼각형 OAB에서 $\overline{\mathrm{OA}} = x$라 하면

$\overline{\mathrm{OA}} = \overline{\mathrm{OB}} = x$이고 $\angle \mathrm{AOB} = \dfrac{\pi}{4}$이므로

코사인법칙에 의하여

$2^2 = x^2 + x^2 - 2x^2 \cos\dfrac{\pi}{4}$

$4 = (2 - \sqrt{2})x^2$

따라서 $x^2 = \dfrac{4}{2 - \sqrt{2}} = 2(2 + \sqrt{2})$ → 넓이에 대한 식에는 x^2의 값만 있으면 충분하므로 x의 값을 구할 필요는 없다.

step 2 삼각형 OAD의 넓이를 구한다.

$\angle \mathrm{AOD} = 3 \times \angle \mathrm{AOB} = \dfrac{3}{4}\pi$이므로

삼각형 OAD의 넓이는

$\dfrac{1}{2}x^2 \sin\dfrac{3}{4}\pi = \dfrac{\sqrt{2}}{4}x^2 = \sqrt{2} + 1$

답 ④

42

오른쪽 그림과 같이 x축의 양의 방향과
직선 $y = mx\,(m > 0)$가 이루는 각의
크기가 $\dfrac{5}{12}\pi$이다. 제1사분면 위의 점
A와 원점 사이의 거리가 2일 때, 점 A
와 x축 위의 한 점, 직선 $y = mx$ 위의
한 점을 꼭짓점으로 하는 삼각형의 둘
레의 길이의 최솟값을 k라 하자. k^2의 값은?

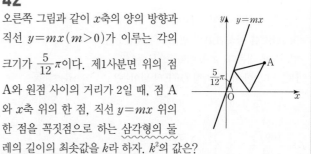

① $4(2 - \sqrt{3})$ ② $4(3 - \sqrt{3})$ ③ $4(4 - \sqrt{3})$

✓④ $4(2 + \sqrt{3})$ ⑤ $4(3 + \sqrt{3})$ → 점 A를 직선 $y = mx$, x축에 대하여 대칭이동시켜 본다.

풀이전략

대칭이동을 이용하여 최솟값을 구한다.

문제풀이

step 1 점 A를 직선 $y = mx$, x축에 대하여 대칭이동시켜 삼각형의 둘레의 길이가 최소가 되는 경우를 찾는다.

점 A를 직선 $y = mx$에 대하여 대칭이동시킨 점을 B, x축에 대하여
대칭이동시킨 점을 C라 하자.

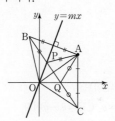

점 B와 점 C를 일직선으로 이었을 때, 직선 $y = mx$와 x축과의 교점을
각각 점 P, Q라 하면 $\overline{\mathrm{AP}} = \overline{\mathrm{BP}}$, $\overline{\mathrm{AQ}} = \overline{\mathrm{CQ}}$이므로 구하는 삼각형의
둘레의 길이의 최솟값은 $\overline{\mathrm{BC}}$와 같다.

step 2 코사인법칙을 이용하여 $\overline{\mathrm{BC}}$를 구한다.

$\overline{\mathrm{OA}} = \overline{\mathrm{OB}} = \overline{\mathrm{OC}} = 2$이고

$\angle \mathrm{BOC} = 2 \times \dfrac{5}{12}\pi = \dfrac{5}{6}\pi$이므로

코사인법칙에 의하여

$\overline{\mathrm{BC}}^2 = 2^2 + 2^2 - 2 \times 2 \times 2 \times \cos\dfrac{5}{6}\pi$

$= 8 + 4\sqrt{3}$

따라서 $k^2 = 4(2 + \sqrt{3})$

답 ④

43

오른쪽 그림과 같이 $\angle B = 90°$인 직각삼각형 ABC를 꼭짓점 A와 변 BC의 중점 F가 겹치도록 접는다. $\angle A = 30°$, $\overline{AB} = 4\sqrt{3}$, $\overline{BC} = 4$라 할 때, 삼각형 DFE의 넓이는?

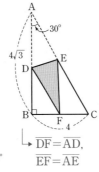

① $\dfrac{121\sqrt{3}}{84}$ ② $\dfrac{12\sqrt{3}}{7}$

✓③ $\dfrac{169\sqrt{3}}{84}$ ④ $\dfrac{7\sqrt{3}}{3}$

⑤ $\dfrac{225\sqrt{3}}{84}$

$\dfrac{1}{2} \times \overline{DF} \times \overline{EF} \times \sin 30°$

$\overline{DF} = \overline{AD}$, $\overline{EF} = \overline{AE}$

$\overline{DF}$, $\overline{EF}$를 각각 구한 뒤 삼각형 DFE의 넓이를 구한다.

step 1 $\overline{DF}$를 구한다.

$\overline{DF} = x$라 하면, $\overline{AD} = x$, $\overline{BD} = 4\sqrt{3} - x$이다.

삼각형 DBF는 직각삼각형이므로

$(4\sqrt{3} - x)^2 + 2^2 = x^2$

$52 - 8\sqrt{3}x = 0$

$x = \dfrac{13}{2\sqrt{3}} = \dfrac{13\sqrt{3}}{6}$

step 2 $\overline{EF}$를 구한다.

$\overline{AC} = \sqrt{(4\sqrt{3})^2 + 4^2} = 8$이므로

$\overline{EF} = y$라 하면, $\overline{AE} = y$, $\overline{CE} = 8 - y$이다.

삼각형 CEF에서 코사인법칙에 의하여

$y^2 = (8-y)^2 + 2^2 - 2 \times (8-y) \times 2 \times \cos 60°$

$14y = 52$

$y = \dfrac{26}{7}$

step 3 삼각형 DFE의 넓이를 구한다.

삼각형 DFE의 넓이는

$\dfrac{1}{2} \times \overline{DF} \times \overline{EF} \times \sin 30°$

$= \dfrac{1}{2} \times \dfrac{13\sqrt{3}}{6} \times \dfrac{26}{7} \times \dfrac{1}{2}$

$= \dfrac{169\sqrt{3}}{84}$

답 ③

$\overline{DF} = x$라 하면, $\overline{AD} = x$, $\overline{BD} = 4\sqrt{3} - x$이다.

삼각형 DBF는 직각삼각형이므로

$(4\sqrt{3} - x)^2 + 2^2 = x^2$

$52 - 8\sqrt{3}x = 0$

$x = \dfrac{13}{2\sqrt{3}} = \dfrac{13\sqrt{3}}{6}$

$\overline{AC} = \sqrt{(4\sqrt{3})^2 + 4^2} = 8$이므로

$\overline{EF} = y$라 하면, $\overline{AE} = y$, $\overline{CE} = 8 - y$이다.

삼각형 ABC의 넓이는 $\dfrac{1}{2} \times 4 \times 4\sqrt{3} = 8\sqrt{3}$

삼각형 DBF의 넓이는 $\dfrac{1}{2} \times 2 \times (4\sqrt{3} - x) = 4\sqrt{3} - x$

삼각형 EFC의 넓이는 $\dfrac{1}{2} \times (8 - y) \times 2 \times \sin 60° = \dfrac{\sqrt{3}}{2}(8 - y)$

삼각형 DFE의 넓이는 $\dfrac{1}{2} \times x \times y \times \sin 30° = \dfrac{xy}{4}$

$\triangle ABC = \triangle DBF + \triangle EFC + 2\triangle DFE$이므로 → 삼각형 DFE와 삼각형 ADE의 넓이는 같다.

$8\sqrt{3} = (4\sqrt{3} - x) + \dfrac{\sqrt{3}}{2}(8 - y) + 2 \times \dfrac{xy}{4}$

$0 = -x - \dfrac{\sqrt{3}}{2}y + \dfrac{xy}{2}$

$(x - \sqrt{3})y = 2x$

따라서 $y = \dfrac{2x}{x - \sqrt{3}}$

$= \dfrac{2 \times \dfrac{13\sqrt{3}}{6}}{\dfrac{13\sqrt{3}}{6} - \sqrt{3}}$

$= \dfrac{26\sqrt{3}}{7\sqrt{3}}$

$= \dfrac{26}{7}$

삼각형 DFE의 넓이는

$\dfrac{1}{2} \times \overline{DF} \times \overline{EF} \times \sin 30°$

$= \dfrac{1}{2} \times \dfrac{13\sqrt{3}}{6} \times \dfrac{26}{7} \times \dfrac{1}{2}$

$= \dfrac{169\sqrt{3}}{84}$

44

삼각형 ABC의 세 변의 길이 a, b, c에 대하여

$(a-c)a(a+c) + (b-c)b(b+c) = 0$이 성립할 때, 삼각형 ABC의 넓이와 항상 같은 것은? → 식을 정리하여 a, b, c 사이의 관계식을 구한다.

① $\dfrac{ab}{4}$ ✓② $\dfrac{\sqrt{3}}{4}ab$ ③ $\dfrac{ab}{2}$

④ $\dfrac{\sqrt{3}}{2}ab$ ⑤ ab

→ 보기에 공통적으로 ab가 들어가므로 삼각형의 넓이 $S = \dfrac{1}{2}ab\sin C$를 이용한다.

a, b, c 사이의 관계식을 통하여 삼각형의 넓이를 문자로 나타낸다.

step 1 a, b, c 사이의 관계식을 구한다.

$(a-c)a(a+c) + (b-c)b(b+c) = 0$

$a(a^2 - c^2) + b(b^2 - c^2) = 0$

$a^3 + b^3 = ac^2 + bc^2$

$(a+b)(a^2 - ab + b^2) = (a+b)c^2$

$a + b \neq 0$이므로 $a^2 - ab + b^2 = c^2$

step 2 코사인법칙을 이용하여 식을 변형한다.

코사인법칙에 의하여 $c^2=a^2+b^2-2ab\cos C$이므로

$a^2-ab+b^2=a^2+b^2-2ab\cos C$

$ab=2ab\cos C$

$ab\neq0$이므로 $\cos C=\dfrac{1}{2}$

$\sin^2 C=1-\cos^2 C=\dfrac{3}{4}$ → $0<C<\pi$이므로 $\sin C>0$

$\sin C=\dfrac{\sqrt{3}}{2}$

따라서 삼각형 ABC의 넓이 S는

$S=\dfrac{1}{2}ab\sin C$

$=\dfrac{\sqrt{3}}{4}ab$

답 ②

삼각형 BCD의 넓이 S는

$S=\dfrac{1}{2}bd\sin C$

$=\dfrac{1}{2}\times3\sqrt{3}\times3\sqrt{3}\times\dfrac{\sqrt{3}}{2}$

$=\dfrac{27\sqrt{3}}{4}$

따라서 사면체 ABCD의 부피는

$\dfrac{1}{3}\times\dfrac{27\sqrt{3}}{4}\times9$

$=\dfrac{81\sqrt{3}}{4}$

답 ②

45

오른쪽 그림과 같이 사면체 ABCD에 대하여

$\overline{BC}=3\sqrt{3}$, $\angle ABD=\dfrac{\pi}{4}$, $\angle ACD=\dfrac{\pi}{3}$,

$\angle BCD=\dfrac{2}{3}\pi$, $\angle ADB=\angle ADC=\dfrac{\pi}{2}$

일 때, 사면체 ABCD의 부피는?

(단, 선분 AD는 삼각형 BCD와 수직이다.)

→ $\dfrac{1}{3}\times$(삼각형 BCD의 넓이)$\times\overline{AD}$

① $20\sqrt{3}$ √② $\dfrac{81\sqrt{3}}{4}$ ③ $\dfrac{41\sqrt{3}}{2}$

④ $\dfrac{83\sqrt{3}}{4}$ ⑤ $21\sqrt{3}$

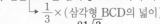

풀이전략

사면체 ABCD의 밑면인 삼각형 BCD의 넓이와 높이인 선분 AD의 길이를 구한다.

문제풀이

step 1 선분 AD의 길이를 구한다.

$\overline{AD}=x$라 하면, $\overline{BD}=x$

$\tan\dfrac{\pi}{3}=\dfrac{\overline{AD}}{\overline{CD}}=\dfrac{x}{\overline{CD}}$에서

$\overline{CD}=\dfrac{x}{\sqrt{3}}$

삼각형 BCD에서 코사인법칙에 의하여

$c^2=b^2+d^2-2bd\cos C$이므로

$x^2=\dfrac{x^2}{3}+27+3x$

$2x^2-9x-81=0$

$(2x+9)(x-9)=0$ → $x>0$

따라서 $x=9$

step 2 삼각형 BCD의 넓이를 구한다.

46

→ 옆면이 직사각형이므로
  $\angle ABG=\angle GEF=\angle ADF=\dfrac{\pi}{2}$

오른쪽 그림과 같이 삼각기둥

ABC−DEF에 대하여 $\overline{AB}=4\sqrt{3}$,

$\angle AFD=\dfrac{\pi}{4}$이다. 모서리 BE 위의 한

점 G가 $\overline{FG}=12$, $\angle AGB=\dfrac{\pi}{3}$,

$\angle GFE=\dfrac{\pi}{6}$를 만족시킬 때,

삼각형 AGF의 넓이를 구하시오. $10\sqrt{23}$

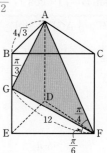

문항 파헤치기

삼각형 AGF의 변 AG, 변 AF의 길이 구하기

실수 point 찾기

① 삼각기둥의 옆면은 모두 직사각형이므로

$\angle ABG=\angle GEF=\angle ADF=\dfrac{\pi}{2}$임을 이용한다.

② 주어진 각이 모두 특수각이므로 삼각비를 이용하여 변의 길이를 구한다.

③ 삼각형의 세 변의 길이를 모두 알 때, 코사인법칙을 이용하여 한 각의 크기를 구하면 삼각형의 넓이를 계산할 수 있다.

풀이전략

삼각형 ABG에서 변 AG, 삼각형 ADF에서 변 AF의 길이를 구한다.

문제풀이

step 1 삼각형 AGF의 변 AG, 변 AF의 길이를 구한다.

삼각형 ABG에서 $\angle ABG=\dfrac{\pi}{2}$이므로

$\dfrac{\overline{AB}}{\overline{AG}}=\sin\dfrac{\pi}{3}=\dfrac{\sqrt{3}}{2}$

$\dfrac{\overline{AB}}{\overline{BG}}=\tan\dfrac{\pi}{3}=\sqrt{3}$

따라서 $\overline{AG}=8$, $\overline{BG}=4$

삼각형 GEF에서 $\angle GEF=\dfrac{\pi}{2}$이므로

$\dfrac{\overline{GE}}{\overline{GF}}=\sin\dfrac{\pi}{6}=\dfrac{1}{2}$

따라서 $\overline{GE}=6$

$\overline{BE}=4+6=10$이고 $\overline{AD}=\overline{BE}=10$

삼각형 ADF에서 $\angle ADF=\dfrac{\pi}{2}$이므로

$\dfrac{\overline{AD}}{\overline{AF}}=\sin\dfrac{\pi}{4}=\dfrac{\sqrt2}{2}$이므로

$\overline{AF}=10\sqrt2$

step 2 코사인법칙을 이용하여 한 각의 크기를 구한다.

삼각형 AGF에서 코사인법칙에 의하여

$(10\sqrt2)^2=8^2+12^2-2\times8\times12\times\cos G$

$200=208-192\times\cos G$

따라서 $\cos G=\dfrac{1}{24}$이고

$\sin G=\sqrt{1-\cos^2 G}=\dfrac{\sqrt{24^2-1}}{24}=\dfrac{5\sqrt{23}}{24}$

삼각형 AGF의 넓이는 → $0<G<\pi$이므로

$\dfrac{1}{2}\times8\times12\times\sin G=10\sqrt{23}$ $\sin G>0$, $24^2-1=(24+1)(24-1)$ 임을 이용한다.

답 $10\sqrt{23}$

---

05 등차수열과 등비수열

내신 기출 우수 문항
본문 62~64쪽

01 ③	**02** ③	**03** ①	**04** ③	**05** ②
06 ⑤	**07** ③	**08** ②	**09** ③	**10** ⑤
11 ④	**12** ②	**13** ①	**14** ③	**15** ①
16 334	**17** -81			

01 등차수열 $\{a_n\}$의 첫째항을 a, 공차를 d라 하면
$a_n=a+(n-1)d$이므로
$2a_4+a_8=0$에서
$2(a+3d)+(a+7d)=0$, $3a+13d=0$ ······ ㉠
$a_5+a_7=-4$에서
$(a+4d)+(a+6d)=-4$, $a+5d=-2$ ······ ㉡
㉠, ㉡을 연립하여 풀면
$a=13$, $d=-3$
따라서 $a_n=13-3(n-1)=-3n+16$이므로 $a_{12}=-20$

답 ③

다른풀이 등차수열 $\{a_n\}$의 공차를 d라 하면
$a_5+a_7=2a_6=-4$, $a_6=-2$
$a_4=a_6-2d=-2-2d$
$a_8=a_6+2d=-2+2d$이므로
$2a_4+a_8=2(-2-2d)+(-2+2d)$
$\qquad\qquad=-6-2d=0$
$d=-3$
따라서 $a_{12}=a_6+6d=-2+6\times(-3)=-20$

02 일반항 a_n을 구하면
$a_n=-60+(n-1)d$
이때 $a_{21}\le0$이므로
$a_{21}=20d-60\le0$
$d\le3$
따라서 공차 d의 최댓값은 3이다.

답 ③

03 2가 a와 b의 등차중항이므로 $4=a+b$
20이 a^2과 b^2의 등차중항이므로 $40=a^2+b^2$
$a^2+b^2=(a+b)^2-2ab$이므로
$40=16-2ab$
따라서 $ab=-12$

답 ①

04 $S_6=\dfrac{6(2a+5\times3)}{2}=6a+45$

$a_8+a_{10}=(a+7\times3)+(a+9\times3)=2a+48$

$S_6=a_8+a_{10}$에서

$6a+45=2a+48$, $4a=3$

따라서 $a=\dfrac{3}{4}$

답 ③

05 등차수열 $\{a_n\}$의 첫째항을 a, 공차를 d라 하면

$a_n=a+(n-1)d$이므로

$a_3+a_4=18$에서

$(a+2d)+(a+3d)=2a+5d=18$ ······ ㉠

$S_4=20$에서

$\dfrac{4(2a+3d)}{2}=4a+6d=20$, $2a+3d=10$ ······ ㉡

㉠$-$㉡을 하면 $d=4$

이것을 ㉠에 대입하면 $a=-1$

따라서 $S_{10}=\dfrac{10\{2\times(-1)+9\times4\}}{2}=170$

답 ②

[다른풀이] $a_3+a_4=18$, $S_4=a_1+a_2+a_3+a_4=20$이므로 $a_1+a_2=2$

등차수열 $\{a_n\}$의 공차를 d라 하면 $(a_{n+2}+a_{n+3})-(a_n+a_{n+1})=4d$이고

$(a_3+a_4)-(a_1+a_2)=18-2=16$이므로 $d=4$

따라서

$S_{10}=(a_1+a_2)+(a_3+a_4)+(a_5+a_6)+(a_7+a_8)+(a_9+a_{10})$

$=2+18+(18+4d)+(18+8d)+(18+12d)$

$=74+24d$

$=170$

06 등차수열 $\{a_n\}$의 첫째항을 a, 공차를 d_1이라 하고, 등차수열 $\{b_n\}$의 첫째항을 b, 공차를 d_2라 하면

$a+b=1$, $d_1+d_2=2$

$S_{10}+T_{10}=\dfrac{10(2a+9d_1)}{2}+\dfrac{10(2b+9d_2)}{2}$

$=5(2a+9d_1+2b+9d_2)$

$=5\{2(a+b)+9(d_1+d_2)\}$

$=5(2+18)=100$

답 ⑤

07 등비수열 $\{a_n\}$의 공비를 r라 하면 $a_n=a_1r^{n-1}$

$a_2=72$에서 $a_1r=72$ ······ ㉠

$a_4=8$에서 $a_1r^3=8$ ······ ㉡

㉡$\div$㉠을 하면 $r^2=\dfrac{1}{9}$

$r=\dfrac{1}{3}$ 또는 $r=-\dfrac{1}{3}$

$r=\dfrac{1}{3}$일 때, $a_1=216$

$r=-\dfrac{1}{3}$일 때, $a_1=-216$

$a_1a_7=a_1\times a_1r^6=216^2\times\left(\dfrac{1}{9}\right)^3=64$

답 ③

08 세 수 1, x, y가 이 순서대로 등비수열을 이루므로 x는 1과 y의 등비중항이다.

$x^2=y$ ······ ㉠

세 수 x, 3, y가 이 순서대로 등차수열을 이루므로 3은 x와 y의 등차중항이다.

$3=\dfrac{x+y}{2}$

$y=-x+6$ ······ ㉡

㉡을 ㉠에 대입하면

$x^2=-x+6$

$x^2+x-6=0$

$(x+3)(x-2)=0$

$x=-3$ 또는 $x=2$

따라서 양수 x의 값은 2이다.

이를 ㉠에 대입하면 $y=4$

그러므로 $x^2+y^2=20$

답 ②

09 등비수열 $\{a_n\}$의 공비를 r라 하면

$a_8-a_5=28$에서 $a_1r^7-a_1r^4=28$

$a_1r^4(r^3-1)=28$ ······ ㉠

$a_4a_6=16$에서 $a_1r^3\times a_1r^5=16$

$(a_1r^4)^2=16$

$a_1r^4>0$이므로 $a_1r^4=4$ ······ ㉡

㉡을 ㉠에 대입하면 $r^3-1=7$

따라서 $r=2$

이를 ㉡에 대입하면 $a_1=\dfrac{1}{4}$

따라서 $a_{10}=\dfrac{1}{4}\times2^9=128$

답 ③

[다른풀이] $a_4a_6=16$에서 $(a_5)^2=16$

$a_5>0$이므로 $a_5=4$

이를 $a_8-a_5=28$에 대입하면 $a_8=32$

$\dfrac{a_8}{a_5}=r^3=8$이므로 $r=2$

따라서 $a_{10}=a_8\times r^2=32\times4=128$

10 등비수열 $\{a_n\}$의 공비를 r라 하면

$a_6=96$에서 $3r^5=96$이므로 $r^5=32$, $r=2$

따라서 수열 $\{a_n\}$의 첫째항부터 제10항까지의 합은

$\dfrac{3(2^{10}-1)}{2-1}=3\times1023=3069$

답 ⑤

11 등비수열 $\{a_n\}$의 첫째항을 a, 공비를 r라 하면

$r=1$일 때, $S_{10}=10a$, $S_5=5a$

$S_{10}=5S_5$이므로 $10a=25a$, $a=0$이고 이것은 조건에 맞지 않는다.

$r \neq 1$일 때,

$$S_5 = \frac{a(r^5-1)}{r-1}$$

$$S_{10} = \frac{a(r^{10}-1)}{r-1}$$

$$= \frac{a(r^5-1)(r^5+1)}{r-1}$$

$$= (r^5+1)S_5$$

$S_{10}=5S_5$에서 $r^5+1=5$이므로 $r^5=4$

$$S_{15} = \frac{a(r^{15}-1)}{r-1}$$

$$= \frac{a(r^5-1)(r^{10}+r^5+1)}{r-1}$$

$$= S_5 \times (4^2+4+1)$$

$$= 21S_5$$

따라서 $k=21$

답 ④

12 $S_n = \dfrac{1-(-3)^n}{1-(-3)} = \dfrac{1-(-3)^n}{4} > 100$

$-(-3)^n > 399$, $(-3)^n < -399$

n은 홀수이고 $(-3)^5=-243$, $(-3)^7=-2187$이므로

n의 값이 될 수 있는 것은 $7, 9, 11, \cdots$이고 n의 최솟값은 7이다.

답 ②

13 $a_1 = S_1 = \dfrac{2 \times 3}{1+2} = 2$

$a_5 = S_5 - S_4 = \dfrac{2 \times 3^5}{5^2+2} - \dfrac{2 \times 3^4}{4^2+2} = 18 - 9 = 9$

따라서 $a_1 + a_5 = 2 + 9 = 11$

답 ①

14 $a_5 = S_5 - S_4$

$\qquad = (32+5k) - (16+4k)$

$\qquad = 16+k$

$b_5 = T_5 - T_4$

$\qquad = (125-10k) - (64-8k)$

$\qquad = 61-2k$

$a_5 = b_5$에서 $16+k = 61-2k$

$3k=45$

따라서 $k=15$

답 ③

15 $a_5 = S_5 - S_4$

$\qquad = (25+5k+k) - (16+4k+k)$

$\qquad = 9+k$

$a_5=12$에서 $9+k=12$, $k=3$

$a_1 = S_1 = 1+2k = 7$이므로 $k+a_1=10$

답 ①

16 등차수열 $\{a_n\}$의 첫째항을 a, 공차를 d라 하면

$a_1 + a_3 + a_5 + a_7 = 48$에서

$a + (a+2d) + (a+4d) + (a+6d) = 48$

$a+3d = 12$ ······ ㉠

$a_4 + a_6 = 30$에서

$(a+3d) + (a+5d) = 30$

$a+4d = 15$ ······ ㉡

㉠, ㉡에서 $a=3$, $d=3$

따라서 $a_n = 3 + 3(n-1) = 3n$이므로

··· (가)

$a_n > 1000$, $3n > 1000$을 만족시키는 자연수 n의 최솟값은 334이다.

··· (나)

답 334

다른풀이 a_4는 a_1과 a_7의 등차중항이고 a_3과 a_5의 등차중항이므로

$a_1 + a_3 + a_5 + a_7 = 48$에서 $4a_4 = 48$, $a_4 = 12$

$a_4 + a_6 = 30$에서 $a_6 = 18$

등차수열 $\{a_n\}$의 첫째항을 a, 공차를 d라 하면

$a_6 - a_4 = 6 = 2d$, $d=3$

$a_4 = a+3d = a+9 = 12$, $a=3$

따라서 $a_n = 3 + 3(n-1) = 3n$이므로

··· (가)

$a_n > 1000$, $3n > 1000$을 만족시키는 자연수 n의 최솟값은 334이다.

··· (나)

단계	채점 기준	비율
(가)	등차수열 $\{a_n\}$의 일반항을 구한 경우	80 %
(나)	$a_n > 1000$을 만족시키는 자연수 n의 최솟값을 구한 경우	20 %

17 등비수열 $\{a_n\}$의 첫째항을 a, 공비를 r라 하면 $a_n = ar^{n-1}$

이때 $2a_n - a_{n+1} = 2ar^{n-1} - ar^n = (2a-ar)r^{n-1}$이므로

수열 $\{2a_n - a_{n+1}\}$은 첫째항이 $2a-ar$, 공비가 r인 등비수열이다.

··· (가)

그런데 $2a-ar=1$, $r=3$이므로 $a=-1$

$a_n = (-1) \times 3^{n-1} = -3^{n-1}$

··· (나)

따라서 $a_5 = -3^4 = -81$

··· (다)

답 -81

단계	채점 기준	비율
(가)	등비수열 $\{2a_n-a_{n+1}\}$의 첫째항과 공비를 등비수열 $\{a_n\}$의 첫째항과 공비를 이용하여 나타낸 경우	50 %
(나)	등비수열 $\{a_n\}$의 일반항을 구한 경우	40 %
(다)	a_5의 값을 구한 경우	10 %

18 ④	**19** ①	**20** ②	**21** ②	**22** ②
23 ①	**24** ⑤	**25** ②	**26** ④	**27** ②
28 ③	**29** ④	**30** ③	**31** ①	**32** ③
33 7	**34** 2			

18 삼각형 ABC의 세 변의 길이를 크기순으로 나열하면 등차수열을 이루므로 세 변의 길이를 작은 수부터 차례로

$a-d$, a, $a+d$ $(0<d<a)$로 놓을 수 있다.

$\angle ABC=120°$이므로 $\overline{AC}=a+d$이고 코사인법칙에 의하여

$(a+d)^2=a^2+(a-d)^2-2a(a-d)\cos 120°$

$a^2+2ad+d^2=a^2+a^2-2ad+d^2+a^2-ad$

$2a^2-5ad=0$, $a(2a-5d)=0$

$a>0$이므로 $2a=5d$, $a=\dfrac{5}{2}d$

그러므로 세 변의 길이는 $\dfrac{3}{2}d$, $\dfrac{5}{2}d$, $\dfrac{7}{2}d$이다.

삼각형 ABC의 넓이가 $15\sqrt{3}$이므로

$\dfrac{1}{2}\times\dfrac{3}{2}d\times\dfrac{5}{2}d\times\sin 120°=15\sqrt{3}$

$d^2=16$, $d>0$이므로 $d=4$

따라서 $\overline{AC}=\dfrac{7}{2}d=14$

답 ④

19 $a_n=a+(n-1)d$

$a^2-d^2=a_2$에서

$(a-d)(a+d)=a+d$

수열 $\{a_n\}$의 모든 항이 서로 다른 자연수이므로 $a>0$, $d>0$

따라서 $a-d=1$, $d=a-1$

$a^2=a_6$에서

$a^2=a+5d=6a-5$

$a^2-6a+5=0$

$(a-1)(a-5)=0$

$a=1$ 또는 $a=5$

$a=1$이면 $d=0$이므로 조건에 맞지 않는다.

따라서 $a=5$, $d=4$

$a_{10}=a+9d=5+36=41$

답 ①

20 두 수 1과 100 사이에 n개의 수를 넣어 만든 수열의 전체 항의 개수는 $(n+2)$이므로 이 수열의 공차를 d라 하면

$1+(n+1)d=100$에서 $d=\dfrac{99}{n+1}$

a_1, a_2, a_3, $\cdots$, a_n이 자연수가 되려면 d가 자연수이어야 한다.

$99=3^2\times 11$이므로 $n+1=3$ 또는 9 또는 11 또는 33 또는 99일 때 d가 자연수가 된다.

따라서 $n=2$ 또는 8 또는 10 또는 32 또는 98이고

모든 자연수 n의 값의 합은

$2+8+10+32+98=150$

답 ②

21 등차수열 $\{a_n\}$의 첫째항을 a, 공차를 d라 하면

$a_n=a+(n-1)d$이므로

$a_4a_{24}=(a_8)^2$에서 $(a+3d)(a+23d)=(a+7d)^2$

$26ad+69d^2=14ad+49d^2$

$(3a+5d)d=0$

$d=0$이면 $S_{10}=10a_1=85$가 되어 a_1은 정수가 아니므로 조건에 맞지 않는다.

따라서 $3a+5d=0$ ······ ㉠

$S_{10}=85$에서

$\dfrac{10(2a+9d)}{2}=85$

$2a+9d=17$ ······ ㉡

㉠, ㉡을 연립하여 풀면

$a=-5$, $d=3$

따라서 $a_n=3n-8$이므로 $a_{12}=28$

답 ②

22 등차수열 $\{a_n\}$의 첫째항을 a, 공차를 d_1이라 하고, 등차수열 $\{b_n\}$의 첫째항을 b, 공차를 d_2라 하면

$a_{11}-a_5=6d_1=18$에서 $d_1=3$

$b_{11}-b_8=3d_2=-6$에서 $d_2=-2$

$S_{11}=T_{11}$에서

$\dfrac{11(2a+10d_1)}{2}=\dfrac{11(2b+10d_2)}{2}$

$2a+30=2b-20$

따라서 $b-a=25$

$b_8-a_5=(b+7d_2)-(a+4d_1)$

$\qquad=b-a-26$

$\qquad=-1$

답 ②

23 등차수열 $\{a_n\}$의 모든 항이 정수이므로 첫째항 a와 공차 d가 모두 정수이다.

$n=20$일 때만 S_n이 최댓값을 가지므로 $a_{20}>0$, $a_{21}<0$이어야 한다.

즉, $a_{20}=a+19d>0$, $a_{21}=a+20d<0$이고 $d<0$

정답과 풀이 **61**

$-19d < a < -20d$이고 이를 만족시키는 정수 a의 값이 4개 존재하므로
$-20d + 19d - 1 = 4$
$-d = 5$
따라서 $d = -5$

답 ①

24 등비수열 $\{a_n\}$의 공비를 r라 하면 $a_n = a_1 r^{n-1}$
각 항이 서로 다르므로 $r \neq -1, 0, 1$이고 $a_1 \neq 0$
$a_1 a_{10} = a_p a_q$에서
$a_1 \times a_1 r^9 = a_1 r^{p-1} \times a_1 r^{q-1}$
$(a_1)^2 r^9 = (a_1)^2 r^{p+q-2}$
$r^9 = r^{p+q-2}$
$9 = p+q-2$
$p+q = 11$
따라서 자연수 p, q의 모든 순서쌍 (p, q)는
$(1, 10)$, $(2, 9)$, $(3, 8)$, $\cdots$, $(10, 1)$의 10개이다.

답 ⑤

25 $f(x) = x^2 + ax - (2a+1)$이라 하자.
$p = f(3) = 8+a$
$q = f(-2) = 3-4a$
$r = f(8) = 63+6a$
p, q, r가 이 순서대로 등비수열을 이루므로
$(3-4a)^2 = (8+a)(63+6a)$
$9 - 24a + 16a^2 = 504 + 111a + 6a^2$
$10a^2 - 135a - 495 = 0$
$2a^2 - 27a - 99 = 0$
$(2a-33)(a+3) = 0$
a는 정수이므로 $a = -3$이다.

답 ②

26 $a_1 + a_3 = 240$, $a_1 + a_3 + a_5 + a_7 = 255$이므로 $a_5 + a_7 = 15$
등비수열 $\{a_n\}$의 공비를 r라 하면
$a_1 + a_3 = 240$에서 $a_1(1+r^2) = 240$ ...... ㉠
$a_5 + a_7 = 15$에서 $a_1 r^4 (1+r^2) = 15$ ...... ㉡
㉠을 ㉡에 대입하면 $240 r^4 = 15$
$r^4 = \dfrac{1}{16}$
따라서 $\dfrac{a_3}{a_7} = \dfrac{a_1 r^2}{a_1 r^6} = \dfrac{1}{r^4} = 16$

답 ④

27 등비수열 $\{a_n\}$의 첫째항을 a라 하면 $a_n = a r^{n-1}$
$a_2 = \dfrac{2}{3}$에서 $ar = \dfrac{2}{3}$ ...... ㉠
$r=1$이면 $S_4 = \dfrac{2}{3} \times 4 = \dfrac{8}{3}$이 되어 조건에 모순이다.
$r \neq 1$이므로

$S_4 = 5$에서 $\dfrac{a(r^4-1)}{r-1} = 5$ ...... ㉡
㉠에서 $a = \dfrac{2}{3r}$이고
$\dfrac{a(r^4-1)}{r-1} = a(r^3+r^2+r+1)$이므로 ㉡에서
$\dfrac{a(r^4-1)}{r-1} = \dfrac{2}{3r}(r^3+r^2+r+1) = 5$
$2(r^3+r^2+r+1) = 15r$
$2r^3 + 2r^2 - 13r + 2 = 0$
$(r-2)(2r^2+6r-1) = 0$
$r=2$ 또는 $r = \dfrac{-3 \pm \sqrt{11}}{2}$
따라서 모든 r의 값의 합은 -1이다.

답 ②

28 등비수열 $\{a_n\}$의 첫째항을 a, 공비를 r라 하자.
$r=1$이면 $S_4 = 4a$, $S_8 = 8a$이므로 조건에 맞지 않는다.
$r \neq 1$이므로
$S_4 = \dfrac{a(r^4-1)}{r-1}$
$S_8 = \dfrac{a(r^8-1)}{r-1}$
이때 $\dfrac{S_8}{S_4} = \dfrac{r^8-1}{r^4-1} = r^4+1 = 17$에서 $r^4 = 16$
$r^2 = 4$이므로 $r = -2$ 또는 $r = 2$
$r = -2$일 때, $S_8 = \dfrac{255a}{-3} = -85a = 255$이므로 $a = -3$
이때 $a_n = -3 \times (-2)^{n-1}$이므로 $a_8 = 384$
$r=2$일 때, $S_8 = 255a = 255$이므로 $a=1$
이때 $a_n = 2^{n-1}$이므로 $a_8 = 128$
따라서 a_8의 최댓값은 384이다.

답 ③

29 등비수열 $\{a_n\}$의 첫째항을 a라 하면 $a_n = a r^{n-1}$
$\dfrac{S_{10} - S_8}{a_{10} - a_9} - \dfrac{a_{10} - a_9}{S_{10} - S_8}$
$= \dfrac{a_{10} + a_9}{a_{10} - a_9} - \dfrac{a_{10} - a_9}{a_{10} + a_9}$
$= \dfrac{ar^9 + ar^8}{ar^9 - ar^8} - \dfrac{ar^9 - ar^8}{ar^9 + ar^8}$
$= \dfrac{r+1}{r-1} - \dfrac{r-1}{r+1}$
$= \dfrac{(r+1)^2 - (r-1)^2}{r^2-1}$
$= \dfrac{4r}{r^2-1}$
$= \dfrac{5}{6}$
따라서 $5(r^2-1) = 24r$
$5r^2 - 24r - 5 = 0$

$(5r+1)(r-5)=0$

$r>0$이므로 $r=5$

답 ④

30 $a_n=S_n-S_{n-1}$

$\quad=\log(n+1)^2-\log n^2$

$\quad=2\{\log(n+1)-\log n\}$

$\quad=2\log\dfrac{n+1}{n}$ (단, $n\geq2$)

$a_5=2\log\dfrac{6}{5}$

$a_{12}=2\log\dfrac{13}{12}$

따라서

$a_5+a_{12}=2\log\dfrac{6}{5}+2\log\dfrac{13}{12}$

$\quad=2\log\dfrac{6\times13}{5\times12}$

$\quad=2\log1.3$

$\quad=\log1.69$

$\quad=0.2279$

답 ③

31 $a_n=2S_n\,(n\geq2)$에서

$S_n-S_{n-1}=2S_n\,(n\geq2)$

$S_n=-S_{n-1}$

$S_1=a_1=3$, $S_2=-S_1=-3$

$a_{100}=2S_{100}=-2S_{99}=2S_{98}=\cdots=2S_2=-6$

답 ①

32 $a_n=S_n-S_{n-1}$

$\quad=an^2+bn-\{a(n-1)^2+b(n-1)\}$

$\quad=2an-a+b$ (단, $n\geq2$) $\quad\cdots\cdots$ ㉠

수열 $\{a_n\}$이 공차가 d인 등차수열이므로 첫째항을 a_1이라 할 때,

$a_n=a_1+(n-1)\times d=dn+a_1-d$ $\quad\cdots\cdots$ ㉡

㉠, ㉡에 의하여 $2a=d$, 즉 $a=\dfrac{d}{2}$이고 $b=a_1-d+a=a_1-\dfrac{d}{2}$

$S_2=4a+2b=2d+2a_1-d=2a_1+d=12$에서 $a_1=-\dfrac{d}{2}+6$

따라서 $b=a_1-\dfrac{d}{2}=-d+6$

$S_n=\dfrac{d}{2}n^2+(6-d)n$

$S_{10}=50d+(6-d)\times10=40d+60$

답 ③

33 $a_n=n+4$

$3\times4^n=3\times2^{2n}$이므로 $b_n=2(2n+1)$

$6^{n-1}=2^{n-1}\times3^{n-1}$이므로 $c_n=n^2$

$\quad\cdots\cdots\cdots\cdots\cdots\cdots\cdots\cdots\cdots$ (가)

a_n, b_n, c_n이 이 순서대로 등차수열을 이루므로

$(n+4)+n^2=4(2n+1)$

$\quad\cdots\cdots\cdots\cdots\cdots\cdots\cdots\cdots\cdots$ (나)

$n^2-7n=0$

$n(n-7)=0$

n은 자연수이므로 $n=7$

$\quad\cdots\cdots\cdots\cdots\cdots\cdots\cdots\cdots\cdots$ (다)

답 7

단계	채점 기준	비율
(가)	a_n, b_n, c_n을 각각 n에 대한 식으로 나타낸 경우	40 %
(나)	등차중항을 이용하여 n에 대한 방정식을 세운 경우	30 %
(다)	자연수 n의 값을 구한 경우	30 %

34 $S_5=2$, $a_2+a_4+a_6+a_8+a_{10}=44$에서

$a_1+a_2+a_3+a_4+a_5\neq a_2+a_4+a_6+a_8+a_{10}$이므로 $r\neq1$

등비수열 $\{a_n\}$의 공비를 r라 하면

$S_5=\dfrac{a_1(r^5-1)}{r-1}=2$ $\quad\cdots\cdots$ ㉠

$\quad\cdots\cdots\cdots\cdots\cdots\cdots\cdots\cdots\cdots$ (가)

$a_n=a_1r^{n-1}$에서 $a_{2n}=a_1r^{2n-1}=a_1r\times(r^2)^{n-1}$이므로 수열 $\{a_{2n}\}$은 첫째항이 a_1r, 공비가 r^2인 등비수열이다.

$a_2+a_4+a_6+a_8+a_{10}$

$\quad=\dfrac{a_1r\{(r^2)^5-1\}}{r^2-1}$

$\quad=\dfrac{a_1r(r^{10}-1)}{r^2-1}=44$ $\quad\cdots\cdots$ ㉡

$\quad\cdots\cdots\cdots\cdots\cdots\cdots\cdots\cdots\cdots$ (나)

㉡÷㉠을 하면

$\dfrac{\dfrac{a_1r(r^{10}-1)}{r^2-1}}{\dfrac{a_1(r^5-1)}{r-1}}=\dfrac{\dfrac{r(r^5+1)}{(r-1)(r+1)}}{\dfrac{1}{r-1}}$

$\quad=r(r^4-r^3+r^2-r+1)=22$

r는 정수이므로

$r=-22$ 또는 $r=-11$ 또는 $r=-2$ 또는 $r=-1$ 또는 $r=1$ 또는 $r=2$ 또는 $r=11$ 또는 $r=22$

이 중 $r(r^4-r^3+r^2-r+1)=22$를 만족시키는 것은 $r=2$

$\quad\cdots\cdots\cdots\cdots\cdots\cdots\cdots\cdots\cdots$ (다)

답 2

단계	채점 기준	비율
(가)	S_5를 첫째항과 공비를 이용하여 나타낸 경우	30 %
(나)	$a_2+a_4+a_6+a_8+a_{10}$을 등비수열의 합을 이용하여 표현한 경우	40 %
(다)	(가), (나)에서 얻은 식을 통하여 r의 값을 구한 경우	30 %

내신 상위 4% 변별력 문항

35 ②	**36** ⑤	**37** ②	**38** ①	**39** ②
40 ①	**41** ②	**42** ③	**43** $4\sqrt{2}$	**44** ③
45 ④	**46** ②			

35

등차수열 $\{a_n\}$이 $|a_6-8|=|a_8-10|$, $|a_{10}-12|=|a_{12}-10|$을 만족시키고 $a_9=10$일 때, a_1의 값은? → 각각 경우를 나누어 생각한다.

① 2 √② 6 ③ 10
④ 14 ⑤ 18

풀이전략

두 식을 모두 만족시키는 공차 d를 구한다.

문제풀이

step 1 $|a_6-8|=|a_8-10|$을 두 가지 경우로 나누어 생각한다.

등차수열 $\{a_n\}$의 공차를 d라 하자.

(ⅰ) $|a_6-8|=|a_8-10|$에서

$a_6-8=a_8-10$ 또는 $a_6-8=-(a_8-10)$ → $|x|=|y|$이면 $x=y$ 또는 $x=-y$이다.

① $a_6-8=a_8-10$일 때,

$a_8-a_6=2d=2$이므로 $d=1$

② $a_6-8=-(a_8-10)$일 때,

$a_6+a_8=18$이므로

$a_7=\dfrac{a_6+a_8}{2}=9$ → a_7은 a_6과 a_8의 등차중항

step 2 $|a_{10}-12|=|a_{12}-10|$을 두 가지 경우로 나누어 생각한다.

(ⅱ) $|a_{10}-12|=|a_{12}-10|$에서

$a_{10}-12=a_{12}-10$ 또는 $a_{10}-12=-(a_{12}-10)$

① $a_{10}-12=a_{12}-10$일 때,

$a_{12}-a_{10}=2d=-2$이므로 $d=-1$

② $a_{10}-12=-(a_{12}-10)$일 때,

$a_{10}+a_{12}=22$이므로

$a_{11}=\dfrac{a_{10}+a_{12}}{2}=11$ → a_{11}은 a_{10}과 a_{12}의 등차중항

(ⅰ), (ⅱ)에 의하여 $d=1$이면 $a_{11}=11$이고 $a_9=9$가 되어 조건에 맞지 않는다.

$d=-1$이면 $a_7=9$이고 $a_9=7$이 되어 조건에 맞지 않는다.

따라서 $a_7=9$, $a_{11}=11$이므로 $d=\dfrac{1}{2}$

$a_1=a_7-6d$
$=9-3$
$=6$

답 ②

36

수열 $\{a_n\}$은 첫째항이 1이고 공차가 3인 등차수열이고, 수열 $\{b_n\}$의 일반항 b_n은 → $a_n=3n-2$

$b_n=(a_n$을 7로 나눈 나머지$)$

라 할 때, 〈보기〉에서 옳은 것만을 있는 대로 고른 것은?

┤ 보기 ├
ㄱ. $a_{10}=28$
ㄴ. $b_{10}=0$ → a_{10}의 값을 이용하여 구한다.
ㄷ. $a_{7n}+b_{7n}=21n+3$

① ㄱ ② ㄷ ③ ㄱ, ㄴ
④ ㄴ, ㄷ √⑤ ㄱ, ㄴ, ㄷ

풀이전략

a_n을 이용하여 b_n을 구한다.

문제풀이

step 1 수열 $\{a_n\}$의 일반항을 구한다.

ㄱ. $a_n=1+(n-1)\times 3=3n-2$이므로 $a_{10}=28$ (참)

step 2 a_n을 이용하여 b_n을 구한다.

ㄴ. $b_{10}=(a_{10}$을 7로 나눈 나머지)이고 $a_{10}=28$이므로

$b_{10}=0$ (참)

ㄷ. $a_{7n}=3\times 7n-2=21(n-1)+19$이므로

$b_{7n}=5$ → 21은 7의 배수이므로 19를 7로 나눈 나머지를 구한다.

그러므로 $a_{7n}+b_{7n}=21(n-1)+19+5=21n+3$ (참)

따라서 옳은 것은 ㄱ, ㄴ, ㄷ이다.

답 ⑤

참고 $a_{7n-6}=3(7n-6)-2=21(n-1)+1$에서 $b_{7n-6}=1$

$a_{7n-5}=3(7n-5)-2=21(n-1)+4$에서 $b_{7n-5}=4$

$a_{7n-4}=3(7n-4)-2=21(n-1)+7$에서 $b_{7n-4}=0$

$a_{7n-3}=3(7n-3)-2=21(n-1)+10$에서 $b_{7n-3}=3$

$a_{7n-2}=3(7n-2)-2=21(n-1)+13$에서 $b_{7n-2}=6$

$a_{7n-1}=3(7n-1)-2=21(n-1)+16$에서 $b_{7n-1}=2$

$a_{7n}=3\times 7n-2=21(n-1)+19$에서 $b_{7n}=5$

37

오른쪽 그림과 같이 두 도로가 60°의 각을 이루며 점 O에서 만나고 있다. 점 O에서 점 P 방향으로 30 m 떨어진 곳에 처음 가로등 하나를 설치하고 계속해서 같은 방향으로 20 m마다 가로등을 설치한다. 또한 점 O에서 점 Q 방향으로 40 m 떨어진 곳에 처음 가로등 하나를 설치하고 계속해서 같은 방향으로 30 m마다 가로등을 설치한다. → 점 O에서 가로등까지의 거리가 등차수열이다.

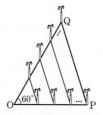

점 P와 점 Q에도 가로등이 설치되었고 점 O에서 점 P까지 설치된 가로등의 개수가 점 O에서 점 Q까지 설치된 가로등의 개수의 2배이다. 점 P와 점 Q 사이의 거리가 190 m일 때, 설치된 가로등의 총 개수는? → 코사인법칙을 이용하여 구한다.

① 12　　✓② 15　　③ 18
④ 21　　⑤ 24

풀이전략

등차수열을 이용하여 $\overline{OP}$, $\overline{OQ}$를 구하고 코사인법칙을 이용하여 $\overline{PQ}$를 $\overline{OP}$, $\overline{OQ}$에 대한 식으로 나타낸다.

문제풀이

step 1 점 O에서 가로등까지의 거리를 등차수열로 나타낸다.

점 O에서 점 P 방향으로 설치된 n번째 가로등까지의 거리를 a_n이라 하면 수열 $\{a_n\}$은 첫째항이 30, 공차가 20인 등차수열이므로

$a_n=30+(n-1)\times20=20n+10$

점 O에서 점 Q 방향으로 설치된 n번째 가로등까지의 거리를 b_n이라 하면 수열 $\{b_n\}$은 첫째항이 40, 공차가 30인 등차수열이므로

$b_n=40+(n-1)\times30=30n+10$

점 O에서 점 P까지 설치된 가로등의 개수가 점 O에서 점 Q까지 설치된 가로등의 개수의 2배이므로

점 O에서 점 Q까지 설치된 가로등의 개수를 n이라 하면 점 O에서 점 P까지 설치된 가로등의 개수는 $2n$이다.

따라서 $\overline{OQ}=30n+10$, $\overline{OP}=40n+10$

step 2 코사인법칙을 이용하여 $\overline{PQ}$를 $\overline{OP}$와 $\overline{OQ}$에 대한 식으로 나타낸다.

$\overline{PQ}=190$이므로 코사인법칙에 의하여
→ $\overline{PQ}^2=\overline{OP}^2+\overline{OQ}^2-2\times\overline{OP}\times\overline{OQ}\times\cos60°$

$190^2=(40n+10)^2+(30n+10)^2-2(40n+10)(30n+10)\cos60°$
$\qquad=100\{(4n+1)^2+(3n+1)^2-(4n+1)(3n+1)\}$
$\qquad=100(13n^2+7n+1)$

$13n^2+7n+1=361$
$13n^2+7n-360=0$
$(13n+72)(n-5)=0$

n은 자연수이므로 $n=5$

따라서 점 O에서 점 Q까지 설치된 가로등은 5개, 점 O에서 점 P까지 설치된 가로등은 10개이고 총 개수는 15개이다.

답 ②

38

등차수열 $\{a_n\}$의 첫째항부터 제n항까지의 합을 S_n이라 하자.

$a_1+a_3=18$ → a_2는 a_1과 a_3의 등차중항

일 때, $a_{k-2}+a_k=-36$, $S_k=-54$를 만족시키는 자연수 k의 값은? → a_{k-1}은 a_{k-2}와 a_k의 등차중항

✓① 12　　② 15　　③ 18
④ 21　　⑤ 24

풀이전략

등차중항을 이용한다.

문제풀이

step 1 등차중항을 이용하여 a_2와 a_{k-1}의 값을 구한다.

$a_1+a_3=18$에서 a_2는 a_1과 a_3의 등차중항이므로

$a_2=\dfrac{a_1+a_3}{2}=9$

$a_{k-2}+a_k=-36$에서 a_{k-1}은 a_{k-2}와 a_k의 등차중항이므로

$a_{k-1}=\dfrac{a_{k-2}+a_k}{2}=-18$

step 2 등차수열의 합 S_k를 a_2와 a_{k-1}을 이용하여 나타낸다.

$S_k=\dfrac{k(a_1+a_k)}{2}=\dfrac{k(a_2+a_{k-1})}{2}=-\dfrac{9k}{2}$

$S_k=-54$에서 $-\dfrac{9k}{2}=-54$, $k=12$

a_2+a_{k-1}
$=(a_1+d)+(a_k-d)$
$=a_1+a_k$

답 ①

39

오른쪽 그림과 같이 → 코사인법칙을 이용하여 $\overline{BC}$를 구한다.

$\angle CAB=15°$, $\angle ACB=45°$,

$\overline{AB}=16$, $\overline{AC}=8\sqrt{6}$인 삼각형 ABC에서 변 AB를 8등분한 점을 점 A에 가까운 점부터 P_1, P_2, P_3, $\cdots$, P_7이라 하고 변 AC를 8등분한 점을 점 A에 가까운 점부터 Q_1, Q_2, Q_3, $\cdots$, Q_7이라 할 때, $\overline{P_1Q_1}$, $\overline{P_2Q_2}$, $\overline{P_3Q_3}$, $\cdots$, $\overline{P_7Q_7}$은 공차가 k인 등차수열을 이룬다. $k+\overline{P_1Q_1}+\overline{P_2Q_2}+\overline{P_3Q_3}+\cdots+\overline{P_7Q_7}$의 값은?

① $25(\sqrt3-1)$　　✓② $29(\sqrt3-1)$　　③ $33(\sqrt3-1)$
④ $37(\sqrt3-1)$　　⑤ $41(\sqrt3-1)$

풀이전략

삼각형의 닮음을 이용한다.

문제풀이

step 1 코사인법칙을 이용하여 $\overline{BC}$의 길이를 구한다.

$\angle ABC=120°$이고
코사인법칙에 의하여

$\overline{AC}^2 = \overline{AB}^2 + \overline{BC}^2 - 2\overline{AB} \times \overline{BC} \times \cos 120°$

$384 = 256 + \overline{BC}^2 + 16\overline{BC}$

$\overline{BC}^2 + 16\overline{BC} - 128 = 0$

$\overline{BC} = -8 \pm \sqrt{64+128} = -8 \pm \sqrt{192} = -8 \pm 8\sqrt{3}$

따라서 $\overline{BC} = 8(\sqrt{3}-1)$
$\quad \downarrow \overline{BC} > 0$

step 2 삼각형의 닮음을 이용하여 등차수열의 공차를 구한다.

$\triangle Q_nAP_n$은 $\triangle CAB$와 닮음이고 닮음비는 $n:8$이다.

$\overline{P_nQ_n} = n(\sqrt{3}-1)$이고 $\longrightarrow \overline{P_nQ_n} : \overline{BC} = n:8,$

$\overline{P_1Q_1}, \overline{P_2Q_2}, \overline{P_3Q_3}, \cdots, \overline{P_7Q_7}$ 은 $8n(\sqrt{3}-1)=8\overline{P_nQ_n}$

첫째항이 $\sqrt{3}-1$, 공차가 $\sqrt{3}-1$인 등차수열을 이룬다.

따라서 $k = \sqrt{3}-1$

$k + \overline{P_1Q_1} + \overline{P_2Q_2} + \overline{P_3Q_3} + \cdots + \overline{P_7Q_7}$

$= \sqrt{3}-1 + \dfrac{7\{2(\sqrt{3}-1)+6(\sqrt{3}-1)\}}{2}$

$= 29(\sqrt{3}-1)$

답 ②

40

곡선 $y = \dfrac{k}{x}$ 위의 서로 다른 세 점

$\qquad A(a_1, a_2), B(b_1, b_2), C(c_1, c_2)$

에 대하여 세 수 a_1, b_1, c_1이 이 순서대로 등차수열을 이루고 세 수 a_2, c_2, b_2가 이 순서대로 등비수열을 이룬다. b_1은 a_1과 c_1의 등차중항 a_1, b_1, c_1, a_2, c_2가 모두 정수일 때, 자연수 k의 최솟값은?
$\quad\quad\quad\quad \rightarrow c_2$는 a_2와 b_2의 등비중항

√① 4　　　　　② 6　　　　　③ 8

④ 12　　　　　⑤ 36

풀이전략

등차중항과 등비중항을 이용한다.

문제풀이

step 1 등차중항과 등비중항을 이용하여 b_1과 c_2의 값을 구한다.

세 수 a_1, b_1, c_1이 이 순서대로 등차수열을 이루므로 b_1은 a_1과 c_1의 등차중항이다.

$b_1 = \dfrac{a_1+c_1}{2}$　　　　　　　……㉠

세 수 a_2, c_2, b_2가 이 순서대로 등비수열을 이루므로 c_2는 a_2와 b_2의 등비중항이다.

$(c_2)^2 = a_2 b_2$

step 2 세 점 $A(a_1, a_2), B(b_1, b_2), C(c_1, c_2)$가 곡선 $y = \dfrac{k}{x}$ 위의 점임을 이용한다.

이때 $a_2 = \dfrac{k}{a_1}, b_2 = \dfrac{k}{b_1}, c_2 = \dfrac{k}{c_1}$이므로

$\left(\dfrac{k}{c_1}\right)^2 = \dfrac{k}{a_1} \times \dfrac{k}{b_1}$

k는 자연수이므로 $(c_1)^2 = a_1 b_1$　　　　……㉡

㉠을 ㉡에 대입하면 $(c_1)^2 = a_1 \times \dfrac{a_1+c_1}{2}$

$2(c_1)^2 - (a_1)^2 - a_1c_1 = 0$

$(2c_1+a_1)(c_1-a_1) = 0 \rightarrow$ 서로 다른 세 점이므로 $a_1 \neq c_1$

$c_1 = -\dfrac{a_1}{2}$

이를 ㉠에 대입하면 $b_1 = \dfrac{a_1}{4}$

b_1은 정수이므로 a_1은 4의 배수이고, $a_2 = \dfrac{k}{a_1}$에서 k는 4의 배수이다.

따라서 $a_1 = -4$ 또는 $a_1 = 4$일 때, k는 최솟값 4를 갖는다.

답 ①

41

x에 대한 이차방정식 $x^2-px+q=0$의 $\rightarrow \alpha+\beta=p, \alpha\beta=q$ 두 근 $\alpha, \beta (\alpha < \beta)$에 대하여 α, β가 모두 자연수이고 $\alpha^2 = \alpha+\beta$이다. $\beta-\alpha, p, p+q$가 이 순서대로 등비수열을 이룰 때, 두 상수 p, q의 합 $p+q$의 값은?

① 18　　　　　√② 27　　　　　③ 36

④ 45　　　　　⑤ 54

풀이전략

이차방정식의 근과 계수의 관계를 이용한다.

문제풀이

step 1 이차방정식의 근과 계수의 관계를 이용하여 p, q를 α, β에 대한 식으로 나타낸다.

이차방정식 $x^2-px+q=0$의 두 근이 α, β이므로

근과 계수의 관계에 의하여

$\alpha+\beta=p, \alpha\beta=q \rightarrow x$에 대한 이차방정식 $ax^2+bx+c=0\ (a\neq 0)$의
　　　　　　　　　두 근의 합은 $-\dfrac{b}{a}$, 두 근의 곱은 $\dfrac{c}{a}$이다.

step 2 등비중항을 이용하여 α, β에 대한 식을 정리한다.

$\beta-\alpha, p=\alpha+\beta, p+q=\alpha+\beta+\alpha\beta$가 이 순서대로 등비수열을 이루므로 $\rightarrow \alpha+\beta$는 $\beta-\alpha$와 $\alpha+\beta+\alpha\beta$의 등비중항

$(\alpha+\beta)^2 = (\beta-\alpha)(\alpha+\beta+\alpha\beta)$

$\alpha^2+2\alpha\beta+\beta^2 = \alpha\beta+\beta^2+\alpha\beta^2-\alpha^2-\alpha\beta-\alpha^2\beta$

$\alpha^2+2\alpha\beta = \alpha\beta^2-\alpha^2-\alpha^2\beta$

$2\alpha^2+2\alpha\beta-\alpha\beta^2+\alpha^2\beta = 0 \rightarrow \alpha$는 자연수이므로 $\alpha \neq 0$

$2\alpha+2\beta-\beta^2+\alpha\beta = 0$

$2(\alpha+\beta) = \beta(\beta-\alpha)$

$\alpha^2 = \alpha+\beta$이므로

$2\alpha^2 = (\alpha^2-\alpha)(\alpha^2-\alpha-\alpha)$

$2\alpha^2 = \alpha(\alpha-1)\alpha(\alpha-2)$

$2 = (\alpha-1)(\alpha-2)$

$\alpha^2-3\alpha = 0$

$\alpha(\alpha-3) = 0$

α는 자연수이므로 $\alpha=3, \beta=\alpha^2-\alpha=6$

$p+q = \alpha+\beta+\alpha\beta = 27$

답 ②

42

첫째항이 a, 공비가 3인 등비수열 $\{a_n\}$의 첫째항부터 제n항까지의 합을 S_n이라 하고, 첫째항이 b, 공비가 s인 등비수열 $\{b_n\}$의 첫째항부터 제n항까지의 합을 T_n이라 하자. 수열 $\{S_n+p\}$는 첫째항이 6인 등비수열이고, 수열 $\{T_n+q\}$는 공차가 5인 등차수열일 때, T_a의 값은? (단, a는 자연수이다.) ↳ $5n+B$ 꼴이

↳ $6 \times A^{n-1}$ 꼴이 되어야 한다. 되어야 한다.

① 10 ② 15 √③ 20

④ 25 ⑤ 30

풀이전략

주어진 수열이 등차수열 또는 등비수열이기 위한 조건을 생각한다.

문제풀이

step 1 수열 $\{S_n+p\}$가 등비수열이기 위한 a의 값을 구한다.

$$S_n = \frac{a(3^n-1)}{3-1}$$

$$= \frac{a(3^n-1)}{2}$$

$$S_n+p = \frac{a(3^n-1)}{2}+p$$

$$= \frac{a \times 3^n}{2} - \frac{a}{2}+p$$

수열 $\{S_n+p\}$는 등비수열이므로

$-\frac{a}{2}+p=0$ ↳ $6 \times A^{n-1}$ 꼴이 되어야 한다.

$$S_n+p = \frac{a \times 3^n}{2}$$

첫째항이 6이므로 $\frac{3a}{2}=6$, $a=4$

step 2 수열 $\{T_n+q\}$가 등차수열이기 위한 s의 값을 구한다.

$s \neq 1$이면 $T_n = \frac{b(s^n-1)}{s-1}$이고 수열 $\{T_n+q\}$는 등차수열이므로 $b=0$이어야 한다. 이는 공차가 5임에 맞지 않는다.

따라서 $s=1$이고 $T_n=bn$ → $5n+B$ 꼴이 되어야 한다.

$T_n+q=bn+q$, 공차가 5이므로 $b=5$

따라서 $T_a=T_4=5 \times 4=20$

답 ③

43

오른쪽 그림에서 좌표평면 위의 직선 $y=-x+k$가 y축, 두 곡선 $y=3^x+3$, $y=2^{x-1}$ 및 x축과 만나는 점을 각각 A, B, C, D라 할 때, $\overline{AB}$, $\overline{BC}$, $\overline{CD}$는 이 순서대로 등비수열을 이룬다. $\overline{AB}=\sqrt{2}$일 때, $\overline{CD}$의 값을 구하시오. ↳ $4\sqrt{2}$

공비를 r라 하면 $\overline{BC}=\sqrt{2}r$, $\overline{CD}=\sqrt{2}r^2$

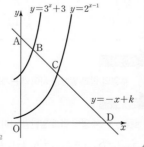

풀이전략

$\overline{AB}+\overline{BC}+\overline{CD}=\overline{AD}$임을 이용하여 등비수열의 공비를 구한다.

문제풀이

step 1 $\overline{AB}$, $\overline{BC}$, $\overline{CD}$를 공비 r를 이용하여 표현한다.

A$(0, k)$, D$(k, 0)$에서 $\overline{AD}=\sqrt{2}k$ ……㉠

$\overline{AB}$, $\overline{BC}$, $\overline{CD}$가 이 순서대로 등비수열을 이루므로 공비를 r라 하면

$\overline{BC}=\sqrt{2}r$, $\overline{CD}=\sqrt{2}r^2$

$\overline{AB}+\overline{BC}+\overline{CD}=\sqrt{2}+\sqrt{2}r+\sqrt{2}r^2=\sqrt{2}(1+r+r^2)$ ……㉡

㉠, ㉡에 의하여 $\sqrt{2}k=\sqrt{2}(1+r+r^2)$이므로 $k=1+r+r^2$ ……㉢

step 2 점 B가 곡선 $y=3^x+3$ 위의 점임을 이용한다.

$\overline{AB}=\sqrt{2}$이고 직선 AB의 기울기가 -1이므로 오른쪽 그림의 직각삼각형 AHB에서 $\overline{AH}=\overline{BH}=1$이므로 점 B$(1, k-1)$이고 점 B는 곡선 $y=3^x+3$ 위의 점이므로

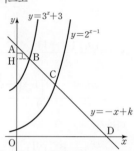

$3+3=k-1$

따라서 $k=7$

㉢에 의하여 $1+r+r^2=7$

$r^2+r-6=0$

$(r+3)(r-2)=0$ → $r>0$

따라서 $r=2$이므로

$\overline{CD}=\sqrt{2}r^2=4\sqrt{2}$

답 $4\sqrt{2}$

44

공비가 -2인 등비수열 $\{a_n\}$에서 → $a_n=a_1 \times (-2)^{n-1}$

$$S_n = \{(a_1)^2+(a_2)^2+\cdots+(a_n)^2\}\left(\frac{1}{a_1}+\frac{1}{a_2}+\cdots+\frac{1}{a_n}\right)$$

이라 할 때, $\dfrac{S_4}{S_2}$의 값은? (단, $a_1 \neq 0$)

① $\dfrac{81}{4}$ ② $\dfrac{83}{4}$ √③ $\dfrac{85}{4}$

④ $\dfrac{87}{4}$ ⑤ $\dfrac{89}{4}$

풀이전략

수열 $\{a_n\}$이 등비수열이면 수열 $\{(a_n)^2\}$과 수열 $\left\{\dfrac{1}{a_n}\right\}$도 등비수열임을 이용한다.

문제풀이

step 1 수열 $\{(a_n)^2\}$과 수열 $\left\{\dfrac{1}{a_n}\right\}$의 첫째항과 공비를 구한다.

$a_n=a_1 \times (-2)^{n-1}$

$(a_n)^2=(a_1)^2 \times 4^{n-1}$이므로 수열 $\{(a_n)^2\}$은 첫째항이 $(a_1)^2$, 공비가 4인 등비수열이고

$\dfrac{1}{a_n}=\dfrac{1}{a_1} \times \left(-\dfrac{1}{2}\right)^{n-1}$이므로 수열 $\left\{\dfrac{1}{a_n}\right\}$은

첫째항이 $\dfrac{1}{a_1}$, 공비가 $-\dfrac{1}{2}$인 등비수열이다.

step 2 등비수열의 합을 이용하여 S_n을 간단히 한다.

$$(a_1)^2+(a_2)^2+\cdots+(a_n)^2=\dfrac{(a_1)^2(4^n-1)}{4-1}$$
$$=\dfrac{(a_1)^2(4^n-1)}{3}$$

$$\dfrac{1}{a_1}+\dfrac{1}{a_2}+\cdots+\dfrac{1}{a_n}=\dfrac{\dfrac{1}{a_1}\left\{1-\left(-\dfrac{1}{2}\right)^n\right\}}{1-\left(-\dfrac{1}{2}\right)}$$
$$=\dfrac{2\left\{1-\left(-\dfrac{1}{2}\right)^n\right\}}{3a_1}$$

$$S_n=\dfrac{(a_1)^2(4^n-1)}{3}\times\dfrac{2\left\{1-\left(-\dfrac{1}{2}\right)^n\right\}}{3a_1}$$
$$=\dfrac{2a_1(4^n-1)\left\{1-\left(-\dfrac{1}{2}\right)^n\right\}}{9}$$

따라서

$$\dfrac{S_4}{S_2}=\dfrac{\dfrac{2a_1(4^4-1)\left\{1-\left(-\dfrac{1}{2}\right)^4\right\}}{9}}{\dfrac{2a_1(4^2-1)\left\{1-\left(-\dfrac{1}{2}\right)^2\right\}}{9}}$$
$$=\dfrac{(4^4-1)\left\{1-\left(-\dfrac{1}{2}\right)^4\right\}}{(4^2-1)\left\{1-\left(-\dfrac{1}{2}\right)^2\right\}}$$
$$=(4^2+1)\left\{1+\left(-\dfrac{1}{2}\right)^2\right\}$$
$$=\dfrac{85}{4}$$

답 ③

풀이전략

수열 $\{a_n\}$이 등차수열일 때, 수열 $\{p^{a_n}\}\,(p>0)$은 등비수열이고 수열 $\{a_n\}$이 등비수열일 때, 수열 $\{\log a_n\}\,(a_n>0)$은 등차수열임을 이용한다.

문제풀이

step 1 등차수열 $\{a_n\}$을 이용하여 등비수열 $\{b_n\}$의 첫째항과 공비를 구한다.

등차수열 $\{a_n\}$의 첫째항이 1이고 공차가 2이므로

$$a_n=1+(n-1)\times 2$$
$$=2n-1$$
$$b_n=3\times 2^{2n-1}$$
$$=6\times 2^{2(n-1)}$$
$$=6\times 4^{n-1}$$

에서 수열 $\{b_n\}$은 첫째항이 6이고 공비가 4인 등비수열이므로

$$S=\dfrac{6(4^4-1)}{4-1}$$
$$=2\times 255$$
$$=510$$

step 2 등비수열 $\{b_n\}$을 이용하여 등차수열 $\{c_n\}$의 첫째항과 공차를 구한다.

$$c_n=\log(3\times 2^{2n-1})$$
$$=\log 3+(2n-1)\log 2$$
$$=\log 3+\log 2+(2n-2)\log 2$$
$$=\log 6+(n-1)\log 4$$

에서 수열 $\{c_n\}$은 첫째항이 $\log 6$이고 공차가 $\log 4$인 등차수열이다.

$$T=\dfrac{4(2\log 6+3\log 4)}{2}$$
$$=2(2\log 6+6\log 2)$$
$$=4(4\log 2+\log 3)$$

따라서

$$\dfrac{T}{S}=\dfrac{4(4\log 2+\log 3)}{510}$$
$$=\dfrac{8\log 2+2\log 3}{255}$$

답 ④

45

첫째항이 1이고 공차가 2인 등차수열 $\{a_n\}$에 대하여 두 수열 $\{b_n\}$, $\{c_n\}$이 다음을 만족시킨다. $\quad\rightarrow a_n=2n-1$

$$b_n=3\times 2^{a_n},\ c_n=\log b_n$$

수열 $\{b_n\}$의 첫째항부터 제4항까지의 합을 S, 수열 $\{c_n\}$의 첫째항부터 제4항까지의 합을 T라 할 때, $\dfrac{T}{S}$의 값은?

① $\dfrac{2\log 2+\log 3}{255}$
② $\dfrac{4\log 2+\log 3}{255}$

③ $\dfrac{4\log 2+2\log 3}{255}$
√④ $\dfrac{8\log 2+2\log 3}{255}$

⑤ $\dfrac{16\log 2+4\log 3}{255}$

46

수열 $\{a_n\}$의 첫째항부터 제n항까지의 합을 S_n이라 하자.

$$(S_{n+1}-S_{n-1})^2=4(a_{n+1}a_n+1)\ (\text{단},\ n\geq 2),\ a_6=a_{10}=1$$

을 만족시키는 a_7, a_8, a_9의 모든 순서쌍 $(a_7,\ a_8,\ a_9)$의 개수는?
$\quad\rightarrow S_{n+1}-S_{n-1}=a_{n+1}+a_n$

① 4 √② 6 ③ 8

④ 10 ⑤ 12

풀이전략

수열의 합과 일반항 사이의 관계를 이용한다.

문제풀이

step 1 수열의 합과 일반항 사이의 관계를 이용하여 식을 정리한다.

$$S_{n+1}-S_{n-1}=a_{n+1}+a_n\ (\text{단},\ n\geq 2)\text{이므로}$$

$(S_{n+1}-S_{n-1})^2=4(a_{n+1}a_n+1)$ 에서

$(a_{n+1}+a_n)^2=4a_{n+1}a_n+4$

$(a_{n+1}-a_n)^2=4$

$a_{n+1}-a_n=-2$ 또는 $a_{n+1}-a_n=2$

step 2 조건을 만족시키는 경우의 수를 구한다.

$a_6=a_{10}=1$이므로 네 개의 수 a_7-a_6, a_8-a_7, a_9-a_8, $a_{10}-a_9$ 중에 -2가 두 개, 2가 두 개 있어야 한다. 이것은 네 개의 수 중에서 두 개의 수를 택하는 경우의 수와 같으므로

$\underset{\underline{\quad\quad\quad}}{{}_4C_2}=\dfrac{4\times3}{2}=6 \rightarrow {}_nC_r=\dfrac{n\times(n-1)\times\cdots\times(n-r+1)}{r!}$

답 ②

47

$a_1=6$, $a_2=1$인 수열 $\{a_n\}$의 첫째항부터 제n항까지의 합을 S_n이라 하자. 수열 $\{a_{2n-1}\}$은 공차가 -2인 등차수열이고, 수열 $\{a_{2n}\}$은 공비가 2인 등비수열일 때, ↝ $a_{2n-1}=-2n+8$

$S_n>2000$, $S_{n+1}<2000$ ↝ $a_{2n}=2^{n-1}$

을 만족시키는 자연수 n의 값은?

① 20　　　　② 21　　　　✓③ 22

④ 23　　　　⑤ 24

문항 파헤치기
등차수열의 합과 등비수열의 합을 이용하여 S_n을 구하기

실수 point 찾기
① S_n에서 n이 홀수일 때와 짝수일 때로 나누어 구한다.

② $S_n>2000$, $S_{n+1}<2000$을 만족시키는 자연수 n의 값을 구할 때, S_n이 2000과 가까워지는 적당한 n을 추측하여 대입하면 계산 시간을 줄일 수 있음을 이해한다.

풀이전략
S_n에서 n이 홀수일 때와 짝수일 때로 나누어 생각한다.

문제풀이

step 1 S_n에서 n이 홀수일 때와 짝수일 때로 나누어 식으로 나타낸다.
수열 $\{a_{2n-1}\}$은 첫째항이 6, 공차가 -2인 등차수열이고, 수열 $\{a_{2n}\}$은 첫째항이 1, 공비가 2인 등비수열이다.

$S_n=a_1+a_2+a_3+a_4+\cdots+a_{n-1}+a_n$

$=\begin{cases}a_1+a_2+a_3+a_4+\cdots+a_{2m-1}+a_{2m} & (n=2m일\ 때)\\ a_1+a_2+a_3+a_4+\cdots+a_{2m-2}+a_{2m-1} & (n=2m-1일\ 때)\end{cases}$

(단, m은 자연수)

$=\begin{cases}(a_1+a_3+\cdots+a_{2m-1})+(a_2+a_4+\cdots+a_{2m}) & (n=2m일\ 때)\\ (a_1+a_3+\cdots+a_{2m-1})+(a_2+a_4+\cdots+a_{2m-2})\\ \hspace{5cm}(n=2m-1일\ 때)\end{cases}$

$=\begin{cases}\dfrac{m\{12-2(m-1)\}}{2}+\dfrac{2^m-1}{2-1} & (n=2m일\ 때)\\ \dfrac{m\{12-2(m-1)\}}{2}+\dfrac{2^{m-1}-1}{2-1} & (n=2m-1일\ 때)\end{cases}$

$=\begin{cases}(-m+7)m+2^m-1 & (n=2m일\ 때)\\ (-m+7)m+2^{m-1}-1 & (n=2m-1일\ 때)\end{cases}$

step 2 $S_n>2000$, $S_{n+1}<2000$을 만족시키는 자연수 n의 값을 구한다.
다음 그림과 같이 $x>0$일 때, x의 값의 증가량에 따른 y의 증가량이 이차함수 $y=x^2-7x$보다 지수함수 $y=2^{x-1}-1$ 또는 $y=2^x-1$에서 더 크게 나타나므로 $S_{2m}<S_{2m+2}$, $S_{2m-1}<S_{2m+1}$이 성립한다.

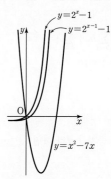

$y=2^x-1$
$y=2^{x-1}-1$
$y=x^2-7x$

S_n에서 n에 자연수를 차례대로 대입하면 → S_n이 2000과 가까워지는 적당한 n의 값을 추측하여 대입해 본다.

$\vdots$

$S_{21}=-44+2^{10}-1=979<2000$

$S_{22}=-44+2^{11}-1=2003>2000$

$S_{23}=-60+2^{11}-1=1987<2000$

$S_{24}=-60+2^{12}-1=4035>2000$

$S_{25}=-78+2^{12}-1=4017>2000$

$\vdots$

따라서 자연수 n의 값은 22이다.

답 ③

06 수열의 합

본문 74~75쪽

01 ④	**02** ②	**03** ③	**04** ①	**05** ②
06 ②	**07** ⑤	**08** ①	**09** ③	**10** 15
11 -270				

01 $\sum\limits_{k=1}^{10} 2a_k = 4$에서 $\sum\limits_{k=1}^{10} a_k = 2$이고

$\sum\limits_{k=1}^{10} 3b_k = 18$에서 $\sum\limits_{k=1}^{10} b_k = 6$이므로

$\sum\limits_{k=1}^{10} (3a_k - 1)(2b_k - 1)$

$= 6\sum\limits_{k=1}^{10} a_k b_k - 3\sum\limits_{k=1}^{10} a_k - 2\sum\limits_{k=1}^{10} b_k + \sum\limits_{k=1}^{10} 1$

$= 6 \times 2 - 3 \times 2 - 2 \times 6 + 1 \times 10$

$= 4$

답 ④

02 등차수열 $\{a_n\}$에서 공차를 d라 하면

$\sum\limits_{k=3}^{10} a_k - \sum\limits_{k=1}^{8} a_k$

$= a_9 + a_{10} - a_1 - a_2$

$= (a_1 + 8d) + (a_1 + 9d) - a_1 - (a_1 + d)$

$= 16d$

$= 48$

$d = 3$

따라서 $a_6 - a_4 = (a_1 + 5d) - (a_1 + 3d) = 2d = 6$

답 ②

03 등비수열 $\{a_n\}$의 일반항은

$a_n = a_1 2^{n-1}$

$a_{2n-1} = a_1 2^{2n-2} = a_1 4^{n-1}$이므로

수열 $\{a_{2n-1}\}$은 공비가 4인 등비수열이다.

$\sum\limits_{k=1}^{5} a_{2k-1} = \dfrac{a_1(4^5 - 1)}{4 - 1}$

$= \dfrac{1023a_1}{3}$

$= 1023$

따라서 $a_1 = 3$

답 ③

04 $\sum\limits_{m=1}^{n} \left(\sum\limits_{k=1}^{m} k \right)$

$= \sum\limits_{m=1}^{n} \dfrac{m(m+1)}{2}$

$= \dfrac{1}{2} \sum\limits_{m=1}^{n} (m^2 + m)$

$= \dfrac{1}{2} \left\{ \dfrac{n(n+1)(2n+1)}{6} + \dfrac{n(n+1)}{2} \right\}$

$= \dfrac{n(n+1)}{2} \times \dfrac{2n+1+3}{6}$

$= \dfrac{n(n+1)(n+2)}{6}$

따라서 $\dfrac{n(n+1)(n+2)}{6} = 56$

$n(n+1)(n+2) = 6 \times 56$

즉, $n(n+1)(n+2) = 6 \times 7 \times 8$이고 n은 자연수이므로 $n = 6$

답 ①

05 $\sum\limits_{k=1}^{n} a_k = S_n$으로 놓으면 $S_n = 3n^2 - 2n$이므로

$a_n = S_n - S_{n-1}$

$\quad = (3n^2 - 2n) - \{3(n-1)^2 - 2(n-1)\}$

$\quad = 6n - 5 \ (\text{단, } n \geq 2)$

$a_{2k} = 12k - 5$

따라서

$\sum\limits_{k=1}^{10} a_{2k} = \sum\limits_{k=1}^{10} (12k - 5)$

$\quad = 12 \times \dfrac{10 \times 11}{2} - 50$

$\quad = 610$

답 ②

06 $f(x) = x^3 - 2x^2 + 3x - 1$이라 하면

$a_n = f(n) = n^3 - 2n^2 + 3n - 1$

$\sum\limits_{k=1}^{10} a_k = \sum\limits_{k=1}^{10} (k^3 - 2k^2 + 3k - 1)$

$= \left(\dfrac{10 \times 11}{2} \right)^2 - 2 \times \dfrac{10 \times 11 \times 21}{6} + 3 \times \dfrac{10 \times 11}{2} - 10$

$= 55^2 - (10 \times 11 \times 7) + (3 \times 5 \times 11) - 10$

$= 55(55 - 14 + 3) - 10$

$= 55 \times 44 - 10$

$= 2410$

답 ②

07 $a_1 = S_1 = 4$

$a_n = S_n - S_{n-1}$

$\quad = (n^2 + 3n) - \{(n-1)^2 + 3(n-1)\}$

$\quad = 2n + 2 \ (\text{단, } n \geq 2)$

이므로 $a_n = 2n + 2 \ (n \geq 1)$

따라서

$\sum\limits_{k=1}^{10} \dfrac{1}{a_k a_{k+1}} = \sum\limits_{k=1}^{10} \dfrac{1}{(2k+2)(2k+4)}$

$= \dfrac{1}{4} \sum\limits_{k=1}^{10} \dfrac{1}{(k+1)(k+2)}$

$= \dfrac{1}{4} \sum\limits_{k=1}^{10} \left(\dfrac{1}{k+1} - \dfrac{1}{k+2} \right)$

$= \dfrac{1}{4} \left\{ \left(\dfrac{1}{2} - \dfrac{1}{3} \right) + \left(\dfrac{1}{3} - \dfrac{1}{4} \right) + \cdots + \left(\dfrac{1}{11} - \dfrac{1}{12} \right) \right\}$

$$=\frac{1}{4}\left(\frac{1}{2}-\frac{1}{12}\right)$$

$$=\frac{5}{48}$$

답 ⑤

08 $\displaystyle\sum_{k=1}^{n}\frac{1}{\sqrt{k+1}+\sqrt{k}}$

$$=\sum_{k=1}^{n}\frac{\sqrt{k+1}-\sqrt{k}}{(k+1)-k}$$

$$=\sum_{k=1}^{n}(\sqrt{k+1}-\sqrt{k})$$

$$=(\sqrt{2}-1)+(\sqrt{3}-\sqrt{2})+\cdots+(\sqrt{n}-\sqrt{n-1})+(\sqrt{n+1}-\sqrt{n})$$

$$=-1+\sqrt{n+1}$$

$-1+\sqrt{n+1}=10$에서

$\sqrt{n+1}=11$, $n+1=121$

따라서 $n=120$

답 ①

09 등차수열 $\{a_n\}$의 첫째항이 1이고 공차가 2이므로

$a_n=1+(n-1)\times 2$

$\qquad=2n-1$

따라서

$\displaystyle\sum_{k=1}^{12}\frac{1}{\sqrt{a_k}+\sqrt{a_{k+1}}}$

$$=\sum_{k=1}^{12}\frac{1}{\sqrt{2k-1}+\sqrt{2k+1}}$$

$$=\sum_{k=1}^{12}\frac{\sqrt{2k-1}-\sqrt{2k+1}}{(2k-1)-(2k+1)}$$

$$=\frac{1}{2}\sum_{k=1}^{12}(\sqrt{2k+1}-\sqrt{2k-1})$$

$$=\frac{1}{2}\{(\sqrt{3}-\sqrt{1})+(\sqrt{5}-\sqrt{3})+(\sqrt{7}-\sqrt{5})$$

$$\qquad\qquad +\cdots+(\sqrt{23}-\sqrt{21})+(\sqrt{25}-\sqrt{23})\}$$

$$=\frac{1}{2}(-1+5)$$

$$=2$$

답 ③

10 $\displaystyle\sum_{k=1}^{10}a_k=\alpha$, $\displaystyle\sum_{k=1}^{10}b_k=\beta$라 하면

$\displaystyle\sum_{k=1}^{10}(2a_k-b_k)=1$에서

$2\alpha-\beta=1$ $\qquad\qquad\qquad$ ······ ㉠

$\displaystyle\sum_{k=1}^{10}(3a_k+2b_k)=12$에서

$3\alpha+2\beta=12$ $\qquad\qquad\qquad$ ······ ㉡

·· (가)

㉠×2+㉡을 하면

$7\alpha=14$

$\alpha=2$, $\beta=3$

즉, $\alpha=\displaystyle\sum_{k=1}^{10}a_k=2$, $\beta=\displaystyle\sum_{k=1}^{10}b_k=3$

·· (나)

따라서

$\displaystyle\sum_{k=1}^{10}(a_k+b_k+1)=2+3+10$

$\qquad\qquad\qquad\qquad =15$

·· (다)

답 15

단계	채점 기준	비율
(가)	$\displaystyle\sum_{k=1}^{10}a_k=\alpha$, $\displaystyle\sum_{k=1}^{10}b_k=\beta$라 하고 식을 정리한 경우	40 %
(나)	α, β의 값을 구한 경우	40 %
(다)	$\displaystyle\sum_{k=1}^{10}(a_k+b_k+1)$의 값을 구한 경우	20 %

11 등차수열 $\{a_n\}$의 첫째항이 10이고 공차가 -3이므로

$a_n=10+(n-1)\times(-3)$

$\qquad=-3n+13$

·· (가)

$\displaystyle\sum_{k=1}^{5}2ka_{2k}=\sum_{k=1}^{5}2k(-6k+13)$

$\qquad\qquad =2\sum_{k=1}^{5}(-6k^2+13k)$

·· (나)

$$=2\left(-6\times\frac{5\times 6\times 11}{6}+13\times\frac{5\times 6}{2}\right)$$

$$=2(-330+195)$$

$$=-270$$

·· (다)

답 -270

단계	채점 기준	비율
(가)	등차수열 $\{a_n\}$의 일반항을 구한 경우	20 %
(나)	a_{2k}를 k에 대한 식으로 나타내어 주어진 식을 정리한 경우	20 %
(다)	자연수의 거듭제곱의 합을 이용하여 $\displaystyle\sum_{k=1}^{5}2ka_{2k}$의 값을 구한 경우	60 %

내신 상위 7% 고득점 문항
본문 76~77쪽

12 ④	**13** ②	**14** ⑤	**15** ⑤	**16** ③
17 ④	**18** ①	**19** ②	**20** ④	**21** -120
22 11				

12 등차수열 $\{a_n\}$의 공차를 d라 하면

$$\sum_{k=1}^{20}(a_{k+2}+a_{k+1}-2a_k)$$
$$=(a_3+a_2-2a_1)+(a_4+a_3-2a_2)+(a_5+a_4-2a_3)$$
$$+\cdots+(a_{21}+a_{20}-2a_{19})+(a_{22}+a_{21}-2a_{20})$$
$$=-2a_1-a_2+2a_{21}+a_{22}$$
$$=-2a_1-(a_1+d)+2(a_1+20d)+(a_1+21d)$$
$$=60d$$

$60d=300$에서 $d=5$

따라서 $a_n=2+(n-1)\times5=5n-3$이므로

$a_{10}=47$

답 ④

다른풀이 등차수열 $\{a_n\}$의 공차를 d라 하면

$$a_{k+2}+a_{k+1}-2a_k$$
$$=a_1+(k+1)d+a_1+kd-2\{a_1+(k-1)d\}$$
$$=3d$$

$$\sum_{k=1}^{20}(a_{k+2}+a_{k+1}-2a_k)$$
$$=\sum_{k=1}^{20}3d$$
$$=60d$$

$60d=300$에서 $d=5$

따라서 $a_n=2+(n-1)\times5=5n-3$이므로

$a_{10}=47$

13 등비수열 $\{a_n\}$의 첫째항을 a, 공비를 $r\,(r>0)$이라 하면

$a_2=48$, $a_4=108$에서

$a_4=a_2r^2=48r^2=108$

$r^2=\dfrac{9}{4}$

$r>0$이므로 $r=\dfrac{3}{2}$

이때 $a_2=48$에서

$a_2=a_1r=\dfrac{3}{2}a_1=48$

이므로 $a_1=32$

따라서 등비수열 $\{a_n\}$은 첫째항이 32이고 공비가 $\dfrac{3}{2}$인 등비수열이므로

$$\sum_{k=1}^{n}a_k=\frac{32\left\{\left(\frac{3}{2}\right)^n-1\right\}}{\frac{3}{2}-1}$$
$$=64\left\{\left(\frac{3}{2}\right)^n-1\right\}\geq960$$

$\left(\dfrac{3}{2}\right)^n-1\geq15$

$3^n\geq2^{n+4}$

양변에 상용로그를 취하면

$n\log3\geq(n+4)\log2$

$0.48n\geq0.30(n+4)$

$0.18n\geq1.2$

$n\geq\dfrac{120}{18}=\dfrac{20}{3}=6.66\cdots$

따라서 이 식을 만족시키는 자연수 n의 최솟값은 7이다.

답 ②

14 직선 $y=-\dfrac{3}{4}x-\dfrac{n}{2}$, 즉 $3x+4y+2n=0$과

원 $(x+5)^2+(y-5)^2=25$의 중심 $(-5,\,5)$ 사이의 거리 d는

$$d=\frac{|3\times(-5)+4\times5+2n|}{\sqrt{3^2+4^2}}$$
$$=\frac{2n+5}{5}$$

$n>10$이면 $d>5$이므로 $a_n=0$

$n=10$이면 $d=5$이므로 $a_n=1$

$1\leq n<10$이면 $d<5$이므로 $a_n=2$

따라서 $\displaystyle\sum_{k=1}^{15}a_k=2\times9+1\times1+0\times5=19$

답 ⑤

15 $$\sum_{k=1}^{n}b_k=\frac{1}{2}\sum_{k=1}^{n}\{(a_k+b_k)-(a_k-b_k)\}$$
$$=\frac{1}{2}\{3n(n+2)-n(n+2)\}$$
$$=n(n+2)$$

$$\sum_{k=5}^{n}b_k=\sum_{k=1}^{n}b_k-\sum_{k=1}^{4}b_k$$
$$=n(n+2)-24$$

따라서

$$\sum_{n=6}^{10}\left(\sum_{k=5}^{n}b_k\right)=\sum_{n=6}^{10}\{n(n+2)-24\}$$
$$=\sum_{n=1}^{10}\{n(n+2)-24\}-\sum_{n=1}^{5}\{n(n+2)-24\}$$
$$=\sum_{n=1}^{10}(n^2+2n-24)-\sum_{n=1}^{5}(n^2+2n-24)$$
$$=\frac{10\times11\times21}{6}+2\times\frac{10\times11}{2}-240$$
$$-\left(\frac{5\times6\times11}{6}+2\times\frac{5\times6}{2}-120\right)$$
$$=290$$

답 ⑤

16 $$\sum_{k=1}^{10}f(k+1)$$
$$=\sum_{k=1}^{10}\{(k+1)^2+a(k+1)-2\}$$
$$=\sum_{k=1}^{10}\{k^2+(a+2)k+a-1\}$$
$$=\frac{10\times11\times21}{6}+(a+2)\times\frac{10\times11}{2}+10(a-1)$$
$$=65a+485$$

$65a+485=160$에서

$a=-5$

$$\sum_{k=3}^{10} f(k) = \sum_{k=1}^{10} f(k) - \{f(1)+f(2)\}$$
$$= \sum_{k=1}^{10} (k^2-5k-2) - (-14)$$
$$= \frac{10 \times 11 \times 21}{6} - 5 \times \frac{10 \times 11}{2} - 20 + 14$$
$$= 104$$

답 ③

17 이차방정식 $x^2-(2n+1)x+(n-1)=0$의 두 근이 a_n, β_n이므로
근과 계수의 관계에 의하여
$$a_n + \beta_n = 2n+1, \quad a_n\beta_n = n-1$$
$$a_n^2 + \beta_n^2 = (a_n+\beta_n)^2 - 2a_n\beta_n$$
$$= (2n+1)^2 - 2(n-1)$$
$$= 4n^2 + 2n + 3$$
$$\sum_{k=1}^{10} (a_k^2+1)(\beta_k^2+1)$$
$$= \sum_{k=1}^{10} \{(a_k\beta_k)^2 + a_k^2 + \beta_k^2 + 1\}$$
$$= \sum_{k=1}^{10} \{(k-1)^2 + 4k^2 + 2k + 3 + 1\}$$
$$= \sum_{k=1}^{10} (5k^2+5)$$
$$= 5\sum_{k=1}^{10} (k^2+1)$$
$$= 5 \times \left(\frac{10 \times 11 \times 21}{6} + 10\right)$$
$$= 1975$$

답 ④

18 $\dfrac{n(n+1)}{1^3+2^3+\cdots+n^3} = \dfrac{n(n+1)}{\left\{\dfrac{n(n+1)}{2}\right\}^2} = \dfrac{4}{n(n+1)}$이므로

$$\frac{1 \times 2}{1^3} + \frac{2 \times 3}{1^3+2^3} + \frac{3 \times 4}{1^3+2^3+3^3} + \cdots + \frac{11 \times 12}{1^3+2^3+3^3+\cdots+11^3}$$
$$= 4\sum_{n=1}^{11} \frac{1}{n(n+1)}$$
$$= 4\sum_{n=1}^{11} \left(\frac{1}{n} - \frac{1}{n+1}\right)$$
$$= 4\left\{\left(\frac{1}{1}-\frac{1}{2}\right) + \left(\frac{1}{2}-\frac{1}{3}\right) + \cdots + \left(\frac{1}{11}-\frac{1}{12}\right)\right\}$$
$$= 4\left(1 - \frac{1}{12}\right) = \frac{11}{3}$$

답 ①

19 $S_n = \displaystyle\sum_{k=1}^{n} a_k = \sum_{k=1}^{n} \frac{k}{(k+1)!}$
$$= \sum_{k=1}^{n} \frac{(k+1)-1}{(k+1)!}$$
$$= \sum_{k=1}^{n} \left\{\frac{1}{k!} - \frac{1}{(k+1)!}\right\}$$
$$= \left(\frac{1}{1!} - \frac{1}{2!}\right) + \left(\frac{1}{2!} - \frac{1}{3!}\right) + \cdots + \left\{\frac{1}{n!} - \frac{1}{(n+1)!}\right\}$$
$$= 1 - \frac{1}{(n+1)!}$$

$S_m = \dfrac{719}{720}$에서
$$1 - \frac{1}{(m+1)!} = \frac{719}{720}$$
$$(m+1)! = 720 = 6 \times 5 \times 4 \times 3 \times 2 \times 1$$
따라서 $m=5$

답 ②

20 첫째항이 2이고 공차가 3이므로
$$a_k = 2 + (k-1) \times 3 = 3k-1$$
첫째항부터 제n항까지의 합이 392이므로
$$\frac{n\{4+(n-1) \times 3\}}{2} = 392$$
$$3n^2 + n - 784 = 0$$
$$(3n+49)(n-16) = 0$$
n은 자연수이므로 $n=16$
$$\sum_{k=1}^{n} \frac{3}{\sqrt{a_k}+\sqrt{a_{k+1}}}$$
$$= \sum_{k=1}^{16} \frac{3}{\sqrt{3k-1}+\sqrt{3k+2}}$$
$$= \sum_{k=1}^{16} (\sqrt{3k+2}-\sqrt{3k-1})$$
$$= (\sqrt{5}-\sqrt{2}) + (\sqrt{8}-\sqrt{5}) + \cdots + (\sqrt{50}-\sqrt{47})$$
$$= -\sqrt{2} + 5\sqrt{2}$$
$$= 4\sqrt{2}$$

답 ④

21 $\displaystyle\sum_{k=1}^{15} (-1)^k k^2$
$$= -1^2 + 2^2 - 3^2 + 4^2 - \cdots + 14^2 - 15^2$$
$$= (2^2+4^2+\cdots+14^2) - (1^2+3^2+\cdots+13^2) - 15^2$$
$$= \sum_{k=1}^{7} (2k)^2 - \sum_{k=1}^{7} (2k-1)^2 - 15^2$$
$$= \sum_{k=1}^{7} (4k-1) - 225$$

⋯⋯⋯ (가)

$$= 4 \times \frac{7 \times 8}{2} - 7 - 225$$
$$= -120$$

⋯⋯⋯ (나)

답 -120

다른풀이 $\displaystyle\sum_{k=1}^{15} (-1)^k k^2$
$$= -1^2 + 2^2 - 3^2 + 4^2 - \cdots + 14^2 - 15^2$$
$$= -1^2 + (2-3)(2+3) + (4-5)(4+5)$$
$$\qquad + \cdots + (14-15)(14+15)$$
$$= -1 - 5 - 9 - \cdots - 29$$
$$= -\frac{8 \times (2+7 \times 4)}{2}$$
$$= -120$$

단계	채점 기준	비율
(가)	$\sum\limits_{k=1}^{15}(-1)^k k^2 = -1^2+2^2-3^2+4^2-\cdots+14^2-15^2$으로 나타낸 후, 계산을 쉽게 할 수 있도록 식을 정리한 경우	60 %
(나)	자연수의 거듭제곱의 합을 이용하여 $\sum\limits_{k=1}^{15}(-1)^k k^2$의 값을 구한 경우	40 %

22 $\sum\limits_{k=1}^{10}\dfrac{k^4+2k^3+k^2+a}{k(k+1)}$

$=\sum\limits_{k=1}^{10}\dfrac{k^2(k^2+2k+1)+a}{k(k+1)}$

$=\sum\limits_{k=1}^{10}\left\{k(k+1)+\dfrac{a}{k(k+1)}\right\}$

$=\sum\limits_{k=1}^{10}\left\{k^2+k+\dfrac{a}{k(k+1)}\right\}$ .... (가)

$=\dfrac{10\times11\times21}{6}+\dfrac{10\times11}{2}+a\sum\limits_{k=1}^{10}\left(\dfrac{1}{k}-\dfrac{1}{k+1}\right)$

$=385+55+a\left\{\left(\dfrac{1}{1}-\dfrac{1}{2}\right)+\left(\dfrac{1}{2}-\dfrac{1}{3}\right)+\cdots+\left(\dfrac{1}{10}-\dfrac{1}{11}\right)\right\}$

$=440+a\left(1-\dfrac{1}{11}\right)$

$=440+\dfrac{10a}{11}$ .... (나)

$440+\dfrac{10a}{11}=450$이므로 $a=11$ .... (다)

답 11

단계	채점 기준	비율
(가)	$\sum\limits_{k=1}^{10}\dfrac{k^4+2k^3+k^2+a}{k(k+1)}$를 정리하여 나타낸 경우	30 %
(나)	자연수의 거듭제곱의 합과 부분분수를 이용하여 식을 간단히 한 경우	60 %
(다)	a의 값을 구한 경우	10 %

내신 상위 4% 변별력 문항
본문 78~80쪽

23 ②	24 ③	25 ①	26 ③	27 ②
28 ③	29 ③	30 ②	31 ②	32 ③
33 ⑤	34 ②			

23

자연수 n에 대하여 곡선 $y=x^2-2x+3$과 직선 $y=4x-n$의 교점의 개수를 $f(n)$이라 할 때, $\sum\limits_{k=1}^{10}f(k)$의 값은?
↳ 곡선의 방정식과 직선의 방정식을 연립하여 판별식을 이용한다.

① 9 ✓② 11 ③ 13

④ 15 ⑤ 17

풀이전략

두 식을 연립한 후 판별식을 이용하여 n의 값에 따른 교점의 개수를 구한다.

문제풀이

step 1 $y=x^2-2x+3$과 $y=4x-n$을 연립한다.

$y=x^2-2x+3$과 $y=4x-n$을 연립하면

$x^2-2x+3=4x-n$

$x^2-6x+n+3=0$

step 2 판별식을 이용하여 $f(n)$을 구한다.

이 이차방정식의 판별식을 D라 하면

$\dfrac{D}{4}=9-(n+3)$

$\quad=-n+6$

$n<6$일 때, 직선 $y=4x-n$이 곡선 $y=x^2-2x+3$과 서로 다른 두 점에서 만나므로 ↳ $D>0$이면 서로 다른 두 실근을 갖는다.

$f(n)=2$

$n=6$일 때, 직선 $y=4x-n$이 곡선 $y=x^2-2x+3$에 접하므로 ↳ $D=0$이면 중근을 갖는다.

$f(n)=1$

$n>6$일 때, 직선 $y=4x-n$이 곡선 $y=x^2-2x+3$과 만나지 않으므로 ↳ $D<0$이면 허근을 갖는다.

$f(n)=0$

step 3 $\sum\limits_{k=1}^{10}f(k)$의 값을 계산한다.

따라서 $\sum\limits_{k=1}^{10}f(k)=2\times5+1\times1+0\times4=11$

답 ②

24

두 등차수열 $\{a_n\}$, $\{b_n\}$에 대하여

$$\sum\limits_{k=1}^{10}a_k+\sum\limits_{k=1}^{10}b_k=235,\quad \sum\limits_{k=3}^{9}a_k+\sum\limits_{k=3}^{9}b_k=182$$

일 때, a_2+b_2의 값은?
↳ $\left(\sum\limits_{k=1}^{10}a_k+\sum\limits_{k=1}^{10}b_k\right)-\left(\sum\limits_{k=3}^{9}a_k+\sum\limits_{k=3}^{9}b_k\right)$
$=a_1+a_2+a_{10}+b_1+b_2+b_{10}$

① 2 ② 4 ✓③ 6

④ 8 ⑤ 10

풀이전략

등차수열의 합의 공식을 이용하여 문제를 해결한다.

문제풀이

step 1 등차수열의 합의 공식을 이용하여 $\sum\limits_{k=1}^{10} a_k$, $\sum\limits_{k=1}^{10} b_k$를 간단히 나타낸다.

두 수열 $\{a_n\}$, $\{b_n\}$이 모두 등차수열이므로

$\sum\limits_{k=1}^{10} a_k + \sum\limits_{k=1}^{10} b_k$

$= \dfrac{10(a_1+a_{10})}{2} + \dfrac{10(b_1+b_{10})}{2}$ → 등차수열의 첫째항부터 제n항까지의 합 S_n은 첫째항이 a, 제n항이 l일 때, $S_n = \dfrac{n(a+l)}{2}$

$=235$

$5(a_1+a_{10}+b_1+b_{10})=235$

$a_1+a_{10}+b_1+b_{10}=47$

step 2 조건에 주어진 식을 연립하여 a_2+b_2의 값을 구한다.

$\left(\sum\limits_{k=1}^{10} a_k + \sum\limits_{k=1}^{10} b_k\right) - \left(\sum\limits_{k=3}^{9} a_k + \sum\limits_{k=3}^{9} b_k\right)$

$=a_1+a_2+a_{10}+b_1+b_2+b_{10}$

$=235-182$

$=53$

$a_2+b_2 = (a_1+a_2+a_{10}+b_1+b_2+b_{10}) - (a_1+a_{10}+b_1+b_{10})$

$\qquad = 53-47$

$\qquad = 6$

답 ③

25

자연수 n에 대하여 $a_n = \begin{cases} 0 & \left(\sin^2 \dfrac{n}{6}\pi < \dfrac{1}{2}\right) \\ 1 & \left(\dfrac{1}{2} \le \sin^2 \dfrac{n}{6}\pi\right) \end{cases}$ 이라 할 때,

$\sum\limits_{k=1}^{100} a_k$의 값은? → $y=\sin^2 \pi x$의 주기는 1이므로 $\sin^2 \dfrac{n}{6}\pi$는 n의 값에 따라 일정한 값이 규칙적으로 나타난다.

√① 51   ② 52   ③ 53

④ 54   ⑤ 55

풀이전략

$n=1, 2, 3, \cdots$ 을 차례로 대입하면서 $\sin^2 \dfrac{n}{6}\pi$의 규칙을 알아본다.

문제풀이

step 1 $n=1, 2, 3, \cdots$ 을 차례로 대입하면서 $\sin^2 \dfrac{n}{6}\pi$의 규칙을 알아본다.

$n=1$일 때, $\sin^2 \dfrac{\pi}{6} = \left(\dfrac{1}{2}\right)^2 = \dfrac{1}{4}$이므로 $a_1=0$

$n=2$일 때, $\sin^2 \dfrac{\pi}{3} = \left(\dfrac{\sqrt{3}}{2}\right)^2 = \dfrac{3}{4}$이므로 $a_2=1$

$n=3$일 때, $\sin^2 \dfrac{\pi}{2} = 1^2 = 1$이므로 $a_3=1$

$n=4$일 때, $\sin^2 \dfrac{2}{3}\pi = \left(\dfrac{\sqrt{3}}{2}\right)^2 = \dfrac{3}{4}$이므로 $a_4=1$

$n=5$일 때, $\sin^2 \dfrac{5}{6}\pi = \left(\dfrac{1}{2}\right)^2 = \dfrac{1}{4}$이므로 $a_5=0$

$n=6$일 때, $\sin^2 \pi = 0^2 = 0$이므로 $a_6=0$

$\vdots$

step 2 사인함수의 성질을 이용하여 a_n의 값을 구한다.

$\sin^2(m\pi+\theta) = \sin^2\theta$ (m은 정수)이므로 자연수 k에 대하여

$n=6k+1$일 때, $a_{6k+1}=0$ → m이 짝수이면 $\sin(m\pi+\theta)=\sin\theta$이고,

$n=6k+2$일 때, $a_{6k+2}=1$ m이 홀수이면

$n=6k+3$일 때, $a_{6k+3}=1$ $\sin(m\pi+\theta)=-\sin\theta$이다.

$n=6k+4$일 때, $a_{6k+4}=1$

$n=6k+5$일 때, $a_{6k+5}=0$

$n=6k$일 때, $a_{6k}=0$

$\sum\limits_{k=1}^{100} a_k = \sum\limits_{k=1}^{96} a_k + a_{97} + a_{98} + a_{99} + a_{100}$

$\qquad = 16 \times (0+1+1+1+0+0) + 0+1+1+1$

$\qquad = 51$

답 ①

26

자연수 m에 대하여 $\log_3 m$의 값보다 크지 않은 최대 정수가 n이 되는 m의 개수를 a_n이라 할 때, $\sum\limits_{k=1}^{10} a_k$의 값은? → $n \le \log_3 m < n+1$

① $3^{10}-3$ ② $3^{10}-1$ √③ $3^{11}-3$

④ $3^{11}-1$ ⑤ $3^{12}-3$

풀이전략

$n \le \log_3 m < n+1$을 만족시키는 n의 값의 범위를 통하여 a_n의 값을 구한다.

문제풀이

step 1 로그함수의 성질을 이용하여 a_n을 구한다.

$3^n \le m < 3^{n+1}$일 때, $\log_3 3^n \le \log_3 m < \log_3 3^{n+1}$

즉, $n \le \log_3 m < n+1$이므로 → $x_1 < x_2$일 때 $\log_3 x_1 < \log_3 x_2$

$\log_3 m$의 값보다 크지 않은 최대 정수는 n이다.

$a_n = 3^{n+1} - 3^n = 3^n(3-1) = 2 \times 3^n$

step 2 $\sum\limits_{k=1}^{10} a_k$의 값을 계산한다.

$\sum\limits_{k=1}^{10} a_k = \sum\limits_{k=1}^{10} 2 \times 3^k$ → 첫째항이 a, 공비가 r $(r \ne 1)$인 등비수열의 첫째항부터 제n항까지의 합은 $\dfrac{a(r^n-1)}{r-1}$

$\qquad = \dfrac{6(3^{10}-1)}{3-1}$

$\qquad = 3^{11}-3$

답 ③

27

자연수 n을 2로 나누는 시행을 반복하여 그 값이 처음으로 1보다 작아질 때의 시행 횟수를 a_n이라 하자. 예를 들어 $a_3=2$, $a_6=3$이다.

이때 $\sum\limits_{k=1}^{20} a_k$의 값은? $6 \div 2 = 3 > 1$, $3 \div 2 = \dfrac{3}{2} > 1$, $\dfrac{3}{2} \div 2 = \dfrac{3}{4} < 1$ 이므로 $a_6=3$

① 72   √② 74   ③ 76

④ 78   ⑤ 80

풀이전략

n의 값의 범위를 나누어 n의 값에 따른 a_n의 값을 구한다.

문제풀이

step 1 n의 값에 따른 a_n의 값을 구한다.

$1 \le n < 2$일 때, $\dfrac{1}{2} \le \dfrac{n}{2} < 1$이므로 $a_1 = 1$

$2 \le n < 2^2$일 때, $\dfrac{1}{2} \le \dfrac{n}{2^2} < 1$이므로 $a_2 = a_3 = 2$

$2^2 \le n < 2^3$일 때, $\dfrac{1}{2} \le \dfrac{n}{2^3} < 1$이므로 $a_4 = a_5 = a_6 = a_7 = 3$

$\vdots$

$2^k \le n < 2^{k+1}$일 때, $\dfrac{1}{2} \le \dfrac{n}{2^{k+1}} < 1$이므로

$a_{2^k} = a_{2^k+1} = a_{2^k+2} = \cdots = a_{2^{k+1}-1} = k+1$

step 2 $\displaystyle\sum_{k=1}^{20} a_k$의 값을 계산한다.

따라서

$\displaystyle\sum_{k=1}^{20} a_k = 1 \times 1 + 2 \times 2 + 3 \times 2^2 + 4 \times 2^3 + 5 \times 5$

$\qquad = 1 + 4 + 12 + 32 + 25$

$\qquad = 74$

답 ②

28

왼쪽으로부터 첫 번째에 검은 돌을 나열하고 그 오른쪽으로 검은 돌 또는 흰 돌을 일렬로 나열하되 흰 돌은 연속해서 3개 이상 나열하지 않는다. 이때 다음 조건을 만족시키도록 a_n의 값을 정한다.

> (가) 왼쪽으로부터 n번째 자리에 검은 돌이 나열되어 있으면 $a_n = 0$이다. → 첫 번째에 검은 돌을 나열하므로 $a_1 = 0$
>
> (나) 왼쪽으로부터 $(n-1)$번째에 검은 돌, n번째에 흰 돌이 나열되어 있으면 $a_n = 1$이다. (단, $n \ge 2$)
>
> (다) 왼쪽으로부터 $(n-1)$번째와 n번째에 모두 흰 돌이 나열되어 있으면 $a_n = 2$이다. (단, $n \ge 2$)

　　→ 수열 $\{a_n\}$은 0, 1, 2 중에서 어느 하나의 수를 항의 값으로 갖는다.

예를 들어 다음과 같이 나열되어 있는 경우, $a_1 = 0$, $a_2 = 1$, $a_3 = 0$, $a_4 = 1$, $a_5 = 2$, $a_6 = 0$이다.

$\displaystyle\sum_{k=1}^{20} (a_k - 1)^2 = 15$일 때, 20개의 돌 중 검은 돌의 개수의 최솟값은?

① 8　　　　② 9　　　　✓③ 10

④ 11　　　　⑤ 12

풀이전략

수열 $\{a_n\}$의 첫째항부터 제20항까지의 항 중에서 0, 1, 2의 개수에 대한 식을 세운다.

문제풀이

step 1 수열 $\{a_n\}$의 첫째항부터 제 20항까지의 항 중에서 0, 1, 2의 개수에 대한 식을 세운다.

수열 $\{a_n\}$은 0, 1, 2 중에서 어느 하나의 수를 항의 값으로 갖는다.

수열 $\{a_n\}$의 첫째항부터 제20항까지의 항 중에서 0, 1, 2의 개수를 각각 x, y, z라 하면

$x + y + z = 20$ 　　　　　　 …… ㉠

$a_n = 2$이면 $a_{n-1} = 1$이므로 $y \ge z$ 　　 …… ㉡

$a_1 = 0$이고 $a_n = 1$이면 $a_{n-1} = 0$이므로 $x \ge y$

따라서 $x \ge y \ge z$

step 2 $\displaystyle\sum_{k=1}^{20} (a_k - 1)^2 = 15$를 정리하여 **step 1**에서 구한 식과 연립한다.

$\displaystyle\sum_{k=1}^{20} (a_k - 1)^2 = 15$에서

$\displaystyle\sum_{k=1}^{20} (a_k - 1)^2$

$= \displaystyle\sum_{k=1}^{20} (a_k^2 - 2a_k + 1)$

$= 1^2 \times y + 2^2 \times z - 2(y + 2z) + 20$

$= -y + 20$

따라서 $-y + 20 = 15$에서

$y = 5$ 　　　　　　　　　 …… ㉢

㉠, ㉡, ㉢에 의하여

$x + z = 15$, $z \le 5$이므로 $x \ge 10$

step 3 검은 돌의 개수의 최솟값을 구한다.

따라서 x의 최솟값은 10이고, 이때 검은 돌의 개수의 최솟값은 x의 값과 같으므로 10이다.

답 ③

29

함수 $f(x) = \displaystyle\sum_{k=1}^{10} (x+k)^2$은 $x = p$일 때, 최솟값을 갖는다.

$f\left(p + \dfrac{1}{2}\right)$의 값은? → $a > 0$인 이차함수 $y = ax^2 + bx + c$는 $x = -\dfrac{b}{2a}$일 때, 최솟값을 갖는다.

① 81　　　　② 83　　　　✓③ 85

④ 87　　　　⑤ 89

풀이전략

$f(x) = \displaystyle\sum_{k=1}^{10} (x+k)^2$을 $\sum$의 성질과 자연수의 거듭제곱의 합을 이용하여 간단히 정리한다.

문제풀이

step 1 $f(x)$를 간단히 정리한다.

$f(x) = \displaystyle\sum_{k=1}^{10} (x^2 + 2kx + k^2)$

$\qquad = 10x^2 + 2x \times \dfrac{10 \times 11}{2} + \dfrac{10 \times 11 \times 21}{6}$

$\qquad = 10x^2 + 110x + 385$

$$= 10\left(x+\frac{11}{2}\right)^2 - \frac{605}{2} + 385$$

$$= 10\left(x+\frac{11}{2}\right)^2 + \frac{165}{2}$$

step 2 p의 값을 구하여 $f\left(p+\frac{1}{2}\right)$의 값을 계산한다.

따라서 $p=-\frac{11}{2}$이므로

$$f\left(p+\frac{1}{2}\right) = f(-5)$$

$$= 10\left(\frac{1}{2}\right)^2 + \frac{165}{2}$$

$$= 85$$

답 ③

---

30 ↳ $n=1$일 때와 $n \geq 2$일 때로 나누어 a_n의 값을 구한다.

수열 $\{a_n\}$에 대하여 $\sum\limits_{k=1}^{n} a_k = n^2+n+1$일 때, $\sum\limits_{k=1}^{20} ka_{2k-1}$의 값을 5로 나눈 나머지는?

① 0 　　　✓② 1 　　　③ 2

④ 3 　　　⑤ 4

풀이전략

수열의 합 S_n과 일반항 a_n 사이의 관계를 이용한다.

문제풀이

step 1 수열의 합 S_n과 일반항 a_n 사이의 관계를 이용하여 a_n의 값을 구한다.

$\sum\limits_{k=1}^{n} a_k = S_n$으로 놓으면 $S_n = n^2+n+1$이므로

$a_1 = S_1 = 3$

$a_n = S_n - S_{n-1}$

$\quad = (n^2+n+1) - \{(n-1)^2+(n-1)+1\}$

$\quad = 2n$ (단, $n \geq 2$)

따라서 $a_n = \begin{cases} 3 & (n=1) \\ 2n & (n \geq 2) \end{cases}$

step 2 자연수의 거듭제곱의 합을 이용하여 계산한다.

$\sum\limits_{k=1}^{20} ka_{2k-1} = a_1 + \sum\limits_{k=2}^{20} ka_{2k-1}$

$\quad = 3 + \sum\limits_{k=2}^{20} k \times 2(2k-1)$

$\quad = 3 + 2\sum\limits_{k=2}^{20} (2k^2-k)$

$\quad = 3 + 2\sum\limits_{k=1}^{20} (2k^2-k) - 2$

$\quad = 1 + 2\left(2 \times \frac{20 \times 21 \times 41}{6} - \frac{20 \times 21}{2}\right)$

$\quad = 1 + 2 \times 7(20 \times 41 - 10 \times 3)$

$\quad = \underline{1} + 2 \times 7 \times 790$

↳ 5로 나눈 나머지를 구해야 하므로 5의 배수가 나타난 식을 계산할 필요는 없다.

따라서 $1 + 2 \times 7 \times 790$을 5로 나눈 나머지는 1이다.

답 ②

31

자연수 n에 대하여 $y < -2x+n$을 만족시키는 자연수 x, y의 모든 순서쌍 (x, y)의 개수를 A_n이라 하자. $\sum\limits_{n=1}^{20} A_n$의 값은?

↳ n이 짝수일 때와 홀수일 때로 나누어 생각한다.

① 515 　　　✓② 525 　　　③ 535

④ 545 　　　⑤ 555

풀이전략

n이 짝수일 때와 n이 홀수일 때로 나누어 생각한다.

문제풀이

step 1 n이 짝수일 때와 n이 홀수일 때로 나누어 A_n의 값을 구한다.

(i) n이 짝수일 때,

$n=2$일 때, $y < -2x+2$를 만족시키는 자연수 x, y의 순서쌍 (x, y)가 없으므로 $A_2 = 0$

$n = 2m (m \geq 2)$이라 하면 $y < -2x+2m$이고

$x = k (k=1, 2, 3, \cdots, m-1)$일 때 y의 값이 자연수인 순서쌍 (x, y)의 개수는 $2m-2k-1$이다.

따라서 ↳ $(k, 1), (k, 2), \cdots, (k, 2m-2k-1)$

$A_{2m} = \sum\limits_{k=1}^{m-1} (2m-2k-1)$

$\quad = 2m(m-1) - (m-1)m - (m-1)$

$\quad = m^2 - 2m + 1$

이것은 $m=1$일 때도 성립하므로 $A_{2m} = m^2-2m+1$

(ii) n이 홀수일 때,

$n=1$일 때, $y < -2x+1$을 만족시키는 자연수 x, y의 순서쌍 (x, y)가 없으므로 $A_1 = 0$

$n = 2m-1 (m \geq 2)$이라 하면 $y < -2x+2m-1$이고

$x = k (k=1, 2, 3, \cdots, m-1)$일 때 y의 값이 자연수인 순서쌍 (x, y)의 개수는 $2m-2k-2$이다.

따라서 ↳ $(k, 1), (k, 2), \cdots, (k, 2m-2k-2)$

$A_{2m-1} = \sum\limits_{k=1}^{m-1} (2m-2k-2)$

$\quad = 2m(m-1) - (m-1)m - 2(m-1)$

$\quad = m^2 - 3m + 2$

이것은 $m=1$일 때도 성립하므로 $A_{2m-1} = m^2-3m+2$

step 2 자연수의 거듭제곱의 합을 이용하여 $\sum\limits_{n=1}^{20} A_n$의 값을 계산한다.

(i), (ii)에 의하여

$\sum\limits_{n=1}^{20} A_n = \sum\limits_{m=1}^{10} A_{2m} + \sum\limits_{m=1}^{10} A_{2m-1}$

$\quad = \sum\limits_{m=1}^{10} (m^2-2m+1) + \sum\limits_{m=1}^{10} (m^2-3m+2)$

$\quad = \sum\limits_{m=1}^{10} (2m^2-5m+3)$

$$= 2 \times \frac{10 \times 11 \times 21}{6} - 5 \times \frac{10 \times 11}{2} + 30$$

$$= 770 - 275 + 30$$

$$= 525$$

답 ②

32

자연수 n에 대하여 x에 대한 이차방정식 $x^2 - 2(2n+1)x + 4n(n+1) = 0$의 두 근을 α_n, β_n이라 할 때, $\sum_{k=1}^{n} \frac{1}{(\alpha_k - 1)(\beta_k - 1)} > \frac{12}{25}$를 만족시키는 자연수 n의 최솟값은?

$\rightarrow \alpha_n + \beta_n = 4n+2,$
$\alpha_n \beta_n = 4n^2 + 4n$

① 11   ② 12   ✓③ 13

④ 14   ⑤ 15

풀이전략

이차방정식의 근과 계수의 관계를 이용한다.

문제풀이

step 1 이차방정식의 근과 계수의 관계를 이용하여 $\alpha_n + \beta_n$, $\alpha_n \beta_n$을, n에 대한 식으로 나타낸다.

이차방정식 $x^2 - 2(2n+1)x + 4n(n+1) = 0$의 두 근이 α_n, β_n이므로 근과 계수의 관계에 의하여

$$\alpha_n + \beta_n = 4n+2, \ \alpha_n \beta_n = 4n^2 + 4n$$

step 2 일반항이 분수 꼴인 수열의 합을 간단히 정리한다.

$$\sum_{k=1}^{n} \frac{1}{(\alpha_k - 1)(\beta_k - 1)}$$

$$= \sum_{k=1}^{n} \frac{1}{\alpha_k \beta_k - \alpha_k - \beta_k + 1}$$

$$= \sum_{k=1}^{n} \frac{1}{4k^2 + 4k - (4k+2) + 1}$$

$$= \sum_{k=1}^{n} \frac{1}{4k^2 - 1}$$

$$= \sum_{k=1}^{n} \frac{1}{(2k-1)(2k+1)}$$

$$= \frac{1}{2} \sum_{k=1}^{n} \left(\frac{1}{2k-1} - \frac{1}{2k+1} \right)$$

$$= \frac{1}{2} \left\{ \left(1 - \frac{1}{3} \right) + \left(\frac{1}{3} - \frac{1}{5} \right) + \cdots + \left(\frac{1}{2n-1} - \frac{1}{2n+1} \right) \right\}$$

$$= \frac{1}{2} \left(1 - \frac{1}{2n+1} \right)$$

$$= \frac{n}{2n+1}$$

step 3 조건을 만족시키는 자연수 n의 최솟값을 구한다.

$\frac{n}{2n+1} > \frac{12}{25}$이므로 $25n > 12(2n+1)$, $n > 12$

따라서 자연수 n의 최솟값은 13이다.

답 ③

33

수열 $\{a_n\}$에 대하여 $0 < a_n < 1$이고 $\frac{1}{2}\left(a_n + \frac{1}{a_n}\right) = \sqrt{n+1}$이 성립할 때, $\sum_{k=1}^{15} a_k$의 값은?

$\rightarrow a_n$을 n에 대한 식으로 나타낸다.

① $\sqrt{2}$ ② $\sqrt{3}$ ③ 2

④ $\sqrt{6}$ ✓⑤ 3

풀이전략

주어진 조건을 통하여 a_n을 n에 대한 식으로 나타낸다.

문제풀이

step 1 a_n을 n에 대한 식으로 나타낸다.

$\frac{1}{2}\left(a_n + \frac{1}{a_n}\right) = \sqrt{n+1}$에서

$$a_n + \frac{1}{a_n} = 2\sqrt{n+1}$$

$(a_n)^2 - 2\sqrt{n+1}\, a_n + 1 = 0$ → 근의 공식을 이용한다.

$$a_n = \sqrt{n+1} \pm \sqrt{(n+1) - 1}$$

$$= \sqrt{n+1} \pm \sqrt{n}$$

따라서 $a_n = \sqrt{n+1} + \sqrt{n}$ 또는 $a_n = \sqrt{n+1} - \sqrt{n}$

$0 < a_n < 1$이므로

$$a_n = \sqrt{n+1} - \sqrt{n}$$

step 2 소거되는 항을 이용하여 $\sum_{k=1}^{15} a_k$의 값을 계산한다.

$$\sum_{k=1}^{15} a_k = \sum_{k=1}^{15} (\sqrt{k+1} - \sqrt{k})$$

$$= (\sqrt{2} - \sqrt{1}) + (\sqrt{3} - \sqrt{2}) + \cdots + (\sqrt{16} - \sqrt{15})$$

$$= 4 - 1$$

$$= 3$$

답 ⑤

참고 자연수 n에 대하여 $n+1 < n + 2\sqrt{n} + 1$이므로

$$(\sqrt{n+1})^2 < (\sqrt{n} + 1)^2$$

$\sqrt{n+1} < \sqrt{n} + 1$이고

$\sqrt{n+1} - \sqrt{n} < 1$이다.

34

임의의 두 자연수 m, n에 대하여 함수 $f(x)$가 다음 조건을 만족시킨다.

(가) $f(2)=1$

(나) $f(m)-f(n)=f\left(\dfrac{m}{n}\right)$

$\displaystyle\sum_{k=2}^{15}\dfrac{f\left(\frac{k}{k+1}\right)}{f(k)f(k+1)}$의 값은? → $f\left(\dfrac{k}{k+1}\right)=f(k)-f(k+1)$

① -1 ✓② $-\dfrac{3}{4}$ ③ $-\dfrac{1}{2}$

④ $-\dfrac{1}{4}$ ⑤ 0

풀이전략

주어진 조건 $f(m)-f(n)=f\left(\dfrac{m}{n}\right)$을 이용하여 식을 간단히 하고 구하는 값을 계산한다.

문제풀이

step 1 주어진 조건을 이용하여 $\displaystyle\sum_{k=2}^{15}\dfrac{f\left(\frac{k}{k+1}\right)}{f(k)f(k+1)}$를 간단히 한다.

$\displaystyle\sum_{k=2}^{15}\dfrac{f\left(\frac{k}{k+1}\right)}{f(k)f(k+1)}$

$=\displaystyle\sum_{k=2}^{15}\dfrac{f(k)-f(k+1)}{f(k)f(k+1)}$

$=\displaystyle\sum_{k=2}^{15}\left\{\dfrac{1}{f(k+1)}-\dfrac{1}{f(k)}\right\}$

$=\left\{\dfrac{1}{f(3)}-\dfrac{1}{f(2)}\right\}+\left\{\dfrac{1}{f(4)}-\dfrac{1}{f(3)}\right\}+\cdots+\left\{\dfrac{1}{f(16)}-\dfrac{1}{f(15)}\right\}$

$=\dfrac{1}{f(16)}-\dfrac{1}{f(2)}$

$=\dfrac{1}{f(16)}-1$

step 2 주어진 조건을 이용하여 $f(16)$의 값을 구한다.

$f(m)-f(n)=f\left(\dfrac{m}{n}\right)$에서

$m=4$, $n=2$일 때, $f(4)-f(2)=f(2)$

따라서 $f(4)=2f(2)=2$

$m=8$, $n=4$일 때, $f(8)-f(4)=f(2)$

따라서 $f(8)=f(4)+f(2)=3$

$m=16$, $n=2$일 때, $f(16)-f(2)=f(8)$

따라서 $f(16)=f(8)+f(2)=4$

그러므로 $\displaystyle\sum_{k=2}^{15}\dfrac{f\left(\frac{k}{k+1}\right)}{f(k)f(k+1)}=\dfrac{1}{4}-1=-\dfrac{3}{4}$

답 ②

35

$n\le n+1+\dfrac{1}{x-n-1}<n+1$ ←

자연수 n에 대하여 다음 조건을 만족시키는 모든 순서쌍 (x,y)의 개수를 A_n이라 하자. $\displaystyle\sum_{n=1}^{10}A_n$의 값을 구하시오.   210

(가) x, y는 모두 n 이하의 자연수이다.

(나) $-x+n+1-\dfrac{1}{n+1}<y<n+1+\dfrac{1}{x-n-1}$

↓ $-x+n<-x+n+1-\dfrac{1}{n+1}<-x+n+1$

문항 파헤치기

주어진 조건을 만족시키는 x의 값을 대입하여 y의 값 찾기

실수 point 찾기

① $-x+n<-x+n+1-\dfrac{1}{n+1}<-x+n+1$이므로 $-x+n+1\le y$가 성립한다.

② $n+1+\dfrac{1}{x-n-1}$은 $n=1$, $x=1$일 때 1이고 이때 $y<1$이므로 이를 만족시키는 자연수 y의 값은 존재하지 않는다.

풀이전략

주어진 조건을 만족시키는 x의 값을 대입하여 y의 값을 찾는다.

문제풀이

step 1 A_1의 값을 구한다.

(i) $n=1$일 때,

$-x+\dfrac{3}{2}<y<2+\dfrac{1}{x-2}$이고 이를 만족시키는 1 이하의 자연수 x, y는 존재하지 않는다.

따라서 $A_1=0$

step 2 $n\ge 2$일 때, A_n의 값을 구한다.

(ii) $n\ge 2$일 때,

$x=1$일 때, $n-\dfrac{1}{n+1}<y<n+1-\dfrac{1}{n}$이므로 조건을 만족시키는 순서쌍 (x,y)는 $(1,n)$

$x=2$일 때, $n-1-\dfrac{1}{n+1}<y<n+1-\dfrac{1}{n-1}$이므로 조건을 만족시키는 순서쌍 (x,y)는 $(2,n-1)$, $(2,n)$

$x=3$일 때, $n-2-\dfrac{1}{n+1}<y<n+1-\dfrac{1}{n-2}$이므로 조건을 만족시키는 순서쌍 (x,y)는 $(3,n-2)$, $(3,n-1)$, $(3,n)$

$\vdots$

$x=n-2$일 때, $3-\dfrac{1}{n+1}<y<n+\dfrac{2}{3}$이므로 조건을 만족시키는 순서쌍 (x,y)는 $(n-2,3)$, $(n-2,4)$, $(n-2,5)$, $\cdots$, $(n-2,n)$

$x=n-1$일 때, $2-\dfrac{1}{n+1}<y<n+\dfrac{1}{2}$이므로 조건을 만족시키는 순서쌍 (x,y)는 $(n-1,2)$, $(n-1,3)$, $(n-1,4)$, $\cdots$, $(n-1,n)$

$x=n$일 때, $1-\dfrac{1}{n+1}<y<n$이므로 조건을 만족시키는 순서쌍

(x, y)는 $(n, 1), (n, 2), (n, 3), \cdots, (n, n-1)$

따라서

$A_n=1+2+3+\cdots+(n-2)+(n-1)+(n-1)$

$\qquad=\dfrac{(n-1)n}{2}+(n-1)$

$\qquad=\dfrac{n^2+n-2}{2}\ (n\geq 2)$

이때 $A_1=0$이 성립하므로 $A_n=\dfrac{n^2+n-2}{2}\ (n\geq 1)$

step 3 자연수의 거듭제곱의 합을 이용하여 $\displaystyle\sum_{n=1}^{10}A_n$의 값을 구한다.

$\displaystyle\sum_{n=1}^{10}A_n=\sum_{n=1}^{10}\dfrac{n^2+n-2}{2}$

$\qquad=\dfrac{1}{2}\sum_{n=1}^{10}(n^2+n-2)$

$\qquad=\dfrac{1}{2}\left(\dfrac{10\times 11\times 21}{6}+\dfrac{10\times 11}{2}-20\right)$

$\qquad=\dfrac{1}{2}(385+55-20)$

$\qquad=210$

답 210

내신 기출 우수 문항
본문 84~86쪽

01 ④	**02** ①	**03** ⑤	**04** ⑤	**05** ①
06 ①	**07** ④	**08** -5	**09** 풀이 참조	

01 $a_{n+1}=a_n+2\ (n=1, 2, 3, \cdots)$에서 수열 $\{a_n\}$은 공차가 2인 등차수열이다.

이때 $a_1=3$이므로

$a_{10}=3+9\times 2=21$

답 ④

02 $a_{n+1}=-\dfrac{1}{3}a_n\ (n=1, 2, 3, \cdots)$에서 수열 $\{a_n\}$은 공비가 $-\dfrac{1}{3}$인 등비수열이다.

이때 $a_1=729$이므로

$a_{10}=729\times\left(-\dfrac{1}{3}\right)^9$

$\qquad=-\dfrac{1}{3^3}$

$\qquad=-\dfrac{1}{27}$

답 ①

03 $a_{n+1}=\dfrac{2n}{n+1}a_n\ (n=1, 2, 3, \cdots)$에서 n에 1, 2, 3, 4, 5를 차례로 대입하면

$a_2=\dfrac{2}{2}\times a_1=12$

$a_3=\dfrac{4}{3}\times a_2=\dfrac{4}{3}\times 12=16$

$a_4=\dfrac{6}{4}\times a_3=\dfrac{3}{2}\times 16=24$

$a_5=\dfrac{8}{5}\times a_4=\dfrac{8}{5}\times 24=\dfrac{192}{5}$

$a_6=\dfrac{10}{6}\times a_5=\dfrac{5}{3}\times\dfrac{192}{5}=64$

답 ⑤

04 (i) $n=3$일 때,

(좌변)$=2^3=8$, (우변)$=3^2-1=8$이므로 (*)이 성립한다.

(ii) $n=k\ (k\geq 3)$일 때,

(*)이 성립한다고 가정하면 $2^k\geq k^2-1$이다.

위의 부등식의 양변에 2를 곱하면 $2^{k+1}\geq 2(k^2-1)$

$k\geq 3$일 때,

$2(k^2-1)-\{\boxed{(k+1)^2-1}\}=k^2-2k-2=(k-1)^2-3>0$이므로

$2(k^2-1)>(k+1)^2-1$

$2^{k+1} \geq 2(k^2-1) > \boxed{(k+1)^2-1}$

그러므로 $n=k+1$일 때도 (*)이 성립한다.

(i), (ii)에 의하여 $n \geq 3$인 모든 자연수 n에 대하여 (*)이 성립한다.

따라서 $f(k)=(k+1)^2-1$이므로 $f(10)=120$

답 ⑤

참고 부등식 $2^n \geq n^2-1$은 $n=1$일 때 $2^1 \geq 1^2-1$이고, $n=2$일 때 $2^2 \geq 2^2-1$이므로 모든 자연수 n에 대하여 성립한다.

05 (i) $n=1$일 때,

(좌변)$=1 \times 2=2$, (우변)$=2$이므로 (*)이 성립한다.

(ii) $n=k$일 때,

(*)이 성립한다고 가정하면

$1 \times 2 - 2 \times 3 + 3 \times 4 - \cdots + (2k-1)2k = 2k^2$이다.

위의 등식의 양변에 $\boxed{-2k(2k+1)}+(2k+1)(2k+2)$를 더하여 정리하면

$1 \times 2 - 2 \times 3 + 3 \times 4 - \cdots + (2k-1)2k + \{\boxed{-2k(2k+1)}\}$
$\qquad\qquad + (2k+1)(2k+2)$
$= 2k^2 + \{\boxed{-2k(2k+1)}\} + (2k+1)(2k+2)$
$= 2(k+1)^2$

그러므로 $n=k+1$일 때도 (*)이 성립한다.

(i), (ii)에 의하여 모든 자연수 n에 대하여 (*)이 성립한다.

따라서 $f(k)=-2k(2k+1)$이므로 $f(4)=-72$

답 ①

06 (i) $n=1$일 때,

(좌변)$=-1^2=-1$, (우변)$=\dfrac{-1 \times 1 \times 2}{2}=-1$이므로 (*)이 성립한다.

(ii) $n=k$일 때,

(*)이 성립한다고 가정하면

$-1^2+2^2-3^2+4^2-\cdots+(-1)^k k^2 = \dfrac{(-1)^k k(k+1)}{2}$이다.

위의 등식의 양변에 $(-1)^{k+1}(k+1)^2$을 더하여 정리하면

$-1^2+2^2-3^2+4^2-\cdots+(-1)^{k+1}(k+1)^2$
$= \dfrac{(-1)^k k(k+1)}{2} + (-1)^{k+1}(k+1)^2$
$= \dfrac{(-1)^k (k+1)}{2} \{k-2(k+1)\}$
$= \dfrac{(-1)^k (k+1)}{2} \times (\boxed{-k-2})$
$= \dfrac{(-1)^{k+1}(k+1)(k+2)}{2}$

그러므로 $n=k+1$일 때도 (*)이 성립한다.

(i), (ii)에 의하여 모든 자연수 n에 대하여 (*)이 성립한다.

따라서 $f(k)=-k-2$이므로

$f(10)=-12$

답 ①

07 (i) $n=1$일 때,

$7-3=4$이므로 (*)이 성립한다.

(ii) $n=k$일 때,

(*)이 성립한다고 가정하면 7^k-3^k은 4의 배수이다.

$7^{k+1}-3^{k+1}$
$= 7^{k+1}-3 \times 7^k + 3 \times 7^k - 3^{k+1}$
$= 7^k \times (\boxed{7-3}) + 3 \times (\boxed{7^k-3^k})$

$\boxed{7-3}$은 4의 배수이고 $\boxed{7^k-3^k}$은 가정에 의하여 4의 배수이므로 $7^{k+1}-3^{k+1}$도 4의 배수이다.

그러므로 $n=k+1$일 때도 (*)이 성립한다.

(i), (ii)에 의하여 모든 자연수 n에 대하여 (*)이 성립한다.

따라서 $p=4$, $f(k)=7^k-3^k$이므로

$\dfrac{f(3)}{p} = \dfrac{7^3-3^3}{4}$
$\quad\ = \dfrac{343-27}{4}$
$\quad\ = \dfrac{316}{4}$
$\quad\ = 79$

답 ④

08 $a_{n+1}=\dfrac{a_n-1}{a_n+2}$ $(n=1, 2, 3, \cdots)$에서 n에 1, 2, 3, 4, 5를 차례로 대입하면

$a_2 = \dfrac{a_1-1}{a_1+2} = \dfrac{1}{4}$

$a_3 = \dfrac{a_2-1}{a_2+2} = \dfrac{-\dfrac{3}{4}}{\dfrac{9}{4}} = -\dfrac{1}{3}$

$a_4 = \dfrac{a_3-1}{a_3+2} = \dfrac{-\dfrac{4}{3}}{\dfrac{5}{3}} = -\dfrac{4}{5}$

$a_5 = \dfrac{a_4-1}{a_4+2} = \dfrac{-\dfrac{9}{5}}{\dfrac{6}{5}} = -\dfrac{3}{2}$

$\cdots\cdots$ (가)

$a_6 = \dfrac{a_5-1}{a_5+2} = \dfrac{-\dfrac{5}{2}}{\dfrac{1}{2}} = -5$

$\cdots\cdots$ (나)

답 -5

단계	채점 기준	비율
(가)	$a_{n+1}=\dfrac{a_n-1}{a_n+2}$에서 n에 1, 2, 3, 4를 차례로 대입한 경우	80 %
(나)	$n=5$를 대입하여 a_6의 값을 구한 경우	20 %

09 $3^n \geq 5n-2$ ...... (*)

(ⅰ) $n=1$일 때,

(좌변)=3, (우변)=3이므로 (*)이 성립한다.

...... (가)

(ⅱ) $n=k$일 때,

(*)이 성립한다고 가정하면 $3^k \geq 5k-2$이다.

위의 부등식의 양변에 3을 곱하면 $3^{k+1} \geq 15k-6$

자연수 k에 대하여 $15k-6>5k+3$이므로 $3^{k+1} \geq 5k+3$

그러므로 $n=k+1$일 때도 (*)이 성립한다.

(ⅰ), (ⅱ)에 의하여 모든 자연수 n에 대하여 (*)이 성립한다.

...... (나)

답 풀이 참조

단계	채점 기준	비율
(가)	$n=1$일 때, 부등식이 성립함을 보인 경우	20 %
(나)	$n=k$일 때, 부등식이 성립함을 가정하고 $n=k+1$일 때도 성립함을 보인 경우	80 %

내신 상위 7% 고득점 문항   본문 87~88쪽

10 ①	**11** ②	**12** ①	**13** ②	**14** ⑤
15 -60	**16** 풀이 참조			

10 $a_{n+1}=a_n+k^n$에서

n에 3, 4를 차례로 대입하면

$a_4=a_3+k^3$ ...... ㉠

$a_5=a_4+k^4$ ...... ㉡

㉠+㉡을 하면

$a_4+a_5=a_3+a_4+k^3+k^4$

$a_5-a_3=k^3(k+1)$

$a_5-a_3=8k+8$이므로 $k^3(k+1)=8(k+1)$

k는 양수이므로 $k^3=8$

따라서 $k=2$

답 ①

11 $(a_{n+1})^2=a_n a_{n+2}$에서 수열 $\{a_n\}$은 등비수열이다.

등비수열 $\{a_n\}$의 공비를 r라 하면 $r=\dfrac{a_2}{a_1}=\dfrac{3}{2}$이므로

$\displaystyle\sum_{k=1}^{m} a_k = \dfrac{2\left\{\left(\dfrac{3}{2}\right)^m-1\right\}}{\dfrac{3}{2}-1}$

$\qquad = 4\left\{\left(\dfrac{3}{2}\right)^m-1\right\}$

$\displaystyle\sum_{k=1}^{m} a_k > 36$에서 $4\left\{\left(\dfrac{3}{2}\right)^m-1\right\} > 36$

$\left(\dfrac{3}{2}\right)^m > 10$

이때 $\left(\dfrac{3}{2}\right)^5 = \dfrac{243}{32} < 10$

$\left(\dfrac{3}{2}\right)^6 = \dfrac{729}{64} > 10$

이므로 부등식 $\displaystyle\sum_{k=1}^{m} a_k > 36$을 만족시키는 자연수 m의 값의 범위는 $m \geq 6$이다.

따라서 구하는 자연수 m의 최솟값은 6이다.

답 ②

12 $a_{n+1}=3a_n+q$ $(n=1,\ 2,\ 3,\ \cdots)$에서 n에 1, 2, 3, 4를 차례로 대입하면

$a_2=3a_1+q=3p+q$

$a_3=3a_2+q=9p+4q$

$a_4=3a_3+q=27p+13q$

$a_5=3a_4+q=81p+40q$

$a_3=5$, $a_5=41$에서

$9p+4q=5$ ...... ㉠

$81p+40q=41$ ...... ㉡

㉠×10-㉡을 하면 $9p=9$, $p=1$

이를 ㉠에 대입하면 $q=-1$

따라서 $p+q=0$

답 ①

13 (ⅰ) $n=1$일 때, $2^2+3=7$이므로 (*)이 성립한다.

(ⅱ) $n=k$일 때, (*)이 성립한다고 가정하면

$2^{k+1}+3^{2k-1}$은 7의 배수이다.

$2^{k+2}+3^{2k+1}$

$= 2^{k+2} + \boxed{2\times 3^{2k-1}} - \boxed{2\times 3^{2k-1}} + 3^{2k+1}$

$= 2(2^{k+1}+3^{2k-1}) + (9-2)3^{2k-1}$

$= 2(2^{k+1}+3^{2k-1}) + \boxed{7} \times 3^{2k-1}$

$2^{k+1}+3^{2k-1}$은 가정에 의하여 7의 배수이고 $\boxed{7}$도 7의 배수이므로 $2^{k+2}+3^{2k+1}$도 7의 배수이다.

그러므로 $n=k+1$일 때도 (*)이 성립한다.

(ⅰ), (ⅱ)에 의하여 모든 자연수 n에 대하여 (*)이 성립한다.

따라서 $f(k)=2\times 3^{2k-1}$, $p=7$이므로

$\dfrac{f(4)}{3^p} = \dfrac{2\times 3^7}{3^7} = 2$

답 ②

14 (ⅰ) $n=1$일 때,

(좌변)=2, (우변)=$\sqrt{4}$=2이므로 (*)이 성립한다.

(ⅱ) $n=k$일 때, (*)이 성립한다고 가정하면

$\dfrac{2}{1} \times \dfrac{4}{3} \times \dfrac{6}{5} \times \cdots \times \dfrac{2k}{2k-1} \geq \sqrt{3k+1}$

위의 부등식의 양변에 $\dfrac{2k+2}{2k+1}$를 곱하면

$$\dfrac{2}{1}\times\dfrac{4}{3}\times\dfrac{6}{5}\times\cdots\times\dfrac{2k}{2k-1}\times\dfrac{2k+2}{2k+1}\ge\sqrt{3k+1}\times\dfrac{2k+2}{2k+1}$$

이때 $\left(\sqrt{3k+1}\times\dfrac{2k+2}{2k+1}\right)^2$

$\qquad =\dfrac{(3k+1)(2k+2)^2}{(2k+1)^2}$

$\qquad =\dfrac{4(3k+1)(k^2+2k+1)}{(2k+1)^2}$

$\qquad =\dfrac{4(3k^3+7k^2+5k+1)}{(2k+1)^2}$

$\qquad =\dfrac{(3k+4)(4k^2+4k+1)+k}{(2k+1)^2}$

$\qquad =3k+4+\dfrac{\boxed{k}}{(2k+1)^2}$

$\qquad >3k+4$

이므로 $\sqrt{3k+1}\times\dfrac{2k+2}{2k+1}>\sqrt{3k+4}$

그러므로 $n=k+1$일 때도 (*)이 성립한다.

(i), (ii)에 의하여 모든 자연수 n에 대하여 (*)이 성립한다.

따라서 $f(k)=k$이므로

$$\sum_{k=1}^{10}f(k)=\sum_{k=1}^{10}k=\dfrac{10\times11}{2}=55$$

답 ⑤

---

15 $a_{n+1}+a_{n-1}=2a_n\ (n=2,\ 3,\ 4,\ \cdots)$을 만족시키는 수열 $\{a_n\}$은 등차수열이다.

$\cdots\cdots\cdots\cdots\cdots\cdots\cdots\cdots\cdots\cdots\cdots\cdots\cdots\cdots\cdots\cdots\cdots$ (가)

등차수열 $\{a_n\}$의 공차를 d라 하면

$d=a_2-a_1=-2$이므로

$\cdots\cdots\cdots\cdots\cdots\cdots\cdots\cdots\cdots\cdots\cdots\cdots\cdots\cdots\cdots\cdots\cdots$ (나)

$$\sum_{n=1}^{10}a_n=\dfrac{10\{2\times3+9\times(-2)\}}{2}=-60$$

$\cdots\cdots\cdots\cdots\cdots\cdots\cdots\cdots\cdots\cdots\cdots\cdots\cdots\cdots\cdots\cdots\cdots$ (다)

답 -60

단계	채점 기준	비율
(가)	수열 $\{a_n\}$이 등차수열임을 아는 경우	20 %
(나)	등차수열 $\{a_n\}$의 공차를 구한 경우	10 %
(다)	$\displaystyle\sum_{n=1}^{10}a_n$의 값을 계산한 경우	70 %

16 $n!>2^n\quad\cdots\cdots$ (*)

(i) $n=4$일 때,

(좌변)$=4!=24$, (우변)$=2^4=16$이므로 (*)이 성립한다.

$\cdots\cdots\cdots\cdots\cdots\cdots\cdots\cdots\cdots\cdots\cdots\cdots\cdots\cdots\cdots\cdots\cdots$ (가)

(ii) $n=k\,(k\ge4)$일 때,

(*)이 성립한다고 가정하면 $k!>2^k$이다.

위의 부등식의 양변에 $(k+1)$을 곱하면 $(k+1)!>(k+1)2^k$

$k\ge4$일 때, $(k+1)2^k>2\times2^k$이므로 $(k+1)!>2^{k+1}$

그러므로 $n=k+1$일 때도 (*)이 성립한다.

(i), (ii)에 의하여 $n\ge4$인 모든 자연수 n에 대하여 (*)이 성립한다.

$\cdots\cdots\cdots\cdots\cdots\cdots\cdots\cdots\cdots\cdots\cdots\cdots\cdots\cdots\cdots\cdots\cdots$ (나)

답 풀이 참조

단계	채점 기준	비율
(가)	$n=4$일 때, 부등식이 성립함을 보인 경우	20 %
(나)	$n=k$일 때, 부등식이 성립함을 가정하고 $n=k+1$일 때도 성립함을 보인 경우	80 %

17 ④	**18** ①	**19** ④	**20** ⑤	**21** ③

17

수열 $\{a_n\}$이 $a_1=1$이고

$$a_{n+1}=\begin{cases}\sqrt{\dfrac{a_n-1}{2}} & (a_n\ge2)\\ 2a_n & (a_n<2)\end{cases}\quad(n=1,\ 2,\ 3,\ \cdots)$$

을 만족시킬 때, $(a_8)^2$의 값은? → a_n이 $a_n\ge2$인지 $a_n<2$인지 확인해야 한다.

① $2\sqrt2-1$　　② $2(2\sqrt2-1)$　　③ $4(2\sqrt2-1)$

✓④ $8(2\sqrt2-1)$　　⑤ $16(2\sqrt2-1)$

풀이전략

n에 1, 2, 3, 4, 5, 6, 7을 차례로 대입한 후 각각의 크기를 조사한다.

문제풀이

step 1 n에 1, 2, 3, 4, 5, 6, 7을 차례로 대입한다.

$$a_{n+1}=\begin{cases}\sqrt{\dfrac{a_n-1}{2}} & (a_n\ge2)\\ 2a_n & (a_n<2)\end{cases}\quad(n=1,\ 2,\ 3,\ \cdots)$$에서

n에 1, 2, 3, 4, 5, 6, 7을 차례로 대입하면

$a_1=1<2$이므로 $a_2=2a_1=2\ge2$

$a_3=\sqrt{\dfrac{a_2-1}{2}}=\sqrt{\dfrac{1}{2}}<2$

$a_4=2a_3=2\times\sqrt{\dfrac{1}{2}}=\sqrt2<2$

$a_5=2a_4=2\sqrt2\ge2$

$a_6=\sqrt{\dfrac{a_5-1}{2}}=\sqrt{\dfrac{2\sqrt2-1}{2}}$

정답과 풀이

이때 $(a_6)^2=\dfrac{2\sqrt{2}-1}{2}<4$이므로 $a_6<2$

$\quad\rightarrow 2\sqrt{2}<9$

$a_7=2a_6=2\sqrt{\dfrac{2\sqrt{2}-1}{2}}=\sqrt{4\sqrt{2}-2}$

이때 $(a_7)^2=4\sqrt{2}-2<4$이므로 $a_7<2$

$\quad\rightarrow 4\sqrt{2}<6$

$a_8=2a_7=2\sqrt{4\sqrt{2}-2}$

step 2 $(a_8)^2$의 값을 계산한다.

따라서 $(a_8)^2=4(4\sqrt{2}-2)=8(2\sqrt{2}-1)$

답 ④

18

수열 $\{a_n\}$이 $a_1=1$이고 모든 자연수 n에 대하여

$$a_{n+1}=a_n+\dfrac{1}{n(n+1)}$$

을 만족시킨다. 다음은 $100a_k>199$를 만족시키는 자연수 k의 최솟값을 구하는 과정이다.

모든 자연수 n에 대하여 $a_{n+1}=a_n+\dfrac{1}{n(n+1)}$이므로

n에 1, 2, 3, $\cdots$, $k-1$을 차례로 대입하면

$a_2=a_1+\dfrac{1}{1\times 2}$

$a_3=a_2+\dfrac{1}{2\times 3}$

$a_4=a_3+\dfrac{1}{3\times 4}$

$\vdots$

$a_k=a_{k-1}+\dfrac{1}{(k-1)k}$

$a_k=a_{k-2}+\dfrac{1}{(k-2)(k-1)}+\dfrac{1}{(k-1)k}$

$a_k=a_{k-3}+\dfrac{1}{(k-3)(k-2)}+\dfrac{1}{(k-2)(k-1)}+\dfrac{1}{(k-1)k}$

위의 식들을 변끼리 더하면

$a_k=a_1+\displaystyle\sum_{m=1}^{\boxed{(가)}}\dfrac{1}{m(m+1)}$

$=2-\boxed{(나)}$

이다.

따라서 $100a_k>199$를 만족시키는 자연수 k의 최솟값은

$\boxed{(다)}$ 이다.

위의 (가), (나)에 알맞은 식을 각각 $f(k)$, $g(k)$, (다)에 알맞은 수를 p라 할 때, $f(p)g(p-1)$의 값은?

√① 1   ② 2   ③ 3
④ 4   ⑤ 5

풀이전략

n에 1, 2, 3, $\cdots$, $k-1$을 차례로 대입한 후 식을 간단히 정리한다.

문제풀이

step 1 n에 1, 2, 3, $\cdots$, $k-1$을 차례로 대입한다.

모든 자연수 n에 대하여 $a_{n+1}=a_n+\dfrac{1}{n(n+1)}$이므로

n에 1, 2, 3, $\cdots$, $k-1$을 차례로 대입하면

$a_2=a_1+\dfrac{1}{1\times 2}$

$a_3=a_2+\dfrac{1}{2\times 3}$

$a_4=a_3+\dfrac{1}{3\times 4}$

$\vdots$

$a_k=a_{k-1}+\dfrac{1}{(k-1)k}$

step 2 $\sum$를 사용하여 식을 간단히 정리한다.

$a_k=a_{k-2}+\dfrac{1}{(k-2)(k-1)}+\dfrac{1}{(k-1)k}$

$a_k=a_{k-3}+\dfrac{1}{(k-3)(k-2)}+\dfrac{1}{(k-2)(k-1)}+\dfrac{1}{(k-1)k}$

$\vdots$

$a_k=a_1+\displaystyle\sum_{m=1}^{\boxed{k-1}}\dfrac{1}{m(m+1)}$

$=a_1+\displaystyle\sum_{m=1}^{k-1}\left(\dfrac{1}{m}-\dfrac{1}{m+1}\right)$

$=2-\boxed{\dfrac{1}{k}}$

$\rightarrow \displaystyle\sum_{m=1}^{k-1}\left(\dfrac{1}{m}-\dfrac{1}{m+1}\right)$

$=\left(1-\dfrac{1}{2}\right)+\left(\dfrac{1}{2}-\dfrac{1}{3}\right)+\cdots+\left(\dfrac{1}{k-1}-\dfrac{1}{k}\right)=1-\dfrac{1}{k}$

step 3 $100a_k>199$를 만족시키는 자연수 k의 최솟값을 구한다.

$100a_k=200-\dfrac{100}{k}>199$를 만족시키기 위해서는 $1>\dfrac{100}{k}$

즉, $k>100$이어야 하므로 자연수 k의 최솟값은 $\boxed{101}$ 이다.

따라서 $f(k)=k-1$, $g(k)=\dfrac{1}{k}$, $p=101$이므로

$f(p)g(p-1)=100\times\dfrac{1}{100}$

$=1$

답 ①

19

다음은 수열 $\{a_n\}$이 $a_n = \sum\limits_{k=1}^{n} \dfrac{1}{k}$을 만족시킬 때, $n \geq 2$인 모든 자연

수 n에 대하여 등식

$$a_n = 1 + \frac{a_1 + a_2 + a_3 + \cdots + a_{n-1}}{n} \quad \cdots\cdots \ (*)$$

이 성립함을 수학적 귀납법으로 증명한 것이다.

(i) $n=2$일 때,

(좌변) $= \sum\limits_{k=1}^{2} \dfrac{1}{k} = \dfrac{3}{2}$, (우변) $= 1 + \dfrac{a_1}{2} = \dfrac{3}{2}$이므로

$(*)$이 성립한다.

(ii) $n = m \, (m \geq 2)$일 때,

$(*)$이 성립한다고 가정하면

$a_m = 1 + \dfrac{a_1 + a_2 + a_3 + \cdots + a_{m-1}}{m}$이다.

위의 등식의 양변에 $\boxed{\text{(가)}}$를 더하면

$a_m + \boxed{\text{(가)}} = 1 + \dfrac{a_1 + a_2 + a_3 + \cdots + a_{m-1}}{m} + \boxed{\text{(가)}}$

$\underrightarrow{\quad} a_m + \boxed{\text{(가)}} = a_{m+1}$, 즉 $\sum\limits_{k=1}^{m} \dfrac{1}{k} + \boxed{\text{(가)}} = \sum\limits_{k=1}^{m+1} \dfrac{1}{k}$이

성립해야 한다.

$a_{m+1} = 1 + \dfrac{a_1 + a_2 + a_3 + \cdots + a_{m-1}}{m} + \dfrac{a_m - \boxed{\text{(나)}}}{m+1}$

$a_{m+1} = 1 + \dfrac{(m+1)(a_1 + a_2 + a_3 + \cdots + a_{m-1})}{m(m+1)}$

$\qquad\qquad + \dfrac{ma_m - m \times \boxed{\text{(나)}}}{m(m+1)}$

$a_{m+1} = 1 + \dfrac{a_1 + a_2 + a_3 + \cdots + a_{m-1} + a_m}{m+1}$

그러므로 $n = m+1$일 때도 $(*)$이 성립한다.

(i), (ii)에 의하여 $n \geq 2$인 모든 자연수 n에 대하여 $(*)$이 성립한다.

위의 (가), (나)에 알맞은 식을 각각 $f(m)$, $g(m)$이라 할 때, $f(12)g(4)$의 값은?

① $\dfrac{1}{3}$ ② $\dfrac{1}{6}$ ③ $\dfrac{1}{9}$

✓④ $\dfrac{1}{12}$ ⑤ $\dfrac{1}{15}$

풀이전략

$(*)$이 $n = m$일 때 성립함을 가정하고, 가정한 식을 이용하여 $(*)$이 $n = m+1$일 때도 성립함을 보인다.

문제풀이

step 1 $(*)$이 $n = m$일 때 성립함을 가정하고, $n = m+1$일 때 성립함을 보이기 위하여 양변에 같은 식을 더한다.

(i) $n = 2$일 때,

(좌변) $= \sum\limits_{k=1}^{2} \dfrac{1}{k} = \dfrac{3}{2}$, (우변) $= 1 + \dfrac{a_1}{2} = \dfrac{3}{2}$이므로 $(*)$이 성립한다.

(ii) $n = m \, (m \geq 2)$일 때,

$(*)$이 성립한다고 가정하면

$a_m = 1 + \dfrac{a_1 + a_2 + a_3 + \cdots + a_{m-1}}{m}$이다.

위의 등식의 양변에 $\boxed{\dfrac{1}{m+1}}$을 더하면

$a_m + \boxed{\dfrac{1}{m+1}} = 1 + \dfrac{a_1 + a_2 + a_3 + \cdots + a_{m-1}}{m} + \boxed{\dfrac{1}{m+1}}$

$\underrightarrow{\quad} a_m + \dfrac{1}{m+1} = a_{m+1}$

step 2 $n = m$일 때 성립한다고 가정한 식을 이용하여 a_{m+1}에 대한 식을 정리한다.

$1 = a_m - \dfrac{a_1 + a_2 + a_3 + \cdots + a_{m-1}}{m}$이므로

$a_{m+1} = 1 + \dfrac{a_1 + a_2 + a_3 + \cdots + a_{m-1}}{m}$

$\qquad + \dfrac{a_m - \boxed{\dfrac{a_1 + a_2 + a_3 + \cdots + a_{m-1}}{m}}}{m+1}$

$a_{m+1} = 1 + \dfrac{(m+1)(a_1 + a_2 + a_3 + \cdots + a_{m-1})}{m(m+1)}$

$\qquad + \dfrac{ma_m - m \times \boxed{\dfrac{a_1 + a_2 + a_3 + \cdots + a_{m-1}}{m}}}{m(m+1)}$

$a_{m+1} = 1 + \dfrac{a_1 + a_2 + a_3 + \cdots + a_{m-1} + a_m}{m+1}$

그러므로 $n = m+1$일 때도 $(*)$이 성립한다.

(i), (ii)에 의하여 $n \geq 2$인 모든 자연수 n에 대하여 $(*)$이 성립한다.

따라서 $f(m) = \dfrac{1}{m+1}$, $g(m) = \dfrac{a_1 + a_2 + a_3 + \cdots + a_{m-1}}{m}$이므로

$f(12)g(4) = \dfrac{1}{13} \times \dfrac{a_1 + a_2 + a_3}{4}$

$\qquad\qquad = \dfrac{1}{52}\left(1 + \dfrac{3}{2} + \dfrac{11}{6}\right)$

$\qquad\qquad = \dfrac{1}{52} \times \dfrac{26}{6}$

$\qquad\qquad = \dfrac{1}{12}$

답 ④

20

다음은 모든 자연수 n에 대하여 부등식

$$\frac{n}{n+1}+\frac{n+1}{n+2}+\frac{n+2}{n+3}+\cdots+\frac{3n}{3n+1}<2n \quad\cdots\cdots(*)$$

이 성립함을 수학적 귀납법으로 증명한 것이다.

(i) $n=1$일 때,

(좌변)$=\frac{1}{2}+\frac{2}{3}+\frac{3}{4}=\frac{23}{12}$, (우변)$=2$이므로 $(*)$이 성립한다.

(ii) $n=k$일 때,

$(*)$이 성립한다고 가정하면

$$\frac{k}{k+1}+\frac{k+1}{k+2}+\frac{k+2}{k+3}+\cdots+\frac{3k}{3k+1}<2k$$이다.

위의 등식의 양변에 $\boxed{\text{(가)}}$ 를 더하면

$$\frac{k}{k+1}+\frac{k+1}{k+2}+\frac{k+2}{k+3}+\cdots+\frac{3k}{3k+1}+\boxed{\text{(가)}}$$

$$=\frac{k}{k+1}+\frac{k+1}{k+2}+\frac{k+2}{k+3}+\cdots+\frac{3k+3}{3k+4}$$

이 성립해야 한다.

$$\frac{k}{k+1}+\frac{k+1}{k+2}+\frac{k+2}{k+3}+\cdots+\frac{3k}{3k+1}+\boxed{\text{(가)}}$$

$$<2k+\boxed{\text{(가)}}$$

$$\frac{k+1}{k+2}+\frac{k+2}{k+3}+\cdots+\frac{3k}{3k+1}+\boxed{\text{(가)}}$$

$$<2k+\boxed{\text{(가)}}-\frac{k}{k+1}$$

$$\frac{k+1}{k+2}+\frac{k+2}{k+3}+\cdots+\frac{3k}{3k+1}+\boxed{\text{(가)}}$$

$$<2k+\boxed{\text{(나)}}+\frac{1}{k+1}-\frac{1}{3k+2}-\frac{1}{3k+3}-\frac{1}{3k+4}$$

이때 $\dfrac{1}{k+1}-\dfrac{1}{3k+2}-\dfrac{1}{3k+3}-\dfrac{1}{3k+4}$

$$=\frac{2}{\boxed{\text{(다)}}}-\frac{2(\boxed{\text{(다)}})}{(3k+2)(3k+4)}$$

$$<\frac{2}{\boxed{\text{(다)}}}-\frac{2(\boxed{\text{(다)}})}{(\boxed{\text{(다)}})^2}=0$$

이므로 $\dfrac{k+1}{k+2}+\dfrac{k+2}{k+3}+\dfrac{k+3}{k+4}+\cdots+\dfrac{3k+3}{3k+4}<2(k+1)$

그러므로 $n=k+1$일 때도 $(*)$이 성립한다.

(i), (ii)에 의하여 모든 자연수 n에 대하여 $(*)$이 성립한다.

위의 (가), (다)에 알맞은 식을 각각 $f(k)$, $g(k)$, (나)에 알맞은 수를 p라 할 때, $f(p)g(p)$의 값은?

① $\dfrac{951}{40}$ ② $\dfrac{953}{40}$ ③ $\dfrac{191}{8}$

④ $\dfrac{957}{40}$ √⑤ $\dfrac{959}{40}$

풀이전략

$(*)$이 $n=k$일 때, 성립함을 가정하고 가정한 식을 이용하여 $(*)$이 $n=k+1$일 때도 성립함을 보인다.

문제풀이

step 1 $(*)$이 $n=k$일 때, 성립함을 가정하고 $n=k+1$일 때, 성립함을 보이기 위하여 양변에 같은 식을 더한다.

(i) $n=1$일 때,

(좌변)$=\frac{1}{2}+\frac{2}{3}+\frac{3}{4}=\frac{23}{12}$, (우변)$=2$이므로 $(*)$이 성립한다.

(ii) $n=k$일 때,

$(*)$이 성립한다고 가정하면

$$\frac{k}{k+1}+\frac{k+1}{k+2}+\frac{k+2}{k+3}+\cdots+\frac{3k}{3k+1}<2k$$이다.

위의 등식의 양변에 $\boxed{\dfrac{3k+1}{3k+2}+\dfrac{3k+2}{3k+3}+\dfrac{3k+3}{3k+4}}$ 을 더하면

$$\frac{k}{k+1}+\frac{k+1}{k+2}+\frac{k+2}{k+3}+\cdots+\frac{3k+3}{3k+4}$$

$$<2k+\boxed{\frac{3k+1}{3k+2}+\frac{3k+2}{3k+3}+\frac{3k+3}{3k+4}}$$

step 2 식을 정리하여 $(*)$이 $n=k+1$일 때도 성립함을 보인다.

$$\frac{k+1}{k+2}+\frac{k+2}{k+3}+\cdots+\frac{3k+3}{3k+4}$$

$$<2k+\boxed{\frac{3k+1}{3k+2}+\frac{3k+2}{3k+3}+\frac{3k+3}{3k+4}}-\frac{k}{k+1}$$

$$\frac{k+1}{k+2}+\frac{k+2}{k+3}+\cdots+\frac{3k+3}{3k+4}$$

$\dfrac{3k+1}{3k+2}=1-\dfrac{1}{3k+2}$,

$\dfrac{3k+2}{3k+3}=1-\dfrac{1}{3k+3}$,

$\dfrac{3k+3}{3k+4}=1-\dfrac{1}{3k+4}$,

$\dfrac{k}{k+1}=1-\dfrac{1}{k+1}$

$$<2k+\boxed{2}+\frac{1}{k+1}-\frac{1}{3k+2}-\frac{1}{3k+3}-\frac{1}{3k+4}$$

이때 $\dfrac{1}{k+1}-\dfrac{1}{3k+2}-\dfrac{1}{3k+3}-\dfrac{1}{3k+4}$

$$=\frac{2}{3k+3}-\frac{1}{3k+2}-\frac{1}{3k+4}$$

$$=\frac{2}{\boxed{3k+3}}-\frac{2(\boxed{3k+3})}{(3k+2)(3k+4)}$$

$(3k+2)(3k+4)$
$=9k^2+18k+8$
$<9k^2+18k+9$
$=(3k+3)^2$

$$<\frac{2}{\boxed{3k+3}}-\frac{2(\boxed{3k+3})}{(\boxed{3k+3})^2}=0$$

$$\frac{k+1}{k+2}+\frac{k+2}{k+3}+\frac{k+3}{k+4}+\cdots+\frac{3k+3}{3k+4}<2(k+1)$$

그러므로 $n=k+1$일 때도 $(*)$이 성립한다.

(i), (ii)에 의하여 모든 자연수 n에 대하여 $(*)$이 성립한다.

따라서 $f(k)=\dfrac{3k+1}{3k+2}+\dfrac{3k+2}{3k+3}+\dfrac{3k+3}{3k+4}$

$g(k)=3k+3$, $p=2$

$$f(2)g(2)=\left(\frac{7}{8}+\frac{8}{9}+\frac{9}{10}\right)\times9$$

$$=\frac{63}{8}+8+\frac{81}{10}$$

$$=8+\frac{639}{40}$$

$$=\frac{959}{40}$$

답 ⑤

21

두 함수 $y=x$와 $y=\log_2(1+x)$의 그래프가 다음 그림과 같다.

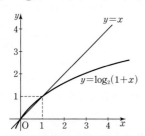

다음은 위의 그래프를 이용하여 $n \geq 6$인 모든 자연수 n에 대하여

부등식 $n(\log_2 n - 1) > \sum_{k=1}^{n} \log_2 k$ ...... (*)

이 성립함을 수학적 귀납법으로 증명한 것이다.

(i) $n=6$일 때,

(좌변)$=6(\log_2 6 - 1)=\log_2 \boxed{(가)}$,

(우변)$=\sum_{k=1}^{6} \log_2 k=\log_2 \boxed{(나)}$이므로 (*)이 성립한다.

(ii) $n=m \, (m \geq 6)$일 때,

(*)이 성립한다고 가정하면 $m(\log_2 m - 1) > \sum_{k=1}^{m} \log_2 k$이다.

$\underset{\sim\sim\sim\sim\sim\sim\sim\sim\sim\sim\sim\sim\sim\sim}{(m+1)\{\log_2(m+1)-1\}}$

↳ 좌변을 전개하여 $\log_2 \boxed{(다)}^m$ 꼴이 나타나도록 정리한다.

$=\log_2(\boxed{(다)})^m + \log_2(\boxed{(다)}) - (\boxed{(다)})$

이때 그래프에 의하여 $0 < x \leq 1$이면 $\log_2(1+x) \geq x$이므로

$x = \boxed{(라)}$일 때,

$\underset{\sim\sim\sim\sim\sim\sim\sim\sim\sim\sim\sim\sim}{\log_2(1 + \boxed{(라)}) \geq \boxed{(라)}}$

↳ $\boxed{(라)}$가 m에 대한 식이므로 x 대신 m에 대한 식을 대입하여야 한다.

위의 식의 양변에 m을 곱한 후 정리하면

$m \log_2(m+1) \geq 1 + m \log_2 m$

$\log_2(m+1)^m \geq 1 + m \log_2 m$이므로

$\log_2(\boxed{(다)})^m + \log_2(\boxed{(다)}) - (\boxed{(다)})$

$\geq 1 + m \log_2 m + \log_2(m+1) - m - 1$

$= m(\log_2 m - 1) + \log_2(m+1)$

$> \sum_{k=1}^{m} \log_2 k + \log_2(m+1) = \sum_{k=1}^{m+1} \log_2 k$

그러므로 $n=m+1$일 때도 (*)이 성립한다.

(i), (ii)에 의하여 모든 자연수 n에 대하여 (*)이 성립한다.

위의 (가), (나)에 알맞은 수를 각각 p, q, (다), (라)에 알맞은 식을 각각 $f(m)$, $g(m)$이라 할 때, $g(p-f(q))$의 값은?

① $\dfrac{1}{6}$ ② $\dfrac{1}{7}$ ✓③ $\dfrac{1}{8}$

④ $\dfrac{1}{9}$ ⑤ $\dfrac{1}{10}$

풀이전략

(*)이 $n=k$일 때, 성립함을 가정하고 가정한 식과 주어진 그래프를 이용하여 (*)이 $n=k+1$일 때도 성립함을 보인다.

문제풀이

step 1 $n=6$일 때, (*)이 성립함을 보인다.

(i) $n=6$일 때,

(좌변)$=6(\log_2 6 - 1)$

$=6(\log_2 2 + \log_2 3 - 1)$

$=6 \log_2 3$

$=\log_2 3^6$

$=\log_2 \boxed{729}$

(우변)$=\sum_{k=1}^{6} \log_2 k$

$=\log_2 1 + \log_2 2 + \cdots + \log_2 6$

$=\log_2(1 \times 2 \times \cdots \times 6)$

$=\log_2 \boxed{720}$

이므로 (*)이 성립한다.

step 2 $n=m$일 때, (*)이 성립함을 가정하고 $n=m+1$일 때도 성립함을 보인다.

(ii) $n=m \, (m \geq 6)$일 때,

(*)이 성립한다고 가정하면 $m(\log_2 m - 1) > \sum_{k=1}^{m} \log_2 k$이다.

$(m+1)\{\log_2(m+1)-1\}$

$=m \log_2(m+1) + \log_2(m+1) - (m+1)$

$=\log_2(\boxed{m+1})^m + \log_2(\boxed{m+1}) - (\boxed{m+1})$

이때 그래프에 의하여 $0 < x \leq 1$이면 $\log_2(1+x) \geq x$이므로

$x = \boxed{\dfrac{1}{m}}$일 때,

$\underset{\sim\sim\sim\sim\sim\sim\sim\sim\sim\sim\sim\sim\sim}{\log_2\left(1 + \boxed{\dfrac{1}{m}}\right) \geq \boxed{\dfrac{1}{m}}}$ ▸ $m \geq 6$이므로 $0 < \dfrac{1}{m} \leq 1$이다.

위의 식의 양변에 m을 곱한 후 정리하면

$m \log_2\left(\dfrac{m+1}{m}\right) \geq 1$

$m\{\log_2(m+1) - \log_2 m\} \geq 1$

$\underset{\sim\sim\sim\sim\sim\sim\sim\sim\sim\sim\sim\sim\sim\sim}{m \log_2(m+1) \geq 1 + m \log_2 m}$ ↳ 이 식으로부터 (라)에 들어갈 식을 거꾸로 찾아야 한다.

$\log_2(m+1)^m \geq 1 + m \log_2 m$이다.

그러므로 $\log_2(\boxed{m+1})^m + \log_2(\boxed{m+1}) - (\boxed{m+1})$

$\geq 1 + m \log_2 m + \log_2(m+1) - m - 1$

$= m(\log_2 m - 1) + \log_2(m+1)$

$> \sum_{k=1}^{m} \log_2 k + \log_2(m+1)$

$= \sum_{k=1}^{m+1} \log_2 k$

그러므로 $n=m+1$일 때도 (*)이 성립한다.

(i), (ii)에 의하여 모든 자연수 n에 대하여 (*)이 성립한다.

따라서 $p=729$, $q=720$, $f(m)=m+1$, $g(m)=\dfrac{1}{m}$

$$g(p-f(q)) = g(729-f(720))$$
$$= g(8)$$
$$= \frac{1}{8}$$

답 ③

내신 상위 4% of 4%

본문 93쪽

22

자연수 n에 대하여 좌표평면 위의 점 P_n을 다음 조건을 만족시키도록 정한다.

(가) 점 P_1의 좌표는 $(\log 2, 1)$, 점 P_2의 좌표는 $(\log 6, a)$이다. (단, a는 상수이다.)

(나) 직선 $P_n P_{n+1}$의 기울기는 $\log_3 10$이다. ▸ $\dfrac{y_{n+1}-y_n}{x_{n+1}-x_n}$

(다) 점 P_{n+2}는 선분 $P_n P_{n+1}$을 $2:1$로 외분하는 점이다.

▸ $\left(\dfrac{2x_{n+1}-x_n}{2-1}, \dfrac{2y_{n+1}-y_n}{2-1} \right)$

점 P_n의 좌표를 (x_n, y_n)이라 할 때, 10^{x_n}이 y_n의 배수가 되도록 하는 자연수 n의 값을 크기가 작은 순으로 $a_1, a_2, a_3, \cdots$이라 하자. a_8의 값을 구하시오.

54

📘 **문항 파헤치기**

조건 (나)를 이용하여 a의 값을 구한 후 조건 (다)를 이용하여 10^{x_n}과 y_n을 n에 대한 식으로 표현하기

🔶 **point 찾기**

x_n을 n에 대한 식으로 나타내는 것이 아니라, 10^{x_n}을 n에 대한 식으로 나타내는 것임을 주의한다.

📗 **풀이전략**

조건 (나)를 이용하여 a의 값을 구한 후 조건 (다)를 이용하여 10^{x_n}과 y_n을 n에 대한 식으로 표현한다.

📙 **문제풀이**

step 1 a의 값을 구한다.

직선 $P_n P_{n+1}$의 기울기는 $\log_3 10$이므로

직선 $P_1 P_2$의 기울기는 $\dfrac{a-1}{\log 6 - \log 2} = \log_3 10$

$\dfrac{a-1}{\log 3} = \log_3 10$ ▸ $\log_a b = \dfrac{1}{\log_b a}$

$(a-1)\log_3 10 = \log_3 10$

$a-1=1$에서 $a=2$

step 2 10^{x_n}과 y_n을 n에 대한 식으로 표현한다.

점 P_{n+2}는 선분 $P_n P_{n+1}$을 $2:1$로 외분하는 점이므로

$$x_{n+2} = \frac{2x_{n+1}-x_n}{2-1}, \quad y_{n+2} = \frac{2y_{n+1}-y_n}{2-1}$$

$$2x_{n+1} = x_n + x_{n+2}, \quad 2y_{n+1} = y_n + y_{n+2}$$

이때 $10^{2x_{n+1}} = 10^{x_n+x_{n+2}}$, 즉 $(10^{x_{n+1}})^2 = 10^{x_n}10^{x_{n+2}}$이므로

수열 $\{10^{x_n}\}$은 첫째항이 $10^{\log 2}=2$이고 공비가 $\dfrac{10^{\log 6}}{10^{\log 2}} = \dfrac{6}{2} = 3$인 등비수열이다.

즉, $10^{x_n} = 2 \times 3^{n-1}$ ▸ 등비수열의 일반항 $a_n = ar^{n-1}$

수열 $\{y_n\}$은 첫째항이 1이고 공차가 $y_2-y_1 = a-1 = 2-1 = 1$인 등차수열이므로

$y_n = 1+(n-1) = n$ → 등차수열의 일반항 $a_n = a+(n-1)d$

이때 $2 \times 3^{n-1}$이 n의 배수가 되려면

$n = 2^p \times 3^q$ (p는 0 또는 1, q는 $0 \le q \le n-1$인 정수)

꼴이어야 한다.

따라서 n의 값이 될 수 있는 것은 1, 2, 3, 6, 9, 18, 27, 54, 81, $\cdots$ 이므로 $a_8 = 54$이다.

답 54

올림포스 고난도

수학 I

올림포스
고교 수학
커리큘럼

정답과 풀이

오늘의 철학자가 이야기하는
고전을 둘러싼 지금 여기의 질문들

EBS X 한국철학사상연구회
오늘 읽는 클래식

"클래식 읽기는 스스로 묻고 사유하고 대답하는 소중한 열쇠가 된다.
고전을 통한 인문학적 지혜는
오늘을 살아가는 우리에게 삶의 이정표를 제시해준다."

– 한국철학사상연구회

한국철학사상연구회 기획 | 각 권 정가 13,000원

오늘 읽는 클래식을
원전 탐독 전, 후에 반드시 읽어야 할 이유

01/ 한국철학사상연구회 소속 오늘의 철학자와 함께 읽는 철학적 사유의 깊이와
현대적 의미를 파악하는 구성의 고전 탐독

02/ 혼자서는 이해하기 힘든 주요 개념의 친절한 정리와 다양한 시각 자료

03/ 철학적 계보를 엿볼 수 있는 추천 도서 정리

고1~2 내신 중점 로드맵

과목	고교 입문		기초	기본	특화	+	단기
국어	고등 예비 과정	내 등급은?	윤혜정의 개념의 나비효과 입문편/워크북 어휘가 독해다!	**기본서** 올림포스	**국어 특화** 국어 독해의 원리 ｜ 국어 문법의 원리		단기 특강
영어			정승익의 수능 개념 잡는 대박구문	올림포스 전국연합 학력평가 기출문제집	**영어 특화** Grammar POWER ｜ Reading POWER Listening POWER ｜ Voca POWER		
수학			**기초** 50일 수학	**유형서** 올림포스 유형편	**고급** 올림포스 고난도		
			매쓰 디렉터의 고1 수학 개념 끝장내기		**수학 특화** 수학의 왕도		
한국사 사회		**인공지능** 수학과 함께하는 고교 AI 입문 수학과 함께하는 AI 기초		**기본서** 개념완성 개념완성 문항편	고등학생을 위한 多담은 한국사 연표		
과학							

과목	시리즈명	특징	수준	권장 학년
전과목	고등예비과정	예비 고등학생을 위한 과목별 단기 완성	●	예비 고1
	내 등급은?	고1 첫 학력평가 + 반 배치고사 대비 모의고사	●	예비 고1
국/영/수	올림포스	내신과 수능 대비 EBS 대표 국어·수학·영어 기본서	●	고1~2
	올림포스 전국연합학력평가 기출문제집	전국연합학력평가 문제 + 개념 기본서	●	고1~2
	단기 특강	단기간에 끝내는 유형별 문항 연습	●	고1~2
한/사/과	개념완성 & 개념완성 문항편	개념 한 권+문항 한 권으로 끝내는 한국사·탐구 기본서	●	고1~2
국어	윤혜정의 개념의 나비효과 입문편/워크북	윤혜정 선생님과 함께 시작하는 국어 공부의 첫걸음	●	예비 고1~고2
	어휘가 독해다!	7개년 학평·모평·수능 출제 필수 어휘 학습	●	예비 고1~고2
	국어 독해의 원리	내신과 수능 대비 문학·독서(비문학) 특화서	●	고1~2
	국어 문법의 원리	필수 개념과 필수 문항의 언어(문법) 특화서	●	고1~2
영어	정승익의 수능 개념 잡는 대박구문	정승익 선생님과 CODE로 이해하는 영어 구문	●	예비 고1~고2
	Grammar POWER	구문 분석 트리로 이해하는 영어 문법 특화서	●	고1~2
	Reading POWER	수준과 학습 목적에 따라 선택하는 영어 독해 특화서	●	고1~2
	Listening POWER	수준별 수능형 영어듣기 모의고사	●	고1~2
	Voca POWER	영어 교육과정 필수 어휘와 어원별 어휘 학습	●	고1~2
수학	50일 수학	50일 만에 완성하는 중학~고교 수학의 맥	●	예비 고1~고2
	매쓰 디렉터의 고1 수학 개념 끝장내기	스타강사 강의, 손글씨 풀이와 함께 고1 수학 개념 정복	●	예비 고1~고1
	올림포스 유형편	유형별 반복 학습을 통해 실력 잡는 수학 유형서	●	고1~2
	올림포스 고난도	1등급을 위한 고난도 유형 집중 연습	●	고1~2
	수학의 왕도	직관적 개념 설명과 세분화된 문항 수록 수학 특화서	●	고1~2
한국사	고등학생을 위한 多담은 한국사 연표	연표로 흐름을 잡는 한국사 학습	●	예비 고1~고2
기타	수학과 함께하는 고교 AI 입문/AI 기초	파이선 프로그래밍, AI 알고리즘에 필요한 수학 개념 학습	●	예비 고1~고2